中国数字城市发展研究报告
（2011~2012 年度）

仇保兴　主编

中国建筑工业出版社

图书在版编目（CIP）数据

中国数字城市发展研究报告（2011～2012年度）/仇保兴主编．—北京：
中国建筑工业出版社，2012.11
ISBN 978 - 7 - 112 - 14840 - 0

Ⅰ．①中…　Ⅱ．①仇…　Ⅲ．①数字技术—应用—
城市建设—研究报告—中国—2011～2012　Ⅳ．①TU984.2

中国版本图书馆 CIP 数据核字（2012）第 255115 号

责任编辑：张幼平
责任设计：赵明霞
责任校对：姜小莲　赵　颖

中国数字城市发展研究报告

（2011～2012年度）

仇保兴　主编

*

中国建筑工业出版社出版、发行（北京西郊百万庄）
各地新华书店、建筑书店经销
华鲁印联（北京）科贸有限公司制版
化学工业出版社印刷厂印刷

*

开本：787×1092毫米　1/16　印张：13字数：323千字
2013年1月第一版　2013年1月第一次印刷
定价：**42.00**元
ISBN 978 - 7 - 112 - 14840 - 0
（22901）

目　录

第四篇　数字城市"十二五"展望

第五篇　数字城市保障措施

附　录

第一篇
中国的城镇化建设与数字化发展方向

中国的城镇化已进入中期阶段。"十二五"是我国经济发展转型的关键时期，也是我国城镇化立足新起点、实现新跨越的重要时期。目前，我国城镇化正处于快速发展阶段，但是其中困难重重、情势严峻。我国人口多、底子薄，耕地相对不足，劳动力素质偏低，在实现城镇发展方式的转变中，将有很大程度的制约。面对社会经济的飞速发展，以及我国城镇化快速发展所带来的一系列衍生问题，国家坚持积极稳妥推进城镇化，坚持走中国特色城镇化道路，大力推进数字城市的建设进程。数字城市是信息化与城镇化相融合的必然抉择，数字城市的建设将促进中国城镇的可持续发展，实现"低碳、绿色环保、人与自然和谐"的目标。

第1章 中国城镇化的发展阶段与特点

城镇化，就是指农村人口不断向城镇转移，第二、三产业不断向城镇聚集，从而使城镇数量增加、城镇规模扩大的一种历史过程。这一历史过程包括四个方面：第一，城镇化是农村人口和劳动力向城镇转移的过程；第二，城镇化是第二、三产业向城镇聚集发展的过程；第三，城镇化是地域性质和景观转化的过程；第四，城镇化是包括城市文明、城市意识在内的城市生活方式的扩散和传播过程。目前，我国城镇化正处于快速发展阶段，但是这其中困难重重、情势严峻。我国人口多、底子薄，耕地相对不足，劳动力素质偏低，在实现城镇发展方式的转变中，遇到很大程度上的制约。为此，我们必须找出一条适合我国城镇化的道路，资源节约、环境友好是我国在众多约束条件下的必然选择，也是实现城乡和谐稳定发展的必由之路。

1.1 承前启后的历史时期

我国的城镇化从20世纪90年代中期以后就进入了一个快速发展的时期。经过三十多年的发展，当前，我国的城镇化已经进入中期阶段。2011年更是中国城镇化发展史上具有里程碑意义的一年。国家统计局发布的数据显示，2011年年末，我国城镇化率已超过50%，达到51.27%，城镇人口首次超过农村人口。国际经验证明，当城镇化率达到50%～60%时，社会矛盾往往集中多发，大多会出现不同程度的就业不足、贫富差距拉大、住房短缺、交通拥堵、能源短缺和环境污染等问题。因此，现阶段，我国的城镇化必须更注重立足国情，针对突出问题，积极稳妥地推进未来的城镇化建设。

"十二五"时期是我国经济社会持续发展和全面建设小康社会的重要战略机遇期，是深化改革开放、加快转变经济发展方式的攻坚时期，也是我国城镇化立足新起点、实现新跨越的重要时期。加速城镇化进程是推动我国经济转型提升的客观要求。过去的"十一五"时期是我国发展历程中极不平凡的五年，经历了国际金融危机的巨大冲击，承受了国内外各种形势变化，依然保持了经济平稳较快发展，为长远可持续发展奠定了重要基础。进入"十二五"，我国面对的世界环境和国内形势继续发生着深刻变化，外部市场逐步萎缩，内部市场需求发生战略性变化，这既是我国经济社会发展的战略机遇期，也是转变经济发展方式的攻坚时期。当前，持续发展的城镇化将成为我国扩大内需的重要手段。过去的十年，由城镇化拉动的我国居民消费年均增长1.6个百分点，由此拉动GDP年均增长约0.7个百分点。据测算，1个城市居民的消费水平相当于3个农民，城镇化率每提高1个百分点，将带动消费1012亿元，消费多增加0.8个百分点。"十二五"规划建议明确提出，把城镇化发展战略放在经济结构战略性调整的重要位置上。

坚持走中国特色城镇化道路，是现阶段我国城镇化建设的关键。特殊的人多地少资源相对不足的国情，使得我国的城镇化进程始终面临着土地资源、能源和矿产资源、粮食安全和生态环境等多方面的巨大压力。城镇化建设占用大量耕地，导致我国人均耕地面积减少，威胁国家的粮食战略安全。人均水资源量仅为世界平均水平的四分之一，三分之二的城市存在不同程度的缺水，其中114个城市严重缺水；人均石油、天然气储量远低于世界平均水平。面对我国独特的国情，党的"十六大"报告第一次明确提出要坚持"走中国特色的城镇化道路"。党的十七大报告指出，"走中国特色城镇化道路，按照统筹城乡、布局合理、节约土地、功能完善、以大带小的原则，促进大中小城市和小城镇协调发展"，并强调要"以增强综合承受能力为重点，以特大城市为依托，形成辐射作用大的城市群，培育新的经济增长点"。

1.2　积极稳妥推进城镇化

　　2000年《中共中央关于制定国民经济和社会发展第十个五年计划的建议》明确提出了实施城镇化战略的问题，首次把"积极稳妥地推进城镇化"作为国家重点发展战略。2009年底召开的中央经济工作会议上，提出"要积极稳妥推进城镇化，提升城镇发展质量和水平"。2010年3月，在十一届全国人民代表大会第三次会议的政府工作报告中，强调了"要统筹推进城镇化和新农村建设"。同年，党的第十七届中央委员会第五次全体会议通过的"十二五"规划中明确指出，"促进区域协调发展，积极稳妥推进城镇化"。2011年3月5日，在第十一届全国人民代表大会第四次会议的政府工作报告中，指出"积极稳妥推进城镇化"要"坚持走中国特色城镇化道路，遵循城市发展规律，促进城镇化健康发展"。2012年3月5日，在十一届全国人大五次会议的政府工作报告中，部署"积极稳妥推进城镇化"工作时，强调了城市与城镇的协调发展，指出"要遵循城市发展规律，从各地实际出发，促进大中小城市和小城镇协调发展"。

　　1. 积极稳妥地推进中国城镇化，是扩大内需、推动国民经济增长，优化城乡经济结构、促进社会协调发展的重要举措。首先，随着城镇化进程的推进，农村人口大量向城镇聚集，大大促进了消费的扩张，拉动消费增长。国家统计局统计数据显示，2001～2010年是我国消费增长较快的时期，社会消费品零售总额年均增长14.9%，过去的2011年全年社会消费品零售总额181226亿元，同比名义增长17.1%（扣除物价因素实际增长11.6%）。这与城镇化进程加快密切相关。随着城市人口的增加，城市消费逐渐占据消费主导地位，自2000年以来，城市消费已经连续10年保持两位数增长，城市消费占总体消费比重近70%，城市消费的主体地位逐渐得到稳固和加强。其次，城镇化扩大投资规模。在城镇化进程中，城镇的发展和规模的扩大，可直接拉动固定资产投资。研究表明，每转移一个农民工，大概需要10万元的投资。如果每年能有效地转移1000万农民工，由此带来的年投资规模不低于1万亿元。另据测算，每增加1个城市人口可带动城镇固定资产投资50万元。以2011年数据计算，如果将城镇化速度加快1.32个百分点，即多增加约2100万城镇人口，将新增投资10.5万亿元，占全年固定资产投资总额的34%，由此引发的投资增长不仅可以缓解钢铁、水泥等行业产能过剩的压力，同时也能为新转入的城镇人口创造大量就业机会。再次，城镇化加快了经济结构的调整与升级。城镇化的加快发展已成为经济增长新的发动机。推进城镇化可以从基础设施建设和消费品市场扩大两方面消化大量工业产品。城镇化不仅仅表现为城镇空间的扩展，更重要的是表现为人口的集聚和城镇人口规模的扩大。城镇化可以增加农民的非农收入，推动服务产业的发展，从而推动产业转型升级。

2. 积极稳妥地推进中国城镇化，是全面建设小康社会、解决中国特有的"三农"问题、发展中国特色社会主义事业的基本途径和主要战略之一。受制于人多地少的现状，大量农村剩余劳动力滞留在有限的土地上，农民收入难以得到保障及提升。自然而然，我国农业、农村尤其是农民自身发展受到约束，与城市及发达国家的差距就越拉越大。城镇化最重要的是加快了农村剩余劳动力向非农业产业及城镇转移。城镇化的发展，促进农民的就业，转移劳动力，不仅促进农民的自身发展，而且还具有以人的发展带动整个社会经济全面、协调发展的积极效应。

城镇化与新农村建设是城乡统筹发展的两个"轮子"，相互促进，互为支撑。工业化与城镇化的发展离不开农业产业化和农村现代化的配合与支撑，农村的繁荣稳定同样离不开工业化与城镇化的带动和反哺。一方面，随着城镇产业发展和人口增加，城镇化不仅提供了大量就业机会，吸纳了更多农村富余劳动力转移就业，而且农产品消费市场的不断扩大，为农业规模化、产业化经营开拓了巨大空间，有利于提高农业生产效率；另一方面，城镇产业向农村辐射，基础设施和公共服务向农村延伸，可以促进农民生产生活方式转变，改善农村人居环境和生活水平，推动城乡统筹发展。因此说，城镇化是解决我国"三农"问题的根本出路。

积极稳妥地推进中国城镇化，促进大中小城市和小城镇协调发展。一直以来，我国都重视城镇发展的均衡性，强调城市、农村、大城镇、小城镇都能协调发展。1998 年 10 月 14 日，《中共中央关于农业和农村工作若干重大问题的决定》在中共十五届三中全会通过，该文件对发展小城镇作了专门论述，指出："发展小城镇，是带动农村经济和社会发展的一个大战略。"从城市发展的要求看，大城市要有一定的数量和规模，中等城市唱主角，小城镇星罗棋布。大中小城市和小城镇的功能不同。大城市的经济辐射力是全球的。中等城市服务于整个区域，在这个区域内起领头羊的作用。小城镇的功能则是服务广大农村。大中小城市和小城镇有各自的服务功能，且不能相互替代。我国人口基数大，地域辽阔，民族众多，地区之间的经济发展和城市化水平差异较大，城镇化就要实行大中小城市及小城镇并举的方针，形成分工合理、各具特色的城市体系。

1.3 城镇可持续发展

1987 年世界环境与发展委员会首次提出了"可持续发展"概念。1989 年 5 月举行的第 15 届联合国环境规划署理事会，经过反复磋商，通过了《关于可持续发展的声明》。1992 年 6 月，联合国环境与发展大会在巴西里约热内卢召开，会议提出并通过了全球的可持续发展战略——《21 世纪议程》，并要求各国根据本国的情况，制定各自的可持续发展战略、计划和对策。1994 年 7 月，国务院批准了我国第一个国家级可持续发展战略——《中国 21 世纪人口、环境与发展白皮书》。可持续发展的核心思想是，健康的经济发展应建立在生态可持续能力、社会公正和人民积极参与自身发展决策的基础上；它所追求的目标是：既要使人类的各种需要得到满足，个人得到充分发展，又要保护资源和生态环境，不对后代人的生存和发展构成威胁；它特别关注的是各种经济活动的生态合理性，强调对资源、环境有利的经济活动应给予鼓励，反之则应予摒弃。

我国城镇化最大也是基础性的制约在于城市的环境、资源、能源、空间的承载力。我国当前水资源短缺情况十分突出，人均水资源量仅为世界人均水平的 28%，不仅有 2/3 的城市缺水，农村还有近 3 亿人口饮水不安全。城镇化建设占用大量耕地，导致我国人均耕地面积减少，威胁国家的粮食战略安全。近年来，我国的能源消耗巨大。"十一五"期间，我国一次能源消费总量，从"十五"末的 23.6 亿吨标准煤，上升到 2010 年的 32 亿吨标准煤，年均增长 6.3%，比国家控制的目标整整超出了 5 亿吨标准煤。2011 年能源消费总量进一步上升到 34.8 亿吨标准煤，比 2010 年又增长 7%，能源消费增量创 2004 年以来的新高。供需的巨大缺口导致我国能源对外依存度升高。根据中国石油经济技术研究院发布的《2011 年国内外油气行业发展报告》，2011 年我国石油与原油净进口量分别为 2.63 亿吨、2.5 亿吨，对外依存度达 56.3% 和 55.1%，双破 55%。国家发改委发布的数据显示，2010 年我国已成为了原煤净进口国，而 2011 全年我国净进口煤炭 1.68 亿吨，增长 15.2%。对能源的消耗不断增加，进一步加大了确保我国能源安全的难度。2012 年 3 月，国务院总理温家宝在"两会"作政府工作报告时明确指出，2011 年我国节能减排目标没能全部完成。"十二五"时期，我国仍处于重要战略机遇期，推进城镇化发展，促进经济社会发展的过程势必面临着更为艰巨的资源环境挑战。

绿色低碳是城镇可持续发展的源动力，是最核心的动力之一。大自然是一切生命的摇篮，自然遵循特定的自然进化规则，人不可能违背这种进化规则来发展。自然提供城镇活动的所有资源，并承纳了城镇代谢的一切污染物，生态环境是城市发展不可脱离的根本，生态文明是城市进化的顶级标志。绿色低碳的城市有两大主线：其一，处理好人与自然的关系，人类向自然的索取必须与人类对自然的回馈相平衡。只索取不回馈，灾难最终会降临。英国气象局的最新报告显示，全球气温自 1900 年以来确实上升了 0.75℃，其中 2010 年的平均气温最高。全球变暖的直接原因正是温室气体的大量排放，特别是城市产生了大量的二氧化碳。单是楼宇和交通就占总排放量的 25%，人类从自然的索取已远大于回馈自然所需，温室效应就是大自然给予人类最直接的警告。其二，处理好人与人的关系：即人际关系、代际关系、区际关系、利益集团之间的关系，达成互利和谐，共建共享。绿色低碳的核心目标是人造资本、自然资本、社会资本和人力资本的存量不断增加，提高绿色 GDP，低碳减排，实现经济和自然环境相协调并和谐发展。

因此，我国城镇化追求的是"低碳、绿色环保、人与自然和谐"的目标，走出一条绿色可持续的城镇化之路：要提高城镇的人口承载能力，走紧凑型城镇化道路，合理提高城镇建成区的人口密度和分布；要遵循城市发展规律，从各地实际出发，促进大中小城市和小城镇协调发展；要优化城市结构，不断完善居民小区的各项功能，提高资源的循环利用和新能源的开发利用；要十分注重保护历史文化与自然遗产、山川河流和生物多样性等，保持城镇发展的多样性；要按照节能减排要求，推进大中小城市基础设施一体化建设和网络化发展。

城镇化的可持续发展应该体现在规划、建设、管理、运营（服务）这四个层面，从始至终都以"低碳、绿色环保、人与自然和谐"为目标。城乡规划承担着政府基于人民的根本利益和可持续发展的原则对城市空间资源的公平分配和管制重任，是从理念规划上的可持续发展。城镇建设过程中倡导使用节能环保建筑材料建造绿色建筑，实现建筑节能。城市精细化管理将城市管理的各个环节进行定量化、精细化，从而提高城市规划、建设、管理和运营水平，为越来越多的城市人口提供优质高效的公共服务，加快工业社会到信息社会的转型，实现城市可持续发展。

第 2 章　数字城市建设是战略性选择

2.1　数字城市是生态文明城镇化与信息化融合的必然抉择

从 1953 年开始执行第一个五年计划后，我国逐步走上了工业化道路。尤其是改革开放以后，在现代化政策的驱动下，中国的城市发展取得了巨大成就。随着工业和科技实力的扩展，中国正在从事着世界历史上最雄心勃勃的城市建设活动。半个多世纪以来，中国再次成为世界城市规划和建设的中心，城市居民比例提高、收入增长。随着农民迅速地离开农村，农业经济转变为工业甚至是后工业经济，中国在二三十年的时间内完成了西方世界用 150 年时间才完成的事情。

然而，工业化进程必须以大量的资源能源为支撑，我国的工业化建设，经济增长主要依赖增加投资和物质投入，能源和其他资源的消耗增长很快，由于发展方式粗放，付出了过大的资源环境代价。正如 19 世纪初英国工业革命后的那段时期所发生的一样，我国快速工业化的弊端日益显现。从气候变化、人居环境破坏到人类健康威胁等问题，都可能危及我国城镇化的质量和走向。在这样的形势下建设城市文明是一种巨大的挑战，中国如何面对这些问题将在很大程度上决定了未来几十年内国家繁荣的问题。

党的十七大成为从发展工业文明转向建设生态文明的重要里程碑。在十七大的报告中，第一次以党的最高纲领性文件，把我国今后的文明发展阶段确定为生态文明阶段。报告明确提出，要"建设生态文明，基本形成节约能源资源和保护生态环境的产业结构、增长方式、消费模式"，使"生态文明观念在全社会牢固树立"。生态文明作为全面建设小康社会的奋斗目标首次写入党的政治报告，这是我们党对社会主义现代化建设规律认识的新发展。由此，生态文明建设开始加快，深刻地影响着人们的生产和生活。

要把生态文明理念融入城镇化发展中，走城镇建设与生态环境建设相统一、城镇发展与生态环境容量相协调的城镇化道路，努力建设宜居城镇，就要从工业文明的思维模式向生态文明的思维模式转变，实现向新型城镇化的转型：即从过去城市优先发展模式逐步转向城乡协调发展，从高环境冲击向低环境冲击转变，从数量增长型的城镇化向质量提高型转变，从高耗能的城市建设向低耗能转变，从城市低密度蔓延向城市空间合理利用转变，从单纯追求效率优先向注重城市和谐发展转变。

1997 年召开的首届全国信息化工作会议，对信息化和国家信息化定义为："信息化是指培育、发展以智能化工具为代表的新的生产力并使之造福于社会的历史过程。国家信息化就是在国家统一规划和组织下，在农业、工业、科学技术、国防及社会生活各个方面应用现代信息技术，深入开发广泛利用信息资源，加速实现国家现代化进程。"经过多年科学技术的飞速发展，信息化已然成为国家经济社会发展的重要生产力。电子信息化的迅猛发展带动了一批高技术产业的崛起，电子计算机大量应用于科学计算、信息处理、自动控制、辅助设计制造、人工智能、网络通信等领域，使人类社会进入到了一个前所未有的新高度，城市生产、生活的面貌为之一新。

数字城市应运而生，符合生态文明时代城镇化转型的要求，是城镇化和信息化融合的必然抉择。生态文明时代的城镇化需要推进城市节能减排、循环利用资源能源、建设节能低碳城市、实现可持续发展。2012 年 3 月，中国社会科学院发布的《中国生态城市建设发展报告（2012）》指出，当前我国正处于城市化水平迅速提升的关键阶段，未来发展要摒弃传统的城市发展道路，探索可持续发展的生态城市道路。总体来看，一方面，现在及未来我国都将保持高度的城镇化水平，这就对城镇能源、资源、交通等方面的承载能力提出了更高的要求。另一方面，作为全球人口最多的我国城镇化的进程与全球化、市场化、信息化、机动化等相伴交织。

数字城市正是我国城镇化结合信息化的产物。高效的、精细化的数字城市无疑将是最有效的城镇化高要求高标准的应对方法之一，更是中国特色的城镇化道路上的"特色"之一。数字城市广泛采用信息化成果，针对现阶段快速城镇化产生的"城市病"等问题，以信息化为手段，提升城镇化的质量和水平。数字城市的本质就是"多用信息，少用能源"、"多用数据，少用资源"，实现城镇化建设过程的精细可量化、精准可控化。数字城市在城镇日常的管理运行中，以信息流的方式在城镇系统进行相互交流，尽可能地减少各类成本；同时，数字城市综合系统地管理城镇系统中的能量流、人口流、物质流、资金流等，可预见性地优化资源配置，实现城镇的可持续发展。建设数字城市可以合理规避城镇实际发展与城镇规划目标之间的偏差，优化城镇资源配置，有效调节城镇发展中的不协调；数字城市可以提高城镇行政管理水平，合理布局基础设施建设，管控城镇环境污染，提高城镇凝聚力；数字城市可以保障城市运行畅顺，以公共信息平台为基础，以信息流为介质，实现"资源共享、业务协同"，保障交通、市政、环保、医疗、电力、安保、水务等城市生活方方面面的顺利进行。

2.2　数字城市与智慧城市

"数字城市"概念在中国的提出可溯源至 2000 年，经过十余年的发展，人们对数字城市的认知逐渐深入，并取得了相应的建设成就。而随着数字城市的建设发展以及物联网、云计算等新兴技术的兴起，在"数字城市"如火如荼进行建设的同时，"智慧城市"也正在掀起一番热潮。

2.2.1　智慧城市

智慧城市的概念很宽泛，它包含政治、经济、文化与技术等方面的内容。IBM 在《智慧的城市在中国》白皮书中，把"智慧城市"定义为这样一个城市："能够充分运用信息和通信技术手段感测、分析、整合城市运行核心系统的各项关键信息，从而对于包括民生、环保、公共安全、城市服务、工商业活动在内的各种需求做出智能的响应，为人类创造更美好的城市生活。"其四大特征是全面物联，充分整合，激励创新和协同运作。

"智慧城市"的概念时至今日也没有形成统一的认识，相关领域的专家、学者以及各大企业都从各自角度或立场给出了理解。IBM认为"智慧城市"的运作形态是：遍布各处的传感器和智能设备组成"物联网"，对城市运行的核心系统进行测量、监控和分析，随时随地进行全面感测；"物联网"与互联网系统完全连接和融合，将数据整合为城市核心系统的运行全图，提供智慧的基础设施；基于智慧的基础设施，城市里的各个关键系统和参与者进行和谐高效的协作，达成城市运行的最佳状态。

中国工程院邬贺铨院士认为"智慧城市"是指充分借助物联网、传感网，形成基于海量信息和智能过滤处理的新的生活、社会管理模式，包括政府、交通、能源、物流、环保、社区、楼宇、学校、企业、港口、银行、医院和放心食品、药品等诸多领域；"智慧城市"是城市的信息化和一体化管理，是全球信息化高速发展的典型缩影，是信息基础设施和实体基础设施的高效结合，利用网络技术和IT技术实现的城市智能化。

"智慧城市"是一种看待城市的新角度，是一种发展城市的新思维。它要求城市的管理者和运营者把城市本身看成一个生命体，要求人们认识到，城市本身不是若干功能的简单叠加，城市是一个系统，城市中的人、交通、资源、能源、商业、通信等，这些过去被分别考虑、分别建设的领域，实际上是普遍联系、相互促进、彼此影响的整体。只不过由于科技手段的不足，这些领域之间的关系一直是隐形的存在。

而在未来，借助新一代的物联网、云计算、决策分析优化等信息技术，通过感知化、互联化、智能化的方式，可以将城市中的物理基础设施、信息基础设施、社会基础设施和商业基础设施连接起来，成为新一代的智慧化基础设施，使城市中各领域、各子系统之间的关系显化，就好像给城市装上网络神经系统，使之成为可以指挥决策、实时反应、协调运作的"系统之系统"。

2.2.2 "智慧城市"与"数字城市"的关联

新概念的提出在某个历史时期会具有其特殊的意义，"智慧城市"就是随着当前传感技术、高速网络技术、物联网技术、云计算技术等新兴信息技术的出现和城市经济社会发展需要而提出。虽然我们要避免盲从一些组织为了自身目的而推出的一个新概念，但是也要从中甄选出其可取之处——如果符合我国城镇化发展的基本国情，是促进我国城市（镇）健康可持续发展的新概念（如"智慧城市"），那么就可以为我所用，因为"智慧城市"是"数字城市"发展到当前历史阶段的概念形式，是我们利用数字化技术使得城市决策更科学、管理更高效、运行更可控的期望和愿景。

从信息技术上来讲，无论是"数字城市"，还是"智慧城市"，其核心基础是"数字化技术"。二进制的发明让人类社会进入了"0"和"1"的数字化时代，信息技术从局部的应用，逐渐普及到个人、企业、政府、城市、国家乃至全球范围，信息量以几何倍数逐年增长，我们已经处在信息爆炸的历史时期。

由于计算机网络通信、地理信息系统、卫星遥感、全球定位系统等技术的快速发展，美国前总统戈尔最早提出了"信息高速公路"和"数字地球"等概念。随着信息技术的发展逐渐蔓延到全球，由此，"数字中国"、"数字省域"、"数字城市"、"数字社区"等概念犹如雨后春笋般地冒了出来。近几年又有人提出了"智慧地球"、"智慧中国"、"智慧城市"、"感知中国"、"感知城市"、"光网城市"等新概念。

如果仔细解读各种新老概念，不难发现各有侧重、各有特点，也有不少交叉，虽然表述的范围、视角、理念略有不同，但是从本质上来探究，我们可以发现这些概念所具有的共性特征或共性基础实质上是"数字化"，只是站在不同层面、不同角度对数字技术、信息技术、网络技术等渗透到城市生活进行了描绘，特别是不同时代信息技术发展状况对这些概念的描述或定义的影响。

"智慧城市"离不开数字化技术、离不开信息技术，更离不开城市精细化管理理念。城镇是人类集聚地，对人类文明发展起到了极大的作用，要提高城市管理和服务水平，对城市建设与运营决策者来说，就需要充分利用信息技术，对城市多源海量数据进行有效的组织管理，使之标准化、流程化；利用数据挖掘、知识发现、实时控制、决策模型等各类适用技术，结合城市自身经济社会发展特征，通过对城市的精细化管理，优化城市规划、建设、管理、运行和服务等各方面的决策，使得城市的决策更加智慧。

第二篇
2011 年数字城市发展

经过十多年的发展建设,"数字城市"已从概念走向现实。数字城市的发展建设是一项庞大的工程,在过去的数年间,得到了多方面的支持支撑,并逐步实现了在城市发展中的应用推广。国家、地方政府高度重视数字城市建设,制定相关政策标准法规,并利用管理和服务职能为数字城市建设创建良好环境,引导推动其发展。政府财政及社会资本的大量投入,保证了数字城市建设的顺利进行,并助力其产业形成。云计算、物联网、地理信息技术、网络信息技术等的发展,为数字城市建设提供充足的技术支撑,推动其从理念转变为现实。在大力开展数字城市建设的同时,数字城市也逐步实现其面向多领域多行业的应用,真正实现数字城市的服务功能。

第 3 章　数字城市建设发展

3.1　政策标准层面

数字城市建设是一项政府主导型的事业，政府发挥其高效和强有力的组织和领导职能，研究拟定数字城市相关的政策法规，鼓励和推进相关技术和应用的产业化。2011 年 3 月国家出台的《国民经济和社会发展第十二个五年规划纲要》中明确提出："全面提高信息化水平。推动信息化和工业化深度融合，加快经济社会各领域信息化。发展和提升软件产业。积极发展电子商务。加强重要信息系统建设，强化地理、人口、金融、税收、统计等基础信息资源开发利用。实现电信网、广播电视网、互联网'三网融合'，构建宽带、融合、安全的下一代国家信息基础设施。推进物联网研发应用。以信息共享、互联互通为重点，大力推进国家电子政务网络建设，整合提升政府公共服务和管理能力。确保基础信息网络和重要信息系统安全。"这就要求各地政府在"十二五"期间要高度重视信息化的发展，从各方面来保障和推进数字区域的全面发展。

3.1.1　相关政策标准的制定

1. 相关政策法规的制定

2011 年，国家相关部委制定发布了一系列与数字城市相关的信息产业政策和技术政策。

2011 年 2 月，工信部制定发布《工业和信息化部关于实施 2011 年通信村村通工程的意见》，强调完善农村通信基础设施建设，提升农村信息服务能力。随着国家对农村信息化建设的引导，城乡"数字鸿沟"将逐步缩小，为数字城市向乡镇推进奠定基础。紧接着 5 月，工信部发布《工业和信息化部办公厅、财政部办公厅关于做好 2011 年物联网发展专项资金项目申报工作的通知》，根据通知，国家加大了政策扶持力度，保障了数字城市基础通信设施和物联网的建设。2011 年底，受工业和信息化部委托，国家信息中心发布了《中国信息化城市发展指南（2012）》，该《指南》旨在引导和推动我国信息化城市健康发展，构建信息化城市建设的基本理论框架，系统地回答了信息化城市是什么、怎么做等问题，分析了信息化城市跨越发展、可持续发展中需要注意的问题。

2011 年 6 月住房和城乡建设部颁布了《关于进一步推进住房城乡建设系统依法行政的意见》（建法［2011］81 号），意见指出"充分发挥信息技术在行政执法中的作用。建立和完善行政执法办案管理系统，利用信息化手段，及时发现违法行为，为迅速查处违法案件提供技术支持。建立行政执法责任制信息化管理系统，提高行政执法管理信息化水平。完善网上电子审批、一个窗口集中办理和'一站式'服务的工作机制，加强对许可权力的有效监督和制约，提高服务质量和效率。"《意见》的发布对政策法规在执法领域进行信息化建设和应用起到了推进作用。

2011 年 6 月，国家测绘局根据《中华人民共和国国民经济和社会发展第十二个五年规划纲要》精神，按照国家关于"十二五"规划编制工作的统一部署，组织编制了《测绘地理信息发展"十二五"总体规划纲要》（以下简称《纲要》）。《纲要》提出"十二五"期间，我国将按照"构建数字中国、监测地理国情、发展壮大产业、建设测绘强国"的发展战略，大力发展基础测绘事业，繁荣地理信息产业。在"构建数字中国"方面，"十二五"期间，要完成全部数字省区建设、全部地级市和有条件县级市的数字城市建设，建成全国卫星导航定位服务网络，形成较为完备的基础地理信息资源体系并实现持续动态更新。而在壮大产业方面，有关部门将积极促进地理信息应用社会化，"十二五"期间重点要推进卫星导航及位置服务、现代测绘装备制造、地理信息软件、互联网地图服务的发展。《纲要》对我国"十二五"期间的数字城市发展有着重要的指导意义。2011 年 4 月，国家测绘局发布的《国家测绘局科技领军人才科技资助专项资金管理暂行办法》加强了对数字城市建设领域科技领军人才的资金资助。

不同地方政府也在国家政策法规的基础上，结合本地实际情况因地制宜部署本地的"十二五"期间数字城市相关的建设工作。2011 年 10 月，结合郑州市数字城市建设工作实际情况，郑州市人民政府发布《郑州市"十二五"数字城市建设发展规划》，明确了未来五年郑州市数字城市建设的目标与任务。海南、江苏、福建、广西、辽宁、云南等省区也都根据自身的数字城市发展现状，将在"十二五"期间进一步推广数字城市建设工作。另外，南京市和宁波市也分别公布了当地的智慧城市"十二五"规划。数字城市的建设已获得了各级政府的关注，并正式将其提上了工作日程，这对我国数字城市的全面推广和深入发展起到了不可忽视的作用。

地理空间信息基础框架是数字城市的重要基础，是数字城市建设的先锋项目之一。根据国家相关法律法规，各地方政府结合本地实际情况制定了空间信息资源的管理规定。2011 年，浙江省温州市人民政府颁布了《温州市市级基础测绘成果提供使用管理规定》，黑龙江省佳木斯市人民政府制定了《数字佳木斯地理空间框架建设与应用暂行规定》，广东省东莞市人民政府公布了《东莞市数字城市地理空间框架建设使用与管理办法》，山东省日照市人民政府颁布了《日照市数字日照地理空间框架建设与使用管理办法》等。地理空间基础框架是数字城市的关键基础组成部分，制定相关的管理政策，有利于加强政府各部门与应用服务主体之间的地理信息资源共享与利用，提高地理信息资源的共享程度和网络化服务水平，避免重复建设。

面对未来的发展，国家和地方政府制定了适宜的地理信息发展"十二五"规划。2011 年 7 月，根据党的十七届五中全会作出的战略部署和我国经济社会发展的客观要求，为进一步明确"十二五"期间测绘地理信息发展的方向、重点和主要任务，按照国家相关政策文件的有关要求，结合我国测绘地理信息发展实际，国家测绘地理信息局制定了《测绘地理信息发展"十二五"总体规划纲要》。2012 年初，以《测绘地理信息发展"十二五"总体规划纲要》为依据，湖北省印发了《湖北省测绘地理信息发展"十二五"规划》，安徽省发布了《安徽省测绘地理信息事业发展"十二五"规划》、浙江省公布了《浙江省测绘与地理信息科技发展"十二五"规划》等。各地规划明确了"数字省区"和"数字城市"地理空间框架建设、基础地理信息建设、地理信息产业跨越式发展的目标。国家和地方政府制定的城市地理信息资源产业化政策、数字城市应用产业化政策，对市场、人才、技术和资金各项要素的政策扶持，保障了数字城市建设的可持续性。

2. 政府相关标准规范的制定

建设数字城市涉及部门多、应用多样、资源整合难度大，必须遵循统一规划、标准规范现行的原则，建立统一的建设、管理和应用标准规范体系。

我国数字城市相关的标准研究正在紧锣密鼓地深入推进。2011 年 10 月 1 日起正式实施的《城市三维建模技术规范》，是由湖北省武汉市国土规划局主编，经住房和城乡建设部批准的全国首个三维数字城市的行业标准。2011 年 7 月，上海浦东智慧城市发展研究院（筹）正式对外发布"智慧城市指标体系 1.0"，是国内首个公开发布的智慧城市指标体系，主要针对"十二五"发展阶段，提出 5 个维度、19 个二级指标和 64 个三级指标。该指标体系的发布，在推动浦东建设"智慧城市"发展的同时，也为国内其他城市和地区智慧城市建设提供了一定的示范引导和参考借鉴。同时，浙江、江苏、重庆等地也在积极制定数字城市相关的地方标准。而全国信息技术标准化技术委员会 SOA 标准工作组计划以智慧城市为立足点开展我国 SOA、云计算、Web 服务、中间件领域的标准制（修）订工作。

在数字城市的建设过程中，地理数据与技术标准是决策支持的关键，始终处于国家和地方的高度关注之中。2009 年，由国家测绘局提出的《数字城市地理信息公共平台地名/地址编码规则》（GB/T 23705－2009），规定了数字城市地理信息公共平台地名/地址及标志物的编码规则与地理位置表示方法。此外，还有测绘基本术语（GB/T 14911－1994）、摄影测量与遥感术语（GB/T 14950－1994）、地图学术语（GB/T 16820－1997）、大地测量术语（GB/T 17159－1997）和地理信息技术基本术语（GB/T 17964－1999）、城市道路、道路交叉口、街坊、市政工程管线编码结构规则（GB/T 14395－93）等国家和行业标准规范，可以作为数字城市地理信息标准引用和作地方化补充。2011 年 7 月，国家测绘地理信息局地理信息与地图司发布了规范性文件《"天地图"省市级节点建设方案》，积极推进"天地图"省、市级节点的建设，实现"天地图"各节点间的互联互通和协同服务，尽快形成全国统一的"一个平台"局面，提高地理信息公共服务能力。在地方上，自 2011 年 9 月 23 日起施行的《湖北省地理空间数据交换和共享管理暂行办法》（以下简称《办法》）为建设和运行湖北省地理空间数据交换和共享平台提供了法律保障。《办法》共二十九条，主要规定了地理空间数据交换和共享的主体及内容、各部门的职责分工、数据的基准和标准、交换平台的建设、地理信息数据共享服务方式以及应急测绘保障机制等内容，并详细列举了参与地理空间数据交换共享的 28 个部门应当交换的地理空间数据类别和具体内容，加强了交换和共享工作的可操作性。

3.1.2　各地数字城市建设差异明显

2006 年以来，国家测绘局已先后批准 24 个省市自治区的 41 个区建设试点，服务于政府科学管理与决策，工业与信息化部、国家遥感中心从国家发展规划、产业发展、政策支持和信息发展等方面推进数字城市建设的发展。经过多年的发展，在数字城市地理空间框架、城市规划和管理、房产和管网管理等多方面的建设均取得了一定的成效。

目前，全国 665 个城市中数字城市建设推广与应用城市已达 220 多个，与 2010 年 10 月的统计数字 112 个城市相比，有了很大发展。截至 2011 年 10 月，在 2010 年的基础上新增16个城市通过国家测绘地理信息局验收。项目建设成果用于政府及各部门的政务决策管理、公共服务。同时，作为数字中国、数字省区地理空间框架的组成部分，数字城市被纳入国家级、省级基础地理信息公共服务平台，项目成果国家、省、地方共享。在已有数字城市发展基础上，更有多个省级政府提出了建设"数字省区"的目标，例如湖南省、湖北省、海南省、宁夏回族自治区等。有的省还将数字城市建设纳入"十二五"规划，作为信息化建设的重要内容。

1. 北京

北京市在1999年就提出了"数字北京"发展规划，"数字北京"的提出是北京信息化发展过程中的里程碑，以此为标志，北京市信息化迈入了一个新的发展阶段。经过十多年的发展，数字城市建设已初具规模。

1）信息化基础设施建设

北京市已经建成了全覆盖的公共信息基础设施，实现了信息化全民普及。2010年底，实现了2兆宽带全市覆盖。根据北京市通信管理局召开的通报会上的数据，2011年，北京市互联网网民数达1379万人，普及率为70.3％；互联网宽带接入用户（固定）为523.4万户，移动互联网用户为1940.7万户。另外，截至2011年上半年，北京市光纤入户在全市范围的覆盖率为42％；到2011年9月，北京市高清交互数字电视用户已达204万户。3G网络、WiFi无线网络正逐步覆盖城乡，无线城市建设初具规模。

2）地理空间信息平台建设

北京市政府十分重视地理信息产业发展，将"构建'数字北京'地理空间框架，提高测绘公共服务水平，促进地理信息产业发展"作为测绘工作的目标之一。为了更好地服务规划、服务政府、服务社会，进一步增强北京市地理信息服务保障能力，提高服务水平，北京市测绘设计研究院于2008年启动了北京市地理信息共享服务平台建设。数字西城已于2011年9月正式通过国家测绘地理信息局验收，受到专家好评，为其他区县的数字城市工作提供了丰富的建设经验。数字通州于2012年1月通过验收，数字房山自2011年3月开始建设，已进入项目实施阶段，北京市数字城市地理空间框架的建设将全面推进北京市智慧城市建设的发展。

北京市地理信息共享服务平台应用面向服务的架构，集成北京市多种数据源、多比例尺、多时态和多种数据格式的基础地理信息数据，结合规划和政府决策的应用需求，实现地理信息的在线服务。各部门、各行业都可基于平台，通过直接应用、定制应用、标准服务或内嵌调用的方式快速便捷地搭建自己需要的专题应用系统。

3）电子政务建设

北京市完成了全市政务信息化基础设施的统筹建设，基本实现了电子政务核心业务信息化全覆盖。目前，北京市电子政务网络为全市8134家各级党政机关提供网络连接及信息共享服务，满足了全市10万多公务人员的办公需求，网络承载了以社会保障、房屋权属交易、公共卫生防疫、新农村合作医疗、应急指挥为代表的300多套应用系统，每年受理大型业务工单100多个，这些信息系统覆盖了包括城市运行、应急管理、疾病预防、社区便民、交通安保等各个方面，对加快政府转变职能、推行政务公开、接受群众监督、提高决策水平和依法行政具有重要意义。

北京市社区网建立了市、区、街、居四级服务体系，为全市202家三级以上社区服务机构提供方便快捷的非紧急救助、家政服务等 200 多项服务，网络承载了社区呼叫、社区服务、社区网站、社区管理、区街应用、社区大课堂等 10 余项业务系统。北京市医保网络已连接 33 家经办机构、325 家社保所、1867 家定点医疗机构，有效承载了 10 万余家参保企业、1046 万参保人群的医保网业务，为北京医保信息系统整体的平稳运行提供了可靠的支撑，每年受理业务服务工单 40 多个，网络咨询 2200 多次，实现了北京市参保人员持卡就医实时结算功能。

4）数字奥运

数字奥运是适应全球进入信息社会，推进首都信息化高速发展，实现"科技奥运"承诺的系统工程。"数字奥运"是 2008 年奥运会的亮点，是"科技奥运"的时代特征，"人文奥运"的弘扬手段，"绿色奥运"的重要支撑。数字奥运充分运用现代信息技术，建设各种必要的信息基础设施和信息应用系统，开发各种与奥运会相关的信息资源，营造良好的信息化环境，为各相关组织和个人提供优质的信息服务。

数字奥运的建设大力协助奥组委提出奥运指挥调度平台网络实施方案，协助奥组委解决集群通信终端赛后利用问题，确保数字电视大厦工程进度。以奥运场馆周边道路信息管道等基础设施建设为重点，推进通信基础设施的统一规划、建设和管理。制定奥运网站信息安全保障和应急方案，完善和丰富首都之窗门户网站。推进虚拟奥运博物馆等数字奥运项目。修订赛时无线电管理相关政策法律，开展无线电频率清理及奥林匹克中心区电磁环境监测等工作。

2. 上海

2011 年是上海全面启动智慧城市建设的一年，信息基础设施建设步伐加快。未来，智慧城市的建设被列为未来上海市的重点建设项目之一。

1）信息化基础设施建设

近年来，上海市的信息化基础设施建设发展迅速，为智慧城市的建设奠定了坚实基础。根据 2012 年 1 月的上海市的政府工作报告，截至 2011 年末，上海市完成 280 万户光纤到户建设改造，宽带网络迅速提升。另据《上海市互联网发展报告 2010》，截至 2010 年 12 月底，上海市互联网网民总数达 1239 万人，其中宽带网民规模达 1228 万人，占全市网民总数的 99.1%，互联网普及率已达 64.5%，高出全国平均水平 30.2 个百分点；上海市手机网民规模已达 914 万人，较 2009 年增加 167 万人，增长率为 22.4%，手机上网占网民比例 73.8%，高于全国平均水平 7.6 个百分点。

2）数字健康工程

2006 年，全国首个数字健康社区——"东方数字健康社区"在上海市宝山区开始试运行。自此以后，上海市就开始了以数字化方式解决就医难问题的探索实践道路。2011 年，上海市基于市民健康档案的卫生信息化工程正式启动。市民健康档案的卫生信息化工程以市民健康管理为核心，建设上海健康信息网，实现人人享有电子健康档案，使公共卫生机构、医院、社区卫生中心、家庭医生和居民有效共享利用健康信息，为市民开展自我健康管理，享有方便、高效、优质的医疗卫生服务提供信息支撑。目前，上海市的闸北、长宁和闵行已是三个国家级电子健康档案示范区，居民手持健康卡，在区内多家社区卫生服务中心就诊时，可以统一"登录"到就诊信息平台，完成病史、病历、医嘱、付费、取药等过程。未来，借助云计算技术，上海居民的健康档案将实现数字化，并进入"云端"，在全市各家医院实现共享。

3）交通信息管理系统

近十年来，上海市交通局先后建成了一系列公交信息管理系统，包括上海市公共交通营运管理系统、GPS卫星定位应用、公交信息自动查询系统、上海一卡通支付系统、出租汽车营运管理系统、GIS地理信息应用、上海市运输局公交数据库系统等。这些系统可以为访问者提供完善、实时的交通信息、相关信息和服务，为管理部门提供管理便利的同时，也方便了广大运营商和乘（游）客，提高了上海公交服务的水平。目前上海城市交通信息化管理在内容上汇集了陆路交通、航班信息、客运码头信息，实现了"海陆空"在同一平台上聚集，而且交通信息采集的质量更高，甚至每辆车的车牌号码都能在监控的大屏幕上显示。

在2010年，上海市还开设了专门为世博服务的世博交通服务平台和世博园区交通信息平台，为世博会的召开提供多种交通信息服务。通过世博智能交通系统，道路情报信息可以达到每2分钟更新一次，每天不同时间段上的路况信息能与上月同期的路况进行实时比对，对世博客流和全市交通做到了"实时、动态"掌握。同时，世博智能交通系统采用道路上的感应线圈收集路况信息，还在高速公路网试点采用手机信号测车速。感应线圈也能实时收集、汇总公交、轨交、公共停车场的当前情况，道路的临时开挖信息以及专门服务世博的客流和交通等信息，从而为决策部门及时对拥堵点采取针对性措施提供了第一手资料。在高速公路网采用手机信号测车速，通过车上乘客使用手机与不同手机基站切换信号的速度，得出高速公路上车辆的即时速度。智能交通系统的运用，将与世博会总体运营指挥平台密切配合，对园内游客流量较大和密集程度较高的区域及时增派相应的交通工具，及时运送和疏导客流，为游客参观游览提供安全、便利的交通服务。

3. 广州

数字广州地理空间框架建设是"数字广州"建设的关键，是构建"智慧广州"的重要组成部分，是实现转型升级、建设幸福广州的助推器。社会保障卡（即"一卡"）、市民网页（即"一页"）作为智慧广州"五个一"示范工程的重要组成部分。

1）地理空间框架

数字广州地理空间框架还将作为未来"智慧城市"的基础，推动智能交通、智能楼宇、智能小区的实现。2012年4月，数字广州地理空间框架建设通过国家测绘地理信息局验收，正式开通运行。以土地房屋"一张图"数据库为基础建立的城市基础地理信息数据库平台，集成共享了大量的地理空间数据。其中，集成广州市属20多个委办局80多个专题图层，覆盖公安、教育、卫生、交通、旅游、环境、文化等方面。这些数据已通过在线服务、离线共享等多种方式提供给广州11个政府部门应用。此外，该平台还建设了面向大众的广州地图公众服务网。该网站按照城市生活专题、城市公共安全专题、城市环境专题等划分为6个大类，专题图层达80多层，并针对社会需求，设计了包括教育资源、公交出行、绿道出游检索等功能，免费为市民提供服务。

2）市民网页

2011年4月，广州市民网页正式开通，迈出了"智慧广州"的战略部署建设的关键一步。广州市的市民网页在全国率先推出个性化便民服务新举措，为每一位市民在政府门户网站上开设个性化的网页。市民网页，好比市民工作和生活的"大管家"，其主要功能包括政务信息发布、信息订阅查询、网上办事、政民互动和云服务等五大功能,不仅提供交通违章、社会保险、公积金、水费、电费、燃气费、移动话费、电信话费等 8 大类民生信息订阅服务, 15 个政府部门共 39 种事项的办事进度和结果查询服务,市民还可通过市政府门户网站"百姓热线"向 40 多个政府部门提出政策咨询和建议,随时查询在各市直属政府部门办事的进度,办理结果也会在第一时间内发送到市民网页,并以短信或邮件等方式通知个人。

3）智慧市民卡

广州市智慧市民卡是智慧广州的示范工程项目之一,用于市民办理社会事务,是享受社会保障及其他社会公共服务的电子身份凭证,有助于推进跨部门、跨地区、跨行业的公共服务一体化进程,构建智慧、便民的电子政务服务体系。2009 年 10 月 1 日,《广州市社会保障卡管理办法》正式施行。经过几年的探索与实践,到 2011 年,智慧市民卡开始面向全市市民发放。

智慧市民卡具有社保应用功能,以人力资源社会保障领域政府社会管理和公共服务为主要应用领域,作为持卡人享有社会保障和公共就业服务权益的电子凭证,支持身份凭证、信息查询、医保就医凭证、社会保险费缴纳、待遇领取、医疗费用即时结算后的自付费用支付等各项应用。

目前,市民持智慧市民卡可作为诊疗卡使用,在自助服务设备查询社保、公积金等各项信息。年满 60 周岁户籍居民还可持社会保障卡享受老年人优待、乘车坐船、公园游览、图书借阅、羊城通消费购物等多种服务和便利。按照规划,2012 年底前,智慧市民卡应用除覆盖社会保障、劳动就业、人事管理领域之外,还覆盖民政、医疗卫生、交通、文体场馆、林业和园林、公积金管理、教育、公安、司法行政、人口与计划生育、住房保障、残疾人保障、共青团和志愿者管理等领域,实现一卡多用、一卡通用。

智慧市民卡可作为银行卡使用,具有现金存取、转账、消费等金融借记功能,同时免收金融账户的年费、小额账户管理费,并可在全国通行。

市民持智慧市民卡可通过自助服务设备享受市民网页服务,包括政务信息发布、信息订阅查询、网上办事、政民互动、云服务等。市民网页不仅可以提供交通违章、社会保险、公积金、水费、电费、燃气费、移动话费、电信话费 8 大类民生信息订阅服务,还可提供 143 项事项网上办理。市民还可通过市政府门户网站"百姓热线"向 40 多个政府部门提出政策咨询和建议。

然而,目前城市信息化建设层次参差不齐,由于各城市在资源、人力等方面的不均衡导致了各城市的发展水平不一致,甚至有些城市开展数字城市建设还存在一定的困难。虽然当前数字城市建设如火如荼,但也有一部分城市缺乏对数字城市的深刻理解而盲目跟风,草率上马。

数字城市是一个庞杂的系统工程,需要前期高瞻远瞩的规划,长期不懈的投入和研发,以及政策、制度、人才、资金等方面的有效保障。2011 年 10 月,国家测绘地理信息局在江苏南京召开的全国数字城市建设工作会议中指出:在今后要进一步加大力度推动数字城市建设,把数字城市建设列入重要工作日程;加大投入,将基础测绘纳入地方国民经济发展规划,保证提供现时的满足国民经济发展需要的数据;加大更新维护力度,保证平台有效运行;加强体制机制建设,为数字城市的平台运行提供机构、人员保障;加大宣传,提高知名度。

3.1.3 政府创建良好发展环境

数字城市是一个复杂的巨系统，其产业链条较长，上下游关联产业较多，当期阶段，由政府作为投资主体推动数字城市建设仍然是数字城市建设的主要发展模式。同时，数字城市发展是一个渐进的过程，科学培育好我国数字城市发展的宏微观产业环境，有利于数字城市发展走上良性的健康发展之道。

2010年11月28日，由国家测绘地理信息局与北京市政府联袂打造的我国首个国家级地理信息科技产业园在北京市顺义区奠基，并于2011年3月6日正式开工。园区占地面积近1000亩，总投资额150亿元，2011年年底产业园一期主体工程竣工，计划于2012年底前建设完成，计划引入国内外地理信息相关企业100家以上，形成年产值超100亿元的高新技术产业园区。目前该项目已被分别纳入国土资源部、北京市"十二五"发展规划和年度重点工程任务。园区建成投入使用后将带动基础测绘、数据加工、系统集成、服务外包、设备制造等相关业务的发展，形成相对完整的地理空间信息服务产业链。

在地方上，2011年5月26日，浙江省测绘与地理信息局与德清县人民政府签订了《共建浙江省地理信息产业园合作框架协议》，将合作共建规划用地2000亩的浙江省地理信息产业园。10月17日，由浙江省测绘与地理信息局、浙江省经济和信息化委员会、浙江省国土资源厅、德清县人民政府共同举办的"浙江省地理信息产业发展推介会"在杭州举行。推介会的重点就是宣传推介浙江省地理信息产业园，扩大选址落户在德清科技新城的浙江省地理信息产业园的知名度，鼓励和引导测绘与地理信息相关企业集聚浙江发展。目前，已经有近20家企业签署了入园协议。2011年9月6日，中国北斗卫星导航（南京）产业基地落户南京高新区，这意味着南京将举全市科教、产业之力把南京高新区打造成为华东地区重要的北斗产业基地和行业应用示范区。

当前，武汉、哈尔滨、西安等地的地理信息产业园已经发挥良好效益，带动了地方经济发展方式转变，山东、深圳、贵州、江苏、浙江、广东、广西等地也正在积极筹划或建设地理信息产业基地。

政府对地理信息产业园区的投资和建设，表明了对地理信息产业发展的引导、扶持和培育力度。一方面为数字城市建设的主体——企业创造了良好的硬件环境，吸引了企业的入驻；另一方面因为产业人才、技术、信息等综合智力优势的汇聚与融合，也反过来促进了当地数字城市的建设发展。

3.1.4 政府引导加强数字城市各地交流

数字城市是一项由政府主导的长期工程，由于国家制定试点城市的发展计划和各地资源、人力不均衡等因素，目前存在各地数字城市建设程度不一致、地区建设不均衡等现象。这就需要由政府引导，加强各地数字城市建设交流，促使发展程度好的城市传授经验给刚起步和未开始建设的地区，以达到全面建设、良好构建地理空间框架的目标。2011年，特别是下半年，政府主导或参与了多项全国性或地方性的数字城市相关工作会议，加强了各地在数字城市建设过程中的经验交流和研究。

2011年9月，由中组部主办、国家测绘地理信息局承办的全国数字城市建设专题研究班在成都温江举办。研究班邀请测绘专家、院士介绍测绘地理信息事业前沿科技和发展方向；辽宁抚顺、福建莆田、河南郑州等市有关部门介绍了数字城市建设应用实例；四川省测绘地理信息局、温江区政府现场演示了数字城市建设成果。这使得各地进一步了解了测绘地理信息事业现状和其他地区数字城市建设方法和成果。

同年 10 月，全国数字城市建设工作会议在江苏南京举行，来自全国 31 个省、自治区、直辖市测绘主管部门的领导、80 余个城市政府的领导以及数家地理信息企业的代表一起就数字城市建设的经验进行交流和分享。这次会议是自开展数字城市建设以来，首次召开的一次规模较大、层次较高、各地经验较丰富的会议，对进一步全面推动、加快构建地理空间框架建设产生了深远、重要的影响。

同年 10 月，由国家测绘地理信息局主办的"2011 中国地理信息产业大会"举行，中国地理信息产业协会宣布成立。大会回顾了近年来地理信息产业取得的成就，分析面对的形势和任务，交流科技创新、体制创新、管理创新等方面的成果与经验，探讨促进产业跨越式发展的对策，确定协会今后一段时期的工作思路。

2011 年 11 月召开的"第六届中国数字城市建设技术研讨会暨设备博览会"是由住房城乡建设部信息中心、工信部信息化推进司、国家测绘地理信息局国土测绘司、科技部国家遥感中心共同主办。大会交流我国数字城市建设的经验，研讨国内外数字城市的最新发展趋势，数字城市关键技术应用和技术集成方案，数字城市产业模式和公众信息服务模式；探讨数字技术支撑下的数字城市管理体制和产业政策；并对如何制定统一的数字城市标准规范和评价指标体系，数字城市公共信息资源管理平台建设、数字城市共性支撑技术（包括物联网等）发展方向以及企业信息化建设的实践经验等展开交流。

各地政府也根据本地情况进行了不同程度的数字城市相关展示和交流。例如，湖南省国土资源厅在湖南省地质博物馆广场举办了以"监测地理省情，促进数字湖南建设，服务科学发展"为主题的湖南现代测绘科技演示展；江苏省盐城市举办了信息化产业发展恳谈会等。这些全国或地方性的交流会议和展示都对数字城市的全面和更好的发展起到了较大的推动作用。

3.2　资本产业层面

数字城市是高投入产业，需要政府政策的保障，需要高新技术的注入，需要高素质人才的支撑，这些都决定了数字城市对资本投入的高需求性。数字城市建设最初阶段，主要依靠政府的资金投入作为保证。随着政府扶持的力度逐渐加大，数字城市产业的逐步发展壮大，相关企业也开始关注数字城市的建设，并主动投入资金参与数字城市的建设。数字城市建设的资本投入结构正在从单一的政府投入向政府、企业及社会多元投入结构过渡。

3.2.1　政府投入为引导，掌握总体方向

在现行的财政分配制度下，我国各级政府拥有较强的经济控制能力，各级政府在集中和分配全国性财力、协调区域性经济发展、促进产业结构调整、引导社会投资方向等方面具有很强的调控能力和优势。利用政府投资这一直接手段引导全社会资本的流向，是我国社会主义市场经济发展中的一个特色。

政府投资是指通过政府性资金的使用来引导和控制全社会投资活动。根据《国务院关

于投资体制改革的决定》的规定，政府性资金包括 4 类，即财政预算内投资资金、各类专项建设基金、国家主权外债资金和其他政府性资金。政府性资金的投入方式包括 5 种，即按项目安排，根据资金来源、项目性质和调控需要，分别采取直接投资、资本金注入、投资补助、转贷、贴息等方式。政府性资金的使用者，不仅包括政府投资主体，也包括非政府投资主体。

数字城市是现代城市功能完善的必要手段，城市数字化所依赖的基础是各种不同类型、不同功能的信息系统，这些信息系统所提供的服务具有强烈的公共物品特性，即高度共享性。由于公共物品存在的特性，使得市场机制无法解决公共物品的需求满足问题，必须有公共支出等支持作为条件才能够实现供求的均衡。因此，数字城市的建设要克服这一矛盾，必须依赖于各级政府的公共资源配置，包括资本、信息与制度等类型的资源。由于存在较高的资金起点，由政府主导的资本投入，可以更有效率地组织起规模庞大的系统建设。政府的经费可分为两个方面，一个是公共信息平台和公用信息数据，如城市的基础数字地图数据的生产费用，这种数据成本高，生产周期长，属于社会公益数据，需要政府投入。另一个是控股公司，政府作为投资方参股，由公司来运作数字城市涉及的一些大型工程，这种工程投资大，经济效益也高。

2011 年我国各级政府对数字城市建设高度重视，加大力度推进城市数字化建设，数字城市建设全面铺开，目前全国已有 230 多个城市开展了数字城市建设，110 余个数字城市已经建成并提供服务。数字城市作为社会信息化建设的一个关键环节，已经涵盖了涉及城市规划、管理、经济、生活、文化等多方面的内容。以信息技术、地球观测与导航技术、云计算、物联网为核心的数字城市技术得到迅速发展，并获得了广泛的应用。当前，我国数字城市继续向广度和深度推进，数字城市建设更加务实和理性化，数字城市的作用和效益正在逐步显现。

广西"数字河池"地理空间框架示范工程是河池市"十二五"信息化建设的一项重点工程，项目建设总经费概算为 1085 万元，由国家测绘地理信息局、自治区测绘局和河池市人民政府共同投资，预计于 2013 年全面建成。届时，现代测绘、地理信息系统、大型数据库及网络通信等技术，将使国土资源、城市规划、建设、交通等各部门实现基于同一平台的空间信息资源共享和服务，实现全市"一张图、一个网、一个平台"。

内蒙古鄂尔多斯市东胜区试点建设的"数字城市"项目，自 2009 年初启动建设以来，仅用 2 年时间，便已具规模并展现出强大的生命力。根据建设需要，该区从政策、机构、人员、资金、场地等多方面给予了支持，聘请了国家两院院士牵头，统一规划、设计"数字城市"建设方案；2009 年投入 1.5 亿元，2010 年投入 3.96 亿元，预计 5 年内各类投资将超过 35 亿元。

湖北省在数字城市建设中积极开展试点应用工作，不断加大经费投入力度，目前，已经开展数字城市建设的 9 个城市总投资经费约 1.42 亿元，覆盖全省 80% 的人口和国土面积。2009 年 7 月，"数字潜江"作为全国首个试点通过了国家测绘局组织的验收，并被国家测绘局授予全国数字城市建设示范市称号。2010 年武汉市被列为试点城市。湖北省开展数字城市建设的城市数量占全省所有市州的比例约 70%，是全国试点城市最多、开展数字城市建设范围最广的省份之一。

2011 年，江西省政府计划投入约 1 亿元用于数字城市建设，现在有 5 个社区城市正在建设，1 个社区城市正在申报。随着"数字萍乡"通过了专家组的验收，江西已有 3 个城市完成了国家数字城市建设试点项目，数字城市建设工作居全国前列。目前，经过不断修改和完善，已建成"一库"、"一平台"、"四个示范应用"和"三套数据集"。"数字萍乡"地理空间框架建设项目，为城市建设、智能化交通、网格化管理、城市安全应急响应等创造了良好基础条件，对于提高政府决策水平、促进城市可持续发展具有重要意义。"数字新余"地理空间框架建设项目，建设了基础地理信息数据库、地理信息公共平台、政府门户网站公众电子地图系统、城市管理信息系统、房产管理信息系统、城镇地籍管理系统、基础数据、政务服务数据、公众服务数据，构成具有新余特色的地理信息综合应用平台。自 2011 年以来，江西省构建的"数字江西"在监测地理国情、发展壮大产业、提高保障水平等方面工作取得显著成效，为社会带来了 9.7 亿元的经济效益，创造了历史新高。

数字城市建设需要庞大的资金作为后盾，仅靠政府投入远远不能满足。因此，在数字城市建设中，政府应以建设"学习型"政府和"服务型"政府为切入点，继续将城市信息化作为基础设施建设的一部分加大投入，但同时应该做好市场机制的调节，创建一个健康有活力的市场环境，充分调动不同类型企业的力量，吸引相关的企业参与进来，增加创新活跃度和更多的社会资金，只有这样，才能真正健康地推动数字城市的发展。

3.2.2 企业投入为主体，促进产业发展

中国科学院和中国工程院院士李德仁说："数字城市完全依靠政府投资的模式肯定不能长久，它需要得到社会各界的关注和支持。众所周知，数字城市的建设需要巨额、长期、持续的投入，而对运营能力的考验更加关键。在数字城市建设初期，是政府搭台、政府唱戏；但随着数字城市的深入化发展，商业化运营的实现显得十分必要，数字城市的建设更多的是政府牵头，大型企业鼎力支持，周边产业配合以及人民的参与。"

数字城市建设由政府牵头，但是持续发展要靠企业自身的经济效益支持，要创造一个有效的机制和环境，能让承担建设数字城市的企事业单位从中受益，获得明显的经济效益，使自身不断发展。既要有效控制不要一哄而上，又要引导企业不要一味烧钱，要想法让企业赚到钱。

在数字城市建设过程中，更多的企业将城市信息化作为投资的热点，投入大量的资金。"十二五"期间，中国电信集团公司将投入 260 亿元，大力推进安徽数字城市建设。2011 年安徽电信与安徽省政府达成《共同推进安徽省数字城市光网家庭建设合作协议》。根据协议，到"十二五"末，安徽将实现省、市、县、乡四级网络全光纤化，接入带宽将跃升 10 到 100 倍以上，达到"百兆到户、千兆进楼、T 级出口"，同时平均单价下降近 80%的目标。在打造光网城市的同时，安徽电信与安徽省人民政府签署了"无线城市·数字安徽"战略合作框架协议。至"十二五"末，安徽电信将在全省建成 10 万个 WiFi 公共无线接入点，无线宽带网络覆盖全省所有高校、机场、酒店和主要商业区以及 300 万个家庭，形成集高速全光纤、无线宽带、卫星通信、数字微波"天地一体、覆盖全省"的宽带智能网。在此基础上，搭建"云计算"数据应用平台和综合信息服务平台，推进"智慧政务"、"智慧产业"、"智慧民生"等信息化建设。

中国电信集团公司还与福建省人民政府签署《共同建设数字福建智慧城市群暨"十二

五"信息化战略合作框架协议》。根据协议，在"十二五"期间，中国电信将在福建省投入和采购超过 600 亿元，力争拉动相关产业投入 2000 亿元。双方将以全面提升信息化水平、做大信息产业、做强信息服务能力为目标，从加快基础设施建设、推动智慧平台发展、完善智慧应用体系三个层面深入合作，共同推进 6 大领域、50 个智慧项目，以"智慧平潭"为典范引领全省智慧城市建设，力争用 5 年时间建成由 10 个智慧城市（9 个设区市、平潭综合实验区）构成的数字福建智慧城市群，使"数字福建"成为全国信息化建设的标杆。

吉林辽源市在转型发展过程中，坚持发展战略新兴产业与提升传统优势产业并举，在东北率先开展了数字城市建设，启动实施了战略性新兴产业 3 年发展计划。同时坚持信息产业与信息服务业发展有机融合，在东北率先开展了"数字辽源"建设。未来五年规划了 38 个重点应用项目，积极推动企业信息化、政务信息化、社会信息化，打造数字城市。目前，辽源市已经启动实施了"地理信息系统"、"数字城管"、"应急指挥系统"、"数字医疗"、"平安城市"等 10 个应用项目。辽源的数字城市建设及其提供的运营基础和市场，政策优势和强烈的发展愿望吸引了 IBM 云计算中心项目落户辽源。IBM、软通动力、大唐移动公司计划 3 年内投资 10 亿元建设中国第三个云计算服务中心。为使 IBM 云计算中心得到更好的发展，确保该中心得到技术、人才等方面的支撑，IBM 与吉林大学共同投资建立研发机构，吉林大学在辽源设立计算机应用与软件专业研究生分院，可以为 IBM 等软件公司提供人才保障。预计建成后 3 年内，可实现销售收入 13 亿元，5 年内实现 20 亿元。

2011 年 8 月 11 日，无锡市政府与中国移动通信集团江苏有限公司在无锡举行共建无锡市无线城市战略合作协议签约仪式。此次江苏移动与无锡市政府联手，将遵循"政企联动、市场主体、整合资源、互利共赢"原则，在无线城市信息基础设施、无线城市综合门户平台、无线电子政务、无线城市产业应用、无线城市民生服务、无线城市物联网应用六大领域开展全面合作，共同推进无锡市信息化总体水平提升。据悉，"十二五"期间，江苏移动将在无锡投入建设资金逾 64 亿元，采购当地企业设备、产品、软件等逾 35 亿元，为无锡信息产业创造 4000 多个就业岗位。

未来 5 年，中国移动海南公司将在三亚投资 9.4 亿元，开展 3G 网络基础设施建设并以此推进三亚数字城市建设。电信重组让三大运营商手中握有了不同的王牌，G3、天翼、沃已经在个人消费领域展开了激烈的用户争夺战，包含了信息化基础建设、电子商务、电子政务、旅游信息化等的数字城市建设，将成为运营商争夺的下一个高地。

此外，住房和城乡建设部分别和中国电信、中国移动签署了战略合作框架协议和信息化合作协议。根据协议，未来 5 年，住房城乡建设部与中国电信将紧密围绕住房和城乡建设部在电子政务与城乡信息化建设等方面，开展广泛深入的合作。如通过中国电信"全球眼"和 3G 移动通信技术在城乡、景区、土地、环保监控、灾区重建等领域的广泛应用，有效加强节能减排和生态环境保护工作；通过中国电信信息化服务在住房公积金监管、信息安全、稽查信息管理、容灾备份等领域的应用，不断提升住房和城乡建设信息管理水平。

住房和城乡建设部还将与中国移动在深入开展"数字城管"合作的基础上，在城市灾害防治、城市环境治理与保护、城市资源监测与可持续利用、城市供水水质监测、城市基础设施安全监管、污水和垃圾处理设施的规范运营等方面开展深入的信息化合作，特别将充分利用 TD 技术与物联网的结合推进住房和城乡建设领域的信息化。

3.2.3　其他投入为补充，助力行业建立

随着市场经济体制的确立和一系列改革措施的实施，我国的投融资体制已经发生了根本变化，已经从过去的单一投资主体转向投资主体多元化。据统计，目前社会投资或称民间投资占全部投资的比重已达到 35% 左右。这里所指的社会投资，包括集体、个体、私营、联营、股份制等各类投资主体所进行的投资。

在欧美等发达国家，金融资本已经成为高新技术产业化过程中最有力的助推器。通过建立政府主导、多源化的投资主体，既可充分发挥政府在数字城市产业投资中的导向作用，又充分利用了市场手段对数字城市产业资本市场予以引导和调控，不仅能够在更大规模上调动资本资源，而且提高了投资安全系数，保证了我国数字城市产业化的跨越式发展和可持续发展。

新股发行开始所谓"市场化"以后，由于新股定价机制的缺陷上市公司募集资金超过投资项目计划实际所计划募集的资金，这种现象称为超募，而超募所得的资金便被称为超募资金。

2011 年北京超图软件股份有限公司使用超募资金承接西安市数字化"城市管理"信息系统建设项目。项目将为探索综合性数字化城市管理建设提供一种全新运营模式，对于系统向更广泛的区域推广建设并应用提供示范。

西安市数字化"城市管理"信息系统建设项目采取 BT 方式（BT 是英文 Build 和 Transfer 缩写形式，意即"建设－移交"，是政府利用非政府资金来进行基础非经营性设施建设项目的一种融资模式），按照"引资建设、分期偿还"的模式投资建设，由承办单位一次性投资建设，项目建设完成后业主分五年等额支付合同款项。公司在项目建设阶段（2011 年底前）即一次性全部垫资实施。根据项目建设内容测算，不含本公司的自产软件和技术开发服务等人员投入，公司需要垫付的资金大约为 2305.89 万元，垫付资金主要用于采购系统所需各类第三方硬件设备、软件产品和车辆改造等第三方专项服务，根据合同内容，所有硬件设备最迟需要 2011 年 9 月 30 日前到位并投入使用。项目的承接将带来直接的经济效益，包括公司自产 GIS 平台软件的销售及项目各类业务系统的定制开发及整体方案的实施服务、运维服务收入等约 1200 万元。

2010 年山西省为了鼓励全省各市加快数字城市地理空间框架建设进度，由山西省财政厅、测绘局联合印发《关于对数字城市地理空间框架建设"以奖代补"政策的通知》，对 2010 年和"十二五"期间完成数字城市地理空间框架建设的城市实行"以奖代补"政策。

该通知规定，"以奖代补"资金作为中央补助的配套资金，主要用于数字城市地理空间框架建设中的方案设计、基础地理信息完善、地理空间信息公共平台建设，2010 年和"十二五"期间完成数字城市地理空间框架建设并经省测绘局、省财政厅验收合格的每个地级市奖励资金 150 万元，每个县级市奖励资金 90 万元。

这一政策的出台，加快了山西数字城市建设步伐，并在加快信息化测绘体系建设、提高测绘保障服务能力和实现城市信息资源共享、提升城市管理和决策水平等方面发挥了积极作用。

3.3 技术支撑层面

数字城市的建设离不开相关技术的支持，同时，关键技术如云计算、物联网、地理信息系统等在数字城市的建设中得到长足的发展。据有关方面不完全统计，每年我国的信息化投入均在数十亿元，数字城市的建设有效带动了相关技术的发展，同时也带动了相关产业的发展，使我国的相关技术在国际竞争中占有一定领先地位，很多住房和城乡建设部的信息化科技试点示范项目的技术水平均处于国际领先水平。

3.3.1 感知技术——数据获取

1. 物联网应用

2011年，应用示范项目大量涌现，物联网由概念炒作逐步走向实际应用。

物联网是通过射频识别（RFID）、红外感应器、全球定位系统、激光扫描器等信息传感设备，按约定的协议，把任何物品与互联网连接起来，进行信息交换和通信，以实现智能化识别、定位、跟踪、监控和管理的一种网络。GIS技术为物联网提供基础地理信息平台，GPS为物联网提供空间定位支持，三维GIS技术为物联网提供真实的虚拟展示平台，而移动GIS为物联网提供移动计算平台。

我国物联网产业起步良好，经过多年的努力，具备了较好的产业基础和发展前景，技术研发和标准化工作取得了成果，示范应用逐步展开，示范效应逐步显现。但是，作为一个新兴产业，从国际范围来看，物联网发展还处于一个初级阶段，理论上的发展潜能转化为现实市场，尚需时日，我国物联网发展还存在着一系列的瓶颈和制约的因素。

2011年是"十二五"的开局之年，也是中国物联网发展从概念走向现实、加快推进"产业发展与应用引领"之年。温家宝总理11月3日在中科院成立60周年展上提出：我们要着力突破传感网、物联网的关键技术，使信息网络产业成为推动产业升级、迈向信息社会的"发动机"。大力发展物联网产业，是我国推动信息化与工业化深度融合，全面提高信息化水平，加快产业结构调整，转变发展方式的重要举措，也是提升国家竞争力，抢占新一轮全球制高点的战略选择。

当前，美、欧、日、韩等信息技术能力和信息化程度较高，在物联网应用深度、广度以及智能化水平等方面处于领先地位。随着物联网技术应用与产业发展的逐步深入，中国的物联网发展既具备了一些国际物联网发展的共性特征，也呈现出一些鲜明的中国特色和阶段特点。

1）多层面的政策投入成为推动现阶段中国物联网产业发展的最强动力。如果说国外物联网产业发展属于"市场驱动型"，中国则更贴近"政策驱动型"。2011年从中央主管部委到行业、省市，多点、多层次的物联网规划密集出台，这些规划从政策、应用、资金等多个层面形成了对中国物联网的强大政策推动力，为中国物联网产业营造了良好的发展环境。可以预见，未来中长期内，物联网将成为国家推进信息化工作的重点，政策支持力度可望继续加大。

2）中国物联网各层面技术成熟度不同，传感器技术是攻关重点。总体来看，物联网的技术门槛似乎不高，但核心环节关键技术的成熟度参差不齐，导致物联网产业标准制定和应用发展迟缓。虽然从全球物联网发展来看，中国与美欧日韩等并驾齐驱，但目前在物联网核心器件和软件方面尚做不到自主可控。

3）物联网产业链逐步形成，物联网应用领域逐渐明朗。经过业界的共同努力，国内物联网产业链和产业体系逐步发展，产业规模快速增长。2011 年中国物联网产业市场规模达到 2300 亿元，比上年增长 24％。安防、交通和医疗三大领域，有望在物联网发展中率先受益，成为物联网产业市场容量大、增长最为显著的领域。由工信部牵头制定的"物联网十二五发展规划"中明确指出："'十二五'期间，初步完成产业体系构建。形成较为完善的物联网产业链，培育和发展 10 个产业聚集区，100 家以上骨干企业，一批"专、精、特、新"的中小企业，建设一批覆盖面广、支撑力强的公共服务平台，初步形成门类齐全、布局合理、结构优化的物联网产业体系。"

4）标准化建设取得初步进展。中国与美欧日韩等一样在物联网技术方面领先，是物联网国际标准的主要制定国之一，在建立自主标准方面具有一定优势，并有主导标准的机会。不过，在物联网总体标准体系建设方面，由于目前国内外并没有统一标准，短期内还无法完成。

5）地方政府积极参与，成为物联网发展的重要推动力量。"智慧城市"建设是中国城市化推进到一定水平的必然产物，对目前刚刚起步的物联网产业发展意义重大。国家倡导发展物联网产业，借以实现经济转型和工业化与信息化的融合，各地政府纷纷响应，高度重视物联网产业。而在全国已有 28 个省市将物联网作为新兴产业发展重点之一。在交通、电力、卫生、物流等物联网重点应用领域，相关行业部门也都相继出台了有关规划，积极推动物联网等新一代信息技术的发展，不少一、二线城市在建设或筹建物联网产业园。

6）无锡物联网产业与技术高地加快崛起，国家设立传感网创新示范区的战略意图初步实现。自 2009 年 8 月国家提出在无锡建设国家传感网创新示范区（"感知中国"中心）以来，无锡以引领全国物联网发展为目标，以创新为驱动，以应用为牵引，以企业为主体，抢抓机遇，汇聚各类优势资源，把握产业发展制高点，优化创新创业环境，按照"一核多元"的产业布局，打造辐射全国的国家传感网创新示范。

由此可以推断，未来五年里全球物联网产业市场将呈现快速增长态势。然而，当前中国物联网发展中依然面临诸多深层次矛盾与问题。物联网产业部分领域的核心技术仍未突破，制造工艺水平不高，产业链衔接不畅，应用需求层次偏低，商业模式不够清晰，资源共享不足，整体竞争力不强等问题，仍十分突出。现阶段我国物联网发展应尽快转入以产品、产业、示范、商用、市场为核心内容的发展阶段。随着中国"十二五"物联网产业发展规划的出台，中国的物联网产业必将迎来新一轮科学、理性、有序的快速发展期。

2. 地理信息技术

数字城市的发展离不开基础地理信息数据的支持，2011 年，国内外在基础地理信息数据采集手段上有了很大发展。定位导航技术的日益精准化使数字城市精细化管理成为可能；遥感技术的发展令大面积的数据获取能力增强，同时获取周期缩短；地面测绘技术的发展使基础数据的获取更加方便。这一系列技术的发展为更多基础地理信息数据的采集提供了有力的技术保障。

1）定位导航技术日益精准化并且应用更广泛

全球定位系统（GPS）自从 1973 年诞生以来已经走过了漫长的道路，目前国际上的卫星定位导航技术已经到了较高的水平，但是还有很多问题亟待解决，如今这项技术又有了新的发展，而且定位精度更有保障，且应用更广泛。

卫星是实现定位的基础，不同用途的卫星发射可以给数字城市建设带来不同方面的定位信息源，如今在卫星发射方面又有了新进展。2011 年 7 月美国发射了第二颗 GPS ⅡF 卫星，新卫星具有更强的抗干扰信号，并可用于商业、航空、搜救作业等民用用途。10 月 19 日，欧盟发射了 GPS——伽利略系统的头两颗卫星，同样用于民用。而俄罗斯则正在努力恢复苏联时代后期启动的老卫星定位系统。2011 年 4 月 10 日，我国成功发射第八颗北斗导航卫星，这是 2011 年北斗导航系统组网卫星的第一次发射，同时也是我国"十二五"期间的首次航天发射。2012 年底前我国还将发射约 8 颗北斗导航卫星。

定位导航技术方面，美国的 Trimble 利用 Floodlight 技术，采用 GPS 和 GLONASS 联合跟踪，先进的跟踪算法及高度限制定位减少卫星阴影的影响，达到精确定位的目的，缓解了数据收集人员在较困难的卫星定位条件下需要收集高精度数据所面对的问题，保障了高定位精度。而我国推出的 GPS 航迹测量系统利用高精度 GPS 技术，实现对移动目标的信息进行远程实时监测和分析处理，评估运动过程，保证了移动目标的有效作业。2011 年 7 月，海南连续运行卫星定位综合服务系统（简称 HiCORS）试运行，测绘设备可以实时接收到覆盖全岛及周边海域地区的定位数据，使一般测绘工作的精度从米级、十米级跃升到亚米级别，该系统大大提高了野外测绘效率，实现了海南省内精细测绘和定位服务。

连续运行参考站系统（CORS）是卫星定位技术、计算机网络技术、数字通信技术等高新科技多方位、深度结晶的产物，不仅是一个动态的、连续的定位框架基准，同时也是快速、高精度获取空间数据和地理特征的重要的城市基础设施。目前世界上较发达的国家都已建立或正在建立 CORS，如美国、英国、德国等国家。在国内，几年来，不同行业已经陆续建立了一些专业性的卫星定位连续运行网络，目前，为满足国民经济建设信息化的需要，一大批城市、省区和行业正在筹划建立类似的连续运行网络系统，一个连续运行参考站网络系统的建设高潮正在到来。

自从深圳市建立了我国第一个连续运行参考站系统（SZCORS）并已开始全面地测量应用，全国部分省、市也已初步建成或正在建立类似的省、市级 CORS 系统，如：广东省、江苏省、北京、天津、上海、成都、武汉、昆明、重庆等。四川地震局建立的 CD-CORS 已运行三年多，在最初目的——做监控四川地区地震灾害的基础上，通过对其潜在功能的挖掘，在 GPS 大地测量方面开发利用，通过授权拨号登录，对外开放网络使用权，实现用户 GPS 实时高精度差分定位，取得了一定的收益。CORS 可在城市区域内向大量用户同时提供高精度、高可靠性、实时的定位信息，并实现城市测绘数据的完整统一，这将对现代城市基础地理信息系统的采集与应用体系产生深远的影响。

在应用方面，定位应用更加广泛，除了传统的测绘、导航和辅助交通管理，还逐渐应用于辅助找矿、物流、环卫和城市规划的合理性监测等方面。目前，国外的科学家正在研究将定位空间由室外转向室内，这将使定位技术应用范围更加广阔。

2）遥感技术大力发展

遥感技术一直是我国的薄弱环节，但随着卫星及其应用产业纳入国家战略性新兴产业体系，以及高分辨率对地观测系统等国家重大专项的持续推进，遥感信息产业在 2011 年快速增长，同时，遥感技术不断与地理信息系统和网络技术融合，加速向传统产业渗透，孕育出一系列具有广阔的市场前景的新兴产业。

（1）高分辨率卫星遥感技术的研究及应用

"十二五"期间，国家提出"高分辨率对地观测系统"重大专项，决定投入相当资金来提高国产遥感卫星的数量和品种，其重点在于加强遥感科技基础研究，突破遥感关键技术，提升遥感技术及应用水平，通过"遥感中国"，为国家、地区和区域的主体功能区划，城市、乡镇和农村的基础建设管理，提供遥感数据和信息服务。2011 年，我国一直致力于第一颗民用高分辨率立体测绘卫星"资源三号"的研制，并最终于 2012 年 1 月发射，这颗卫星发射以后，我们就可以利用自己的测绘卫星，为大众提供优质的遥感信息和更好的服务。

另外，卫星遥感技术也逐渐被各地方相关部门所接受和应用。例如，陕西省 2011 年首次利用卫星遥感技术进行渭河流域水质变化普查工作；湖北省荆州市将利用卫星遥感技术辅助城乡规划督察工作；安徽省十年来首次借助遥感图片判读等方法，对全省湿地面积及动植物资源等情况进行彻查等。在 2011 年 10 月 18 日举办的"中国遥感应用协会 2011 年会暨高分专项区域应用交流会"上，各界专家对高分辨率遥感技术的应用也作了深入讨论，对高分辨率遥感技术在我国的应用起到了推动作用。

（2）航空遥感技术研究和应用

无人机最大的优势就是可以在恶劣的自然条件下，利用简单条件就可以低空飞行，快速获取影像数据，分辨率可达 0.1 米。从汶川地震到舟曲泥石流，利用无人飞机获取灾区影像正在成为救灾测绘应急保障的重要手段。2011 年，国家相关应急部门开展无人机装备购置，提高应急能力，并在新疆等地进行了航空摄影实验。2011 年 6 月，浙江受涝地区通过低空航摄快速及时地提供了遥感影像，成功应用了无人机航空遥感技术。

2009 年，为拓展无人机技术应用领域，与有人航空遥感形成互补的完整体系，国家启动"863 计划"地球观测与导航技术领域"无人机遥感载荷综合验证系统"，经过两年的理论和实践研究，2011 年无人机试飞成功，第一次成功实现了较高精度、多载荷、同平台遥感成像。另外，2011 年 5 月，中国测绘科学研究院牵头承担的"机载多波段多极化干涉 SAR 测图系统（简称机载 SAR 测图系统）"研制成功，成为国内首套具有自主知识产权的机载 SAR 测图系统，填补了国内空白，成功实现全天时、全天候从万米高空获取高分辨率测绘数据，快速成图，及时动态监测地理国情。这一系列研究进展都为我国航空遥感技术的应用提供了有力的技术支撑。

（3）遥感技术和其他技术相结合

2011 年 9 月 28 日，国家地理信息应急监测车交付仪式在广西南宁举行，这标志着我国第一台国家地理信息应急监测车正式诞生。应急监测车利用遥感技术、地理信息系统技术、全球定位技术为掌握灾情、组织指挥抢险救灾，提供了一套全新的、有效的全流程移动式应急测绘解决方案，克服了无人机遥感数据远程传输慢，无法进行灾区现场遥感数据实时处理等技术困难，将大大提高应急测绘成果应用的时效性。

从全球来看，国际遥感技术近几年发展迅猛，但总体仍处于起步阶段。而未来随着各国政府不断加大对遥感产业化的支持力度，以及全球遥感市场需求不断增强，遥感信息产业将得到快速发展。从中国产业发展看，遥感技术应用的广度和深度还不够，产业化程度较低，主要还是针对政府、企业、军队提供遥感数据服务，在最能反映行业特征的公众领域应用还较薄弱。同时存在高分辨率数据较依赖国外、国产遥感商业卫星发展不足、自主数据源匮乏、产业标准建设滞后等问题。因此，我国仍需继续推进遥感技术的研究应用，以保证我国数字城市的长远发展。

3.3.2 网络技术——信息互联

1. 云计算技术与云服务的起步

2011年以来，我国云计算已经从前期的起步阶段开始进入实质性发展阶段，基础持续夯实，进入加快跟进阶段。互联网公司、基础运营商、软硬件IT企业及各地政府等多方力量都在积极推动云计算发展。

云计算指服务的交付和使用模式，指通过网络以按需、易扩展的方式获得所需服务。这种服务可以是IT和软件、互联网相关，也可是其他服务。云计算的核心思想，是将大量用网络连接的计算资源统一管理和调度，构成一个计算资源池向用户提供按需服务。提供资源的网络被称为"云"。"云"中的资源在使用者看来是可以无限扩展的，并且可以随时获取，按需使用，随时扩展，按使用付费。

云计算的超大规模、虚拟化、高可扩展性、高可用性以及按需服务的特点与建设数字城市的需求和目标是一致的，因此基于云计算的数字城市将成为未来的发展方向。对于构建数字城市系统来说，最重要的是数据，随着城市的发展，建设过程中会产生海量数据，传统的硬件架构服务器很难满足数据管理和处理要求，同时数据中心的大量建设，会浪费很多的资源。因此，在依托云计算技术的基础上进行数字城市建设是一个发展趋势。目前的数字城市和基于云计算的数字城市有着相同的支撑工具，都包括了信息的采集终端、网络基础设施以及信息处理等部分。基于云计算的数字城市建设的实现重点要解决两个部分的问题，一是云计算环境下面向数字城市的多源空间数据存储与管理，二是云环境下的信息服务。

2007年，云计算作为一种新概念开始在业界引起关注。在过去几年里，云计算核心技术及其应用得到了各国政府、科研机构、业界厂商的高度重视。欧美等发达国家政府把云计算视为发展升级信息产业，促进信息社会发展的重要契机。美国提出了云计算优先的国家IT发展战略，日本发起了以云计算为主导的"数字日本创新计划"，新加坡提出"智慧国2015计划"，欧盟、俄罗斯、印度也都将云计算作为信息社会建设的主要战略。与此同时，全球电子信息领域的主要厂商都在围绕云计算重新布局；主要互联网公司纷纷通过开放平台对外提供云计算服务，构建生态链，形成新的竞争焦点，云计算平台已经成为发展迅速的众多新兴企业的主要选择；各个行业也意识到云计算的优势和价值，在通过云计算技术大大改进了自身IT基础设施的同时，也纷纷推出各种云计算相关应用，提升了用户体验。这些跨国企业也把云计算作为未来技术创新的重要方向，并不惜投入巨资进行研发，力图取得主导权和竞争优势。

云计算在中国还处于起步发展阶段，无论是技术、市场、产品还是应用各层面都尚待进一步成熟，面临着诸多难题。我国政府高度重视云计算及其发展趋势，将云计算视为下一代信息技术的重要内容，促进云计算的研发和示范应用。2010年10月18日，国家发改委、工信部联合发文通知，要求加强我国云计算创新发展顶层设计和科学布局，并确定在北京、上海、深圳、杭州、无锡等五个城市先行开展云计算服务创新发展试点示范工作，来促进云计算的落地实施。中国政府在"十二五"信息规划的技术背景中特别对云计算技术作了阐述，明确提出云计算技术是我国下一个五年信息化产业发展的重点领域之一。随着中央的支持，地方发展经济和产业升级的内在需求，目前国内已有数十个城市将云计算确定为重点发展产业，比如北京的"祥云工程"、上海的"云海计划"等。

2011 年，中国云计算的发展可谓是如火如荼，一方面，不同行业及细分市场的厂家纷纷发布自己在云计算方面的产品和解决方案以及方法论，另一方面，业内媒体和分析机构也就云计算的发展表达自身的预测和评判。仅国家发改委设立的云计算专项基金在 2011 年就已经投入约 8 亿元，用于支持北京、上海、深圳等大型云计算示范城市的示范项目。

目前 IBM 中国开发中心（IBM China Development Labs，CDL）已经帮助各地的中国企业和包括国家试点城市在内的众多地区实现"行业云"的落地，其中包括：电子商务云（无锡）、物流云（宁波）、金融云（杭州）、智慧城市云（北京、东营等）。将来还会在杭州和上海打造金融和电子商务云以及各类制造业云等。

相对于外商而言，中国本土的企业更理解中国国情，也不乏国际视野。国内运营商也在积极进行云计算的实践。宽带资本是其中最引人注目的一家，他们在北京市政府的支持下，花 5 亿巨资投入建设北京云基地，其投资的 10 家公司涵盖了云计算产业链各个环节中的行业主导企业，包括云箱（云计算数据中心）、云计算服务器、瘦终端等硬件产品，还有云计算操作系统、虚拟化管理系统、智能知识库等软件产品，再加上视频云应用以及系统集成服务，可以提供云计算完整的系统解决方案。目前云基地已经成功地推出了国内第一套加电运行的集装箱数据中心——云箱；2010 年 12 月，云基地诞生了中国第一台云计算服务器"超云"，中国移动、中国电信、淘宝、奇虎等知名厂商已经在测试和使用；此外，云基地还创立了中国电力行业的第一个"云计算仿真实验室"。据悉，中国云计算领域的第一张订单——浦东软件园的云部署项目也由他们中标。北京云基地，正在加速"云计算落地"的进程。

中国联通正在实施"沃·云"计划，探索运营商全业务领域的资源整合，并启动信息化系统的云计算改造，优化业务支撑系统架构。中国移动 2007 年开始进行 Big Cloud 平台搭建，计划建设公众云、业务云和支撑云，基于云计算技术对现有 IT 系统实施以南北基地为中心的集中化整合与改造。中国电信在多地进行云计算试点，发布"天翼"云计算战略、品牌及解决方案，准备明年正式运营天翼云主机、云存储等产品，一期可提供高性能虚拟主机 2 万台，存储容量达 2 万 TB。总体来看，发展方向十分明确，就是希望对内进行企业信息化改造，对外提供基础 IT 服务；战略定位也适当，结合运营商自身优势，构建合理的产业环境。但是进展的步伐稍缓，与国外先进运营商在业务提供方面存在 2～3 年的差距。

此外，2011 年云计算安全威胁事件频出，除了对事件相关方造成巨大的财务损失外，也狠狠打击了人们对云计算安全的信心。3 月谷歌邮箱爆发大规模的用户数据泄露事件，约 15 万 Gmail 用户发现自己的所有邮件和聊天记录被删除，部分用户发现自己的账户被重置；4 月 19 日索尼的 PlayStation 网络和 Qriocity 音乐服务网站遭到黑客攻击，服务中断超过一周，PlayStation 网络 7700 万个注册账户持有人的个人信息失窃等。云计算的安全也得到人们越来越多的关注。

当前中国的云计算的发展正进入成长期，预期在 2015 年之后，中国云计算产业将真正进入成熟期，云计算服务模式将被广大用户接受。但由于对安全的担心和其他顾虑，我国云计算的使用率仍将低于其他国家。目前，国内更倾向于创建私有云，而不是使用公有云服务。

2. 三网融合与基础网络建设

从 2010 年 1 月国务院办公厅下发《国务院关于印发推进三网融合总体方案的通知》（国发〔2010〕5 号）开始至今，国内三网融合试点工作已开展近两年的时间。如果说 2010 年的试点偏重于政策的落实，那么 2011 年则更侧重在各试点地区的实际推进上。

2011 年，数字双向电视、IPTV 互联网电视、CMMB 手机电视成为各方认同的三网融合重点。与此同时，广电、电信正在围绕三网融合弥补自身劣势。不论是网络基础改造、内容集成播控平台的建设还是具体业务和模式的推出，双方都在各自领域向前迈出了一步。

作为试点工作主体的电信网络运营商和广电有线部门都将宽带网络建设作为重中之重。电信运营商以推进城镇光纤到户，扩大农村地区宽带网络覆盖范围为主线来提升宽带服务能力。多地运营商推出免费提速计划：上海电信对全市家庭光网客户进行统一分批升速，家庭光网客户的平均带宽将超过 16M；北京联通对现有光纤宽带老用户免费进行大幅升级至 8M 到 10M；江苏电信宽带用户超千万暨智慧城市群工作启动，计划将江苏宽带用户提速到 20M、50M 和 100M；天津预计到 2012 年底，全市宽带普遍达到 20M 以上接入能力。不仅如此，各家电信运营商还在加深 3G 和宽带网络的融合度，建立综合化的网络经营能力。

国内广电有线网络已经具备相当的规模，总用户数已经超过 1.8 亿，数字化用户超过 1 亿。但这些用户分散在上百个相对独立的网络中，而且大部分只能实现单向服务。面向三网融合的发展目标，国内有线网络面临较大的压力，急需通过双向改造和网络资源整合等措施来提升自身竞争力。国内有条件的有线运营商正在试点地区加快网络双向改造、NGB 新网络试验等工作，目前双向改造后的网络可覆盖 5300 万户，但开通双向业务的用户近有约 1100 万户，其中开通有线宽带接入业务的用户更少，有线网络在实现双向改造的同时还需解决"双向能力闲置"的问题。广电总局在三网融合试点开始时提出到 2010 年底实现"一省一网"的要求，目前仅有 19 个省基本完成省市县网络整合；这些整合完成的省网还存在一些问题，比较突出的是"行政明整，资产和管理暗不整"，"体制整合，技术和网络不整"。

在内容集成播控平台的建设上，2010 年 12 月，由中国网络电视台具体组织建设的交互式网络电视（IPTV）集成播控总平台顺利完成，并与北京、深圳等地区的分平台进行对接。2011 年 3 月初，国家广电总局副局长张海涛表示，12 个试点城市和地区已经基本完成了 IPTV 集成播控平台的建设，并实现与中央总平台对接。

三网融合的发展推动了各传统行业技术的融合和创新，改变了电信行业以信息交换能力为核心、广电行业以信息传播能力为核心的技术演进路线；产业融合需要的是包括信息交换、信息分发、信息存储、信息的网络化计算在内的综合服务能力；这不仅对业务平台，还会对承载网络，管理系统的技术选择提出新的要求。电信行业、广电行业需要越来越多地吸取来自数字内容产业、计算机等行业的技术经验，对自身的产品进行升级和创新。

这一趋势首先在融合业务平台和新型终端产品中得到了充分体现，高性能的 IPTV 机顶盒、双向高清数字电视机顶盒、互联网电视、智能电视、网络视频机顶盒、集成了视频播出功能的手机和平板电脑、增加了多媒体播放功能的行业生产终端等在过去一段时间内如雨后春笋般地涌现出来。大量新型终端的出现和普及在改变着市场经营和用户消费的习惯，上千万高清互动数字电视机顶盒、上千万 IPTV 机顶盒和上千万网络电视机将用户操控的模式从遥控器推进到多屏互动，就是在三网融合试点启动后非常明显的例证。

随着三网融合试点规模的进一步扩大，新型终端的普及将成为各类技术融合和创新的重要载体，并且进一步对系统平台和网络的技术发展起到重要的牵引作用，这一效果将随着今后几年试点工作的推进逐步得到显现。

总体而言，2011 年的三网融合是各方观念继续激烈碰撞的一年，是产业界对产业融合的价值加深认识的一年，是宽带网络飞速发展的一年，是新业务和新产品层出不穷的一年，是新的商业模式开始取得突破的一年。虽然在体制和机制方面存在的问题还未得到完全解决，但在产业发展需求的强力推动下，2011 年的三网融合工作在市场方面明显开始加速，这在各试点地区工作进展、宽带网络建设、新业务拓展、技术和产品研发等方面都得到了充分的体现。

3. 移动互联网及社交网络技术的发展

移动互联网是移动和互联网融合的产物，继承了移动随时随地随身和互联网分享、开放、互动的优势，是整合二者优势的"升级版本"，即运营商提供无线接入，互联网企业提供各种成熟的应用。移动互联网被称为下一代互联网 web3.0。

技术创新、商业模式创新与应用创新并列为移动互联网发展最主要的驱动力。2011 年众多企业通过战略布局，推出搭载其业务的智能终端，使业务和终端的融合成为移动互联网发展的主旋律。美国市场研究机构 Strategy Analytics 发布的数据显示，2011 年第三季度全球智能手机出货量增长 44％，达到 1.17 亿部。苹果公司 iPad2、iPhone4s 的推出，使得智能手机终端性能整体上得到提升。此外，"云终端"、"云应用"、"云服务"等新技术的相继出现，进一步方便移动互联网用户实现应用体验，更好地满足了用户的信息需求。

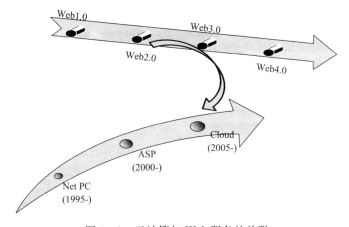

图 3-1　云计算与 Web 服务的关联

中国互联网信息中心的统计数据显示，截至 2011 年 6 月底，中国手机上网用户规模达到 3.18 亿人，较 2010 年底增加 1495 万人，手机上网用户在总体网民中的比例达到 65.5％。用户规模的增长带来市场的繁荣。艾瑞统计，2011 年第三季度中国移动互联网市场规模达 108.3 亿元，同比增长 154.6%，环比增长 38.9%。2011 年第三季度手机电子商务的交易规模为 37.7 亿元，同比增长 508.1%；移动微博发展迅猛，微博营销模式得到不断探索，各类微电子商务开始试水；移动广告进入快速发展阶段，对传统互联网形成强有力的冲击……

2011 年，移动互联网产品和应用服务类型不断丰富，各类创新应用层出不穷，游戏、影音、娱乐、社交……人们的碎片时间正在被拼贴，移动互联网逐渐渗透到人们生活工作的各个方面：起床后用手机收看新闻，听广播；上下班路上欣赏最新的在线电影、移动音乐，阅读电子小说，玩游戏；与远方的朋友进行视频通话，随时随地通过微博、社交网络等与他们联系；在线支付购买喜欢的商品和团购服务……近日发布的 2011《全球传媒产业发展报告》显示，中国个人电子阅读终端已超过 1.5 亿人，公众正在形成新的数字阅读习惯，这个数字中，移动互联网无疑发挥了巨大作用。正如李开复所说："智能移动终端将部分或彻底替代报纸、杂志、电视、数码设备、家用电器甚至专业设备，成为每个人连接世界、认知社会、传播智慧的首要通道。"

伴随 3G 技术的广泛应用、智能手机的普及和网民使用习惯的改变，移动互联网不仅深刻地改变了我们的生活方式，还蕴含着极大的商业价值与经济利益。智能终端的显示技术、借助云端支撑的技术、语言识别技术等实现了人机交互，大大提高了移动互联网和现实的融合。移动互联网行业正迎来一个全新时代。

社交网络的出现彻底改变了人们在彼此联系、交谈、获取并分享信息时采用的方式，同时社交应用的活跃在很大程度上也成了移动互联网的快跑的助推手。在中国，以微博和开心网社交应用为主要代表的社交网络应用作为传统互联网的热点应用，正不断渗透到移动终端，社交网络与移动互联网的结合提高了用户黏性，并能够汇聚更多数量和更多类型的数据。

社交网络正逐渐从个人应用渗透到企业领域。例如全球化工业巨头陶氏化学公司就建立了自己的社交网络，以帮助管理层确定执行跨业务单元和职能部门的项目所需的人才，甚至还将前雇员（如退休员工）也纳入其中。根据麦肯锡的调查，有 70% 的高管表示，自己所在的企业经常通过网络社区创造价值。

移动互联和社交网络的发展深刻地改变了政府的管理方式。社交网络在政府城市管理方面提供政府和公众之间的沟通渠道，促进政府管理部门的透明化，发挥公众对政府管理部门的监督作用。移动技术不仅为应对政府工作本身的移动性提供了手段，也为公众与政府的沟通和服务提供开辟了新渠道，有利于实现普遍服务和敏捷管理。另一方面，政府微博的开通，实现了更多、更快的政情发布，特别是遇突发事件，作用更为突出。除此之外，政府微博在畅通官民对话渠道、拉近官民距离、塑造政府机构亲民形象方面的无形收益也非常可观。

面对如此巨大的市场，国内三大通信运营商也加快融合电信业务与互联网业务步伐，完成移动互联网时代的自我变革：2011 年 6 月，中国电信联合 24 家产业链相关公司共同发起成立移动互联网开发合作联盟，通过产业链资源的整合打造优质的移动互联网体验；12 月初，中国联通推出"WO＋开放平台"战略，与互联网企业和合作伙伴共同成立产业联盟；12 月中旬，中国移动首次面向开发者集中发布了包括"MM 云"、"飞信＋"在内的五大开放能力，携手 14 家产业链合作伙伴正式启动"开放合作新模式"。

3.3.3　数字（智慧）城市平台

数字（智慧）平台由城市公共信息平台基础设施（IaaS）、资源数据中心（DaaS）和应用服务平台（PaaS）三层组成，将全市的设备资源、数据资源、网络等统一存放，形成资源池。

实施这个框架下的平台搭建，首先需要建立基础空间信息数据，获取城市规模空间地理信息，建立城市地上以及重点公共服务区域室内与地下设施三维模型，基于地理空间位置及其周边构建的虚拟三维城市景观，建立与部署物联网无线传感器网络，通过精确定位的方法，获取定位系统信息，在三维地理信息平台上进行集成开发。处理物联网前端感知系统的海量数据，需要使用分散处理的存储与运算方法，使用应用于地理信息的云处理的方法来实施。多种多样的物联网应用服务都可以在这个平台上构建。例如公共安全服务应用（学校、医院、图书馆、体育场馆、车站、地铁、地下设施、物流中心、购物中心等），可提供面向物联网运营商的服务应用（定位服务、无线网络运营）等。

基础空间信息架构是介于真实物理世界与传感器网的一个中间层次。对真实物理世界进行数字化模型化，对物联网的感知层进行分析与抽象化，实时采集任何需要监控、连接、互动的物体或过程所需要的信息中的地理位置信息的特征。在智慧城市中可通过这个平台把所有的物联对象都落到统一基础框架内，多种行业多种用途的物联网应用都可以在这个基础空间信息平台上进行集成。

总体看来，数字城市基础技术和单一专业应用的技术发展较快，通用的公共平台综合承载与应用技术尚待发展。

以国外最早研究智慧城市的机构之一、国际商业机器有限公司（IBM）为例，其技术实践主要集中在交通、医疗、教育、公共安全、电网、水资源等专业领域，它的理想架构是：将大量的计算资源以规模小、数量多、成本低的方式嵌入到各类非电脑的物品中，利用信息通信技术（ICT），对相关活动与需求进行智慧的感知、分析、集成和应对。但它尚未提出一个可适应各城市实际需求和特点，完整、可行的智慧城市管理公共信息平台建设方案。

目前智慧城市研究的主要技术热点集中在"物联网"上，欧美等发达国家已将发展物联网纳入其整体信息化战略，并开展了大量研发工作。以美国为例：在基础芯片和通信模块等基础技术方面，拥有包括德州仪器的 ZigBee 芯片和移动通芯片，Intel 的 Wi - Fi 芯片、蓝牙芯片和 RFID 芯片，以及 Telit、Cinterion、Sierra Wireless 等能够独立完成通信功能的模块；在传感网方面，拥有 Crossbow Technology、Dust Networks、Eka Systems、Honeywell、Ember 等全球领先的传感网公司；在 RFID 方面，集中了包括 Aero Scowt、Savi Technology、RFCode、摩托罗拉、ODIN 等在内的主要 RFID 厂商。

我国也已正式将物联网列为国家战略并补纳入国家重点基础研究发展计划，并取得了一定成果。虽然在核心基础技术方面相较国际先进水平还有很大差距，但通过引进、吸收和自主创新，相关基础技术已经可以支撑智慧城市管理公共信息平台的建设和运行。借助新一代的物联网、云计算、决策分析优化等信息技术，数字（智慧）平台建设将围绕"感知化"、"互联化"和"智能化"的核心，向着有意识地、主动地驾驭城市化这一趋势，将城市中的物理基础设施、信息基础设施、社会基础设施和商业基础设施连接起来，成为新一代的智慧化基础设施；将人、商业、运输、通信、水和能源等城市运行的各个核心系统整合发展，使城市中各领域、各子系统之间的关系显现出来，就好像给城市装上网络神经系统，使之成为可以指挥决策、实时反应、协调运作的"系统之系统"。

3.3.4 其他技术

1. 二三维一体化

二维 GIS 拥有成熟的数据结构、多种多样的专题图和统计图、丰富的查询、强大的分析手段、成熟的业务处理流程等。三维 GIS 相比二维 GIS 具有更加直观、更加具体的优势，容易被更多的用户所接受。尽管三维 GIS 有二维 GIS 不可比拟的优势，但是当前的二维和三维 GIS 各具优势，在相当长时间内还无法全替代二维 GIS，于是二三维一体化技术应运而生。

二三维一体化技术是将 GIS 中的二维空间数据与三维空间数据整合在一个平台下，打破了以前三维 GIS 系统相对于二维 GIS 系统在数据、功能、结构上需要另起炉灶的弊端。这样，用户建设一套系统，就可以同时拥有二维和三维两种应用形式。二三维一体化 GIS 技术包括二三维数据、场景、操作、服务、开发、显示、分析七个一体化。

2. 海量数据存储

数字城市建设过程中必然要面对的一个问题就是海量数据的存储。2011 年，随着云计算的发展，云存储成为全球存储行业的发展潮流之一，成了解决海量存储问题的有效手段。

2011 年，云存储产品的应用范围正在不断扩大，并且客户群也更加细分。针对千差万别的行业应用需求，各行业用户只有应用创新的弹性系统架构，才能满足动态增长的存储需求。而结合其创新的弹性云存储系统架构，并采用了分布式存储技术和统一监控管理平台的大规模分布式云存储文件系统，将成为帮助各行业实现海量数据存储、容灾和备份的新模式。针对那些具有较大数据量和高并发访问的应用而言，大规模分布式云存储系统是一个能够提供海量存储空间，并支持灵活扩展、高性能访问的文件共享存储平台。

不同于传统的存储系统，分布式云存储系统专门针对大规模分布式数据处理和多媒体应用的特性而设计。云存储系统采用集群技术、网格技术、分布式、虚拟化等技术，将网络中大量各种不同类型的存储设备通过应用软件集合起来协同工作，共同对外提供数据存储和业务访问。海量数据存储、超强扩展能力以及存储资源化是云存储的特点。一个分布式云存储系统由元数据服务器集群（master servers）和存储服务器集群（chunk servers）组成，并被许多客户端（Client）访问。其中，元数据服务器用来存储文件系统中所有的元数据，包括名字空间、访问控制信息、存储位置等，而存储服务器集群则用来存储用户的文件数据。当客户端访问系统时，首先会访问元数据服务器节点，获取将要与之进行交互的存储服务器节点的信息，然后便直接访问这些存储服务器节点完成数据存取，有效地防止了元数据服务器负载过重，大大提高了系统效率。

在数据传输方面，分布式云存储系统集成了存储网关集群，第三方标准 NAS 客户端设备可以直接连接到 UCSG 网关来访问系统。而对于那些没有搭载第三方标准 NAS 客户端的工作站、个人 PC、笔记本等设备来说，用户可以用云存储系统提供的客户端或以专用 API 的方式实现对系统的访问，这样，无论任何类型的用户，都能够方便地接入到系统中，极大地方便了用户的使用。

目前云存储的服务已经广泛开展。如 Amazon 提供 S3（简单存储服务、对象语义、REST 接口）、SimpleDB（提供简单数据库服务）；还有很多云存储服务都是以网盘形式提供，包括 Dropbox，目前几乎所有的存储厂商和大的 IT、互联网厂商都提供了云存储服务，如 IBM、HP、EMC、微软、谷歌、苹果等。

3. 虚拟现实

虚拟现实（Virtual Reality，简称 VR，又译作灵境、幻真）是近年来出现的高新技术，也称灵境技术或人工环境。这是一门崭新的综合性信息技术，它融合了数字图像处理、计算机图形学、多媒体技术、传感器技术等多个信息技术分支，是一种可以创建和体验虚拟世界的计算机系统。它充分利用计算机硬件与软件资源的集成技术，提供了一种实时的、三维的虚拟环境（Virtual Environment），使用者完全可以进入虚拟环境中，观看计算机产生的虚拟世界，听到逼真的声音，在虚拟环境中交互操作，有真实感，可以讲话，并且能够嗅到气味。

虚拟现实系统的沉浸感和互动性不但能够给用户带来强烈、逼真的感官冲击，获得身临其境的体验，还可以通过其数据接口在实时的虚拟环境中随时获取数据资料。虚拟现实的交互性、可构想性使得其在数字城市建设中发挥着举足轻重的作用。

3.4 业务应用层面

数字城市通过边建设、边应用，在规划、国土、城管、公安、工商、税务、环保、房产、卫生、药监等 30 多个领域广泛应用，为公众民生、社会管理构建了新的蓝图。

3.4.1 城镇环境宜居

实施城市环境宜居数字化，大力提升了城市管理水平、建筑节能、文化品位和改善生态环境，增强宜居、宜商、宜游、宜乐功能，使得经济、社会、文化和环境协调发展，人居环境良好，能够满足居民物质和精神生活需求，适宜人类工作、生活和居住。城镇环境宜居有宏观、中观和微观三个层面的含义。从宏观层面来看，城镇环境宜居应该具备良好的城镇大环境，包括自然生态环境、社会人文环境、人工建筑设施环境在内，是一个复杂的巨系统；从中观层面来看，城镇环境宜居应该具备规划设计合理、生活设施齐备、环境优美、和谐亲切的社区环境；从微观层面来看，城镇环境宜居应该具备单体建筑内部良好的居室环境，包括居住面积适宜、房屋结构合理、卫生设施先进，以及良好的通风、采光、隔声等功效。现阶段，依靠数字城市建设，同时依靠精细化管理来进一步有效地带动城市资源配置优化，已经开展了一系列以环境宜居为目标的系统研发，包括：土地资源管理数字化系统、低碳生态城规划建设决策系统、建筑节能与绿色建筑监管系统、住房保障综合信息系统、城市地下管网综合管理系统、流域水质监测预警系统、城市供水水质监测系统、数字化城市管理系统、城市智能电网系统、风景名胜旅游服务系统等。

目前住房和城乡建设部已建成覆盖全国的"全国城镇污水处理管理信息系统"，即将建成"全国个人住房信息管理系统"和"全国个人住房公积金信息管理系统"等，促进城镇环境保护和污染治理，提高城镇科学管理水平，有力保障城镇环境的宜居和国民的安居。

数字城市管理系统是针对传统城市管理模式的信息不及时、部门职责不清和缺乏有效的监督和评价机制等问题而走出的尝试探索之路。2004年底，北京市东城区在全国率先推出"万米单元网格管理法"和"城市部件管理法"，开始了数字城市系统的实践探索。2005年，建设部在总结北京市东城区网格化数字城管经验基础上，开始向全国推广数字城管新模式。数字城管是城市管理从粗放式管理向精细化管理的重要手段。

这几年，上海不断致力于宜居城市的建设，所取得的成绩也引起了包括联合国人居署在内的世界各方的注意。上海人居环境建设走可持续发展之路，人居环境信息化更是提升宜居程度的重要手段。

泉州致力于打造生态宜居城市，在森林防护、环境污染防治监控等方面积极实现信息化、智能化管理。泉州森林覆盖率达58.7%，大面积林木展示着生态优美的城市环境，也考验着泉州林业管理智慧。泉州惠安县林业局与中国电信合作林业信息化工程。惠安县的森林防火监控系统项目建设涵盖1个监控中心、11路全球眼监控点、12条VPN专线，安装红外感应设备、火星识别装置。泉州采用"环监之星"环保自动监测监控系统后，1452家监控企业可以通过数据报表量化节能减排指标，做到对环保管理心中有数，能有效促进环保治理达标，降低了超标排污的风险，节省了管理成本。

3.4.2 城镇安全防控

随着我国经济社会的发展和城镇化的速度加快，使得城市常住人口和流动人口持续增加，需要面对城市运行中的社会治安、重点区域防范等城市安全问题。实施城市安全防控数字化，提高城市公共安全防控水平、应急管理能力和救援能力，促进形成政治安定、社会安稳、企业安心、百姓安居、生产安全的"五安"环境。在我国构建和谐社会、建设小康社会的进程中，安全是大众最关心的热点，和谐必须有安全。现已开展研发的安全防控板块重点包括城市公共安全防控、行政应急预警指挥、公共卫生应急处理、食品药品安全监督等业务应用系统建设等。

平安城市是数字城市的先锋产业，2004年，在"科技强警"一系列政策推动响应下，第一批平安城市的试点建设应运而生。北京、济南、杭州、苏州四个城市成为最早的试点城市。为了全面推进科技强警战略的实施，公安部、科技部在北京、上海、廊坊、大连、南京、苏州、南通、杭州、宁波、温州、台州、芜湖、福州、青岛、淄博、威海、郑州、广州、深圳、佛山、成都等21个城市启动了第一批科技强警示范城市创建工作。为了以点带面，公安部也进一步提出了建设"3111试点工程"，选择22个省，在省、市、县三级开展报警与监控系统建设试点工程。如今各地平安创建工作已初具规模，并在公安机关打击犯罪、维护社会稳定的行动中起到越来越重要的作用。平安城市是利用现代信息通信技术，达到指挥统一、反应及时、作战有效的目的，以适应我国在现代经济和社会条件下实现对城市的有效管理和打击违法犯罪，加强城市安全防范能力，加快城市安全系统建设，建设平安城市和谐社会。起步早的省市如浙江、江苏和广东等都取得了显著成效，东部沿海城市基本都已完成二、三期项目建设，有些甚至完成了四期项目建设（如浙江义乌）。

2010年10月，为了提高肉菜流通安全，商务部和财政部在全国10个城市试点肉菜流通追溯体系，大连、上海、南京、无锡、杭州、宁波、青岛、重庆、昆明、成都等10个城市作为试点。建设肉菜流通追溯体系，要以信息技术为手段，兼顾信息采集手段的多样性与内容的统一性；完善法规标准，加强市场准入管理；抓住蔬菜批发市场电子化统一结算、提高屠宰行业集中度两个关键环节，夯实流通基础。考虑到城市是商品肉菜的主要销区市场，流通基础设施相对比较完善，并具有"菜篮子"市长负责制的体制优势，追溯体系建设将从城市先行试点，逐步铺开。

3.4.3　城镇生活便捷

生活便捷是老百姓最能直接感受到数字城市带来的好处。生活在城市中的居民应享受到各类便捷的生活服务，无论是居家、看病、上班还是出差、教育、休闲都应变得方便轻松。实施城市生活便捷数字化，能为老百姓的社区生活、交通出行、医疗卫生、教育培训、购物休闲等提供更为便捷、更为贴心的服务。

目前，已经在生活便捷板块开展包括市民"一卡通"、公共服务呼叫、信息亭及便民服务设施、数字医疗、数字校园、智能交通、数字社区、新型农村社保等业务应用系统建设等。

数字城市用城市一卡通网罗生活万象。1997 年，我国就启动了城市一卡通 IC 卡的应用工作，在编的标准有 8 项，截至 2010 年底，全国建立城市一卡通系统的城市有 380 多个，大约占全国城市总数的 57％，全国累计发卡约 2 亿张，行业在用的终端数量达到 60 万个，移动 POS 达到 30 万个，日交易量达到 1 亿笔。基于城市内应用的城市一卡通在技术手段、平台搭建、安全体系建设和运营模式方面都日渐成熟，成为真正意义上的城市一卡通，也成为很多城市政府为百姓办实事的民心工程。城市一卡通经过十余年的发展，从单一的应用到目前跨行业、多元的应用，应用领域已经涉及城市的水气电的缴费、交通、商业购物、图书馆、旅游、餐饮酒店、影院等 50 多个领域。

上海市通过建设医疗信息化，极大地方便了市民看医就诊。社区卫生服务中心的一个很大特点就是贴近居民。以闸北区彭浦新村社区为例，社区卫生服务中心的医生服务站不仅实现了与社区所在的闸北区医院联网，还实现了与上海的 23 家三级医院联网。卫生服务中心的医生通过"医联调阅"可以查询社区居民在三级医院的诊疗记录，包括近期用药情况、各种检查结果。同时，他们正在不断尝试借助信息化手段更好地服务居民，社区居民在家中，通过一台智能手机和一些带有"传感器"的小型数字化医疗仪器，就能将血压、血糖、心电、尿流率、血样等信息采集后发送到平台。一有异常，平台会发出警示，卫生服务中心的医生就可以及时处理。

兰州市城关区于 2009 年 12 月建成了甘肃省乃至我国西部第一家虚拟养老院，它是以一整套强大的网络通信平台和服务系统为支撑，采用政府引导、企业运作、专业人员服务与社会志愿者服务相结合的方式，为全区老年人开展服务的。它与传统养老院最大的区别，在于它不是让老人们住在养老院中被动地接受服务，而是养老院服务人员主动上门，发挥 24 小时管理服务的优势，为老年人提供便捷的居家养老服务。

我国的智能交通建设工作已广泛开展试点建设工作。目前，我国的智能交通系统主要应用在城市内部交通和高速公路两方面。在城市内部交通方面，北京实施了"科技奥运"智能交通应用试点示范工程；上海建设了世博智能交通系统，集出行信息、智能公交、交通监控、决策支持、电子收费、应急救援等功能于一体；广州、中山、深圳、天津、重庆、济南、青岛、杭州等作为智能交通系统示范城市也各自进行了尝试。在高速公路方面，2007 年底，我国实行高速公路收费的 29 个省、区、市中，已有 27 个实现了省、区、市内不同范围的联网，联网里程占全国高速公路通车总里程的 88%。

3.4.4 政府公共服务

建设公共服务型政府是我国市场化改革进程的必然选择，数字城市建设需要帮助政府提高宏观调控、市场监管、社会管理和公共服务水平，优化并提高其行政能力，以民为本、为人民服务，将我国各级政府部门建设成为公共服务型政府。一方面通过各类行政系统的建设，实现效率、利润，使政府更节约、更经济，另一方面将谋求公共利益作为政府部门提供公共产品和服务的核心竞争力。

数字城市的建设，就仿佛给管理者添上了"千里眼""顺风耳"，不仅大大提高了行政效率，还极大地提高了决策的科学性、合理性。目前，已在公共服务板块重点开展包括政府网站及协同办公、行政审批及电子监察，以及劳动保障、科技、统计、财政、公安、城建、林业、环保、计生、文化、教育、旅游、质监等行业业务管理数字化业务应用系统建设等。

国内已有 100 多个城市不同程度地开展了数字市政的建设工作，制定了数字市政发展规划，确定了数字市政工程的内容，并完成了相关系统的开发和试用阶段。很多城市的政府信息系统、社会保障信息系统、交通管理信息系统、电子商务交易系统、远程教育系统以及智能小区等方面建设进展很快，数字市政的建设已出现了可喜的局面。

山东临沂依托数字城市系统，在全市公安机关建立了以警用地理信息系统为核心的指挥调度系统。临沂对市区 2 万多根路灯杆逐一张贴了 7 位数字的辅助报警定位编号。一旦报警人说不清自己的位置，只需要找到最近的路灯杆的编号，接警员就能通过系统得知报警人的具体位置。

江苏徐州的数字城市平台，对土地调查成果、遥感、航摄影像、基本农田以及基础地理等多源信息进行整合，实现了土地资源开发利用的"天上看、网上管、地上查"的动态监管目标。

以数字太原平台为基础，太原国土局开发了基准地价查询系统，将基准地价发布在政府网上，并提供用户查询窗口，提高了基准地价的公众透明度。

新疆克拉玛依市独山子区 2010 年建成投用了"行政权力网上公开运行平台"，为企业和民众提供一站式的网上审批服务，将以往以政府部门为中心转变为以办事流程为中心，从规范审批流程、降低办理时限到事项督察督办，提供高效快捷服务的同时，确保权力在阳光下运行。

3.5 评价指标层面

"十一五"以来，中国城市的发展升级取得了显著的进展。空间技术、信息技术等高新技术的利用使中国城市的发展逐渐走向现代化，数字城市成为实现经济、政治、文化、社会、生态全面可持续发展的重要保障。为了规范和引领数字城市的建设和发展，数字城市评价指标体系正逐步建立起来。在城市建设、城市管理和社会保障、生态保护、城市产业升级、城市居民个性化的和谐发展等方面，数字城市评价指标都力图有所反映。数字城市评价指标体系建立的探索积极推动了城市发展中各领域工作稳步发展。

3.5.1 体现现代城市的建设水平

数字城市建设的基础设施是实现数字城市信息流通的基础保障，通过对城市基础设施中的数字化建设的评估可以看出一个城市在信息采集、存储、处理、共享等方面的能力。城市管理的业务的硬件设施和软件水平的提升也是实现政务管理信息化、公开化的保证。在评价指标里，包括对于"三网融合"程度，光纤覆盖及入户的程度，互联网用户普及程度，"云"计算存储能力等方面的评价是阶段数字城市评价中的重要指标。

对 3S 技术的利用的评价在城市发展中有着非常重要的作用。3S 技术能够为电子政务的海量数据处理、多源空间数据和非空间数据融合、WEB GIS 技术和自主版权软件系统开发、空间定位数据、空间挖掘数据及空间辅助决策等提供有效的技术支撑。对 3S 技术应用水平的评价也能够反映政府管理、决策手段的水平。

可视化技术也是数字城市建设中非常重要的一个方面，它能为电子政务提供科学、直观的综合信息分析和辅助决策的有效工具。同时未来也将更多地应用到商业、运输、城市交通等领域中，提高商业、运输等运行的效率，为居民提供便捷的生活服务，提升城市的整体形象及综合实力。可视化应用程度的衡量也是技术评价领域中一个重要的方面。

对于这些数字城市建设中的重点方面，指标体系都力图做到全面反映，以衡量数字城市的基础支撑能力。

3.5.2 体现城市管理的科学程度

数字城市在城市的管理模式上有别于以往的城市模式，对城市管理各个业务中数字化管理水平高低的评价十分有助于对数字城市中的管理能力的提升。另一方面，随着城市的发展，对于城市管理能力提升的要求变得急迫。城市管理中的各个业务能力的提升直接关系到城市实现可持续发展的能力。

科学管理是城市发展的一个重要目标。一方面，科学管理能够提高政府的服务效率，提高政府部门的办事效率，加快各种监管、审批、信息公开的流程，提高政府各部门之间数据共享程度，增强协同办事效率，增强城市发展规划的科学性。另一方面，科学管理水平直接关系到城市的食品生产、社会治安、医疗、住房、社会突发事件应急等社会保障的能力。在社会治安和社会保障方面，人口性别、民族、文化程度、职业、就业、宗教信仰、年龄等统计数据和地理空间数据相结合，可以有效地帮助相关部门进行分析、规划并提升服务保障水平，实现科学规划，有效治理；在粮食食品生产方面，有了地理空间数据支撑，农业产业结构优化、精准农业发展、绿色食品开发、基本农田监管、农作物灾害防治等方面的水平都得到了显著的提高。对此展开评价，有助于我们推进城市科学管理，丰富数字城市的管理经验。

城市管理的科学性对实现城市和区域的可持续发展至关重要。土地与矿产的资源管理、水力资源管理、林业资源管理、农业资源管理、防灾减灾管理及应急处理等方面的准确监测、高时效分析、科学管理规划等业务是建立在空间信息基础设施的支持之上的。除了基础设施的建设水平及软件应用水平，各项业务的管理规范、政策也尤为重要，并直接影响到业务目标的实现。因此，对城市范围内相应业务规范管理及区域协调能力的评价有助于提升城市及区域的可持续发展水平。

对管理的评价重点落实到信息资源的协同、共享与标准、政策、法规的完善上来，通过这些指标，我们可以清楚地发现数字城市在管理上存在的问题。

3.5.3　体现城市新兴产业的发展能力

数字城市从经济学的角度看，有助于推动城市产业升级。解决城市的发展问题离不开经济的发展。当前社会的发展形势已经开始由工业社会向知识经济社会转变，城市的发展也开始转向智能化、数字化。这是经济发展规律下的必然，也是实现集约化可持续发展的必然。数字城市的建设一方面带动着各种新型硬件设施和软件的建设，另一方面也为未来城市创业文化产业的发展提供传播的载体。

数字城市产业正处在发展的初期阶段，物联网产业的兴起、云计算服务的发展等都处在初期阶段。基础设施即服务、平台即服务、软件即服务，以及已经提出的科学研究即服务、未来服务类型等极大地关系到未来数字城市的产业经济实力及人口就业能力。城市在新一轮发展中的创新能力将极大影响其数字化发展。这一方面的评价对于衡量一个城市经济可持续发展能力极为重要。我们虽已经进行了相关的研究，但研究的深度还不够，没有揭示出未来数字城市产业、创意文化产业发展中的创新能力与数字城市发展能力之间的关系。这方面的相关研究亟待加强。

3.5.4　立足于居民的全面发展

数字城市发展的本质是要实现人的全面发展。建设数字城市的目标也是提高公民的生活质量、幸福指数、健康指数、教育程度，使公民生活在一个公平、便捷、富裕、宜居的城市中。

数字城市中的居民发展程度的评价不仅仅包含居民的经济消费能力、教育程度等传统的评价指标，还包括数字信息的获得能力等和数字城市发展密切相关的评价指标，后一类指标关注公民能够公平地获得信息、支持自身的各项发展的能力。在"科学发展"、"以人为本"的政策理念下，对居民通过数字城市的各种设施、政策、服务获得发展的评价显得尤为重要。

第4章 数字城市技术体系

4.1 数字城市技术框架

数字城市从总体上讲，是以计算机硬件与网络通信平台为依托，以政策、信息化组织机构以及安全体系为保障，以标准和规范体系为依据，以数据库建设为基础，以信息的共享交换与服务为支撑，以政府、企业和公众构成的城市全面数字化和智能化应用为最终目标。现代信息技术飞速发展，国务院加快推进三网融合，网络空间信息、云计算和物联网等先进技术及理念为数字城市建设提供了新的思路。数字城市建设一般采用的信息技术既要考虑前瞻性也要注重实用性，重点建立具有公益性、基础性特点的数字城市公共信息平台以支撑数字城市各业务应用和协同，同时要充分继承"十一五"期间数字城市建设的相关成果。数字城市建设的主要内容包括：将电信网、广播电视网、互联网三网联合形成"一张网"；建立数字城市公共信息平台；构建各行业应用，指面向政府、企业、公众提供的各类数字城市应用服务；建立与技术支撑体系相配套的政策标准保障体系和制度安全保障体系。

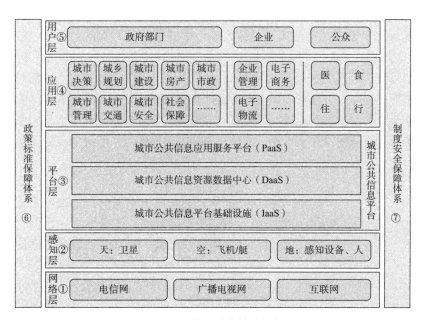

图 4-1 数字城市技术框架

1. 网络层

数字城市的统一网络是通过电信网、广播电视网、互联网三网融合，向数字城市公共平台以及数字城市业务应用系统提供城市统一的网络基础环境，提供可靠、有效的信息传输服务高速公路。

2. 感知层

数字城市感知层是数据的来源，是数字城市的数据源泉，是实现物体信息采集的基础环节。其主要功能在于识别物体，采集信息。没有这些数据的采集，就谈不上是数字城市。数据采集设备大体可分为天、空、地三大类，具体包括卫星、飞机、飞艇、二维码标签、RFID标签、摄像头、GPS、遥测车、M2M终端、移动终端和传感器等。

3. 平台层

数字城市公共信息平台承担着城市数据共享交换枢纽、城市公共资源数据中心和公共信息服务的职责，由平台基础设施（IaaS）、资源数据中心（DaaS）和应用服务平台（PaaS）组成。

4. 应用层

数字城市的各业务应用系统构建于平台层之上，包括政府应用、企业应用和公众应用三个方面。数字城市业务应用系统采用软件即服务（SaaS）方式实现。应用层为政府提供城市决策、城乡规划、城市建设、城市房产、城市市政、城市管理、城市交通、城市安全、社会保障等应用服务，为企业提供企业管理、电子政务和电子物流等应用服务，为公众则提供医、食、住、行相关应用服务。

5. 用户层

数字城市的用户包括政府部门、企业和公众三类。

6. 政策标准保障

政策标准是数字城市技术支撑体系的重要保障，信息技术是手段，利用信息技术并发挥实效作用才是关键所在，为了保障信息技术和城市建设与运行紧密融合，需要政策标准作为技术实施保障。数字城市政策标准体系是总体框架的七大体系之一。

7. 信息安全保障

数字城市建设与运营要充分重视信息安全问题，信息安全保障主要由信息安全标准规范、信息安全管理制度、信息安全技术支持、信息安全处理规程等内容组成，数字城市公共平台中提供全市统一的信息安全认证、信息安全监控、信息安全灾备等服务，数字城市各类业务应用系统和专业数据库在全市统一的信息安全保障框架下，解决各自的信息安全问题。

4.1.1 网络层

在城市信息通信中，存在着多种信息网络，包括广播电视网、电信网和互联网，这些网络的存在与应用对数字城市的建设具有十分重要的意义。建设数字城市的目标是为了让城市更加宜居、安全、便捷等，所以一个跨网络的、真正意义上广域的数字城市应该是实现各类通信网络的互联互通，并能够便捷、快速地链接感知层与平台层。

1. 网络分类

当前，网络层大体可分为广播电视网、电信网和互联网。从具体应用角度，还有三网融合、物联网等不同的名称。

1）广播电视网

广播电视网是指利用光缆或同轴电缆来传送广播电视信号或本地播放的电视信号的网络。广播电视网是高效廉价的综合网络，它具有频带宽、容量大、多功能、成本低、抗干扰能力强、支持多种业务连接千家万户的优势，它的发展为信息高速公路的发展奠定了基础。

宽带双向的点播电视（VOD）及通过广播电视网接入互联网进行电视点播、有线电视网通话等是广播电视网的发展方向，最终目标是使广播电视网走向宽带双向的多媒体通信网。

2）电信网

电信网是指利用有线、无线或二者结合的电磁、光电系统，传递文字、声音、数据、图像或其他任何媒体信息的网络。在我国，电信网是指原邮电部建设、管理的网，如传统的电话交换网（PSTN）、数字数据网（DDN）、帧中继网（FR）、ATM 网等。按电信业务的种类划分，电信网可分为电话网、电报网、用户电报网、数据通信网、传真通信网、图像通信网等。按服务区域范围划分，电信网可分为：本地电信网、农村电信网、长途电信网、移动通信网、国际电信网等。电信网将逐渐由模拟通信的传输和交换向数字化、智能化、综合化的电信网发展。

3）互联网

互联网，即广域网、局域网及单机按照一定的通信协议组成的国际计算机网络。互联网是指将两台计算机或者是两台以上的计算机终端、客户端、服务端通过计算机信息技术的手段互相联系起来的结果。互联网就是信息的载体，是能够相互交流、相互沟通、相互参与的互动平台。人们可以与远在千里之外的朋友相互发送邮件、共同完成一项工作、共同娱乐。

随着互联网技术的发展，语义网、人工智能、虚拟世界、移动互联网等是互联网发展的重要方向。

4）三网融合

三网融合就是指电信网、有线电视网和互联网的相互渗透、互相兼容并逐步整合成为统一的信息通信网络，为客户同时提供语音、数据和广播电视等多重服务。"三网融合"是为了实现网络资源的共享，避免低水平的重复建设，形成适应性广、容易维护、费用低的高速宽带的多媒体基础平台。

三网融合，在概念上从不同角度和层次上分析，可以涉及技术融合、业务融合、行业融合、终端融合及网络融合。目前更主要的是应用层次上互相使用统一的通信协议。IP优化光网络就是新一代电信网的基础，是我们所说的三网融合的结合点。

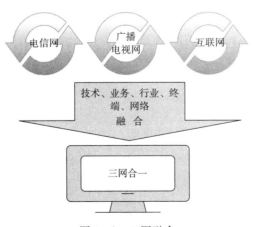

图 4-2　三网融合

三网融合目前已经在试点阶段，三网融合的全面推开将对个人信息化有巨大的促进作用。它不仅将现有网络资源有效整合、互联互通，而且会形成新的服务和运营机制，并有利于信息产业结构的优化以及政策法规的相应变革。融合以后，不仅信息传播、内容和通信服务的方式会发生很大变化，企业应用、个人信息消费的具体形态也将会有质的变化。

三网融合将会从根本上改变我国文化信息资源保存、管理、传播、使用的传统方式和手段，为知识创新和两个文明建设营造一个汲取文化信息的良好环境。

5）物联网

物联网是新一代信息技术的重要组成部分。其英文名称是"Internet Of Things"，简称 IOT。顾名思义，"物联网就是物物相连的互联网"，包含两层意思：第一，物联网的核心和基础仍然是互联网，是在互联网基础上的延伸和扩展的网络；第二，其用户端延伸和扩展到了任何物品与物品之间，进行信息交换和通信。因此，物联网的定义是通过射频识别（RFID）、红外感应器、全球定位系统、激光扫描器等信息传感设备，按约定的协议，把任何物品与互联网相连接，进行信息交换和通信，以实现对物品的智能化识别、定位、跟踪、监控和管理的一种网络。

按照物联网的应用范围，物联网可分为私有物联网、公有物联网、社区物联网和混合物联网等。

物联网用途广泛，遍及智能交通、环境保护、政府工作、公共安全、平安家居、智能消防、工业监测、环境监测、老人护理、个人健康、花卉栽培、水系监测、食品溯源、敌情侦查和情报搜集等多个领域。

2. 网络系统

网络是利用通信线路和通信设备，将地理位置不同、功能独立的多个计算机系统互联起来，按照网络协议进行数据通信，由功能完善的网络软件实现资源共享的计算机系统的集合。

网络在物理组成上可以分成两个部分：负责信息处理的计算机设备和负责数据通信的通信线路及通信设备。与此对应，计算机网络在逻辑上可以作为两个子网：资源子网和通信子网。网络硬件系统和网络软件系统是计算机网络系统赖以存在的基础。

资源子网是计算机网络中面向用户的部分，负责全网络面向应用的数据处理工作；而通信双方必须共同遵守的规则和约定就称为通信协议，它的存在与否是计算机网络与一般计算机互连系统的根本区别。

资源子网由主计算机系统、终端、终端控制器、联网外设、各种软件资源与信息资源组成。资源子网由联网的服务器、工作站、共享的打印机和其他设备及相关软件所组成（对于局域网而言）；对于广域网而言，资源子网由上网的所有主机及其外部设备组成。资源子网的功能是负责全网的数据处理业务，向网络用户提供各种网络资源与网络服务。

通信子网是指网络中实现网络通信功能的设备及其软件的集合，通信设备、网络通信协议、通信控制软件等属于通信子网，是网络的内层，负责信息的传输。主要为用户提供数据的传输、转接、加工、变换等。通信子网的设计一般有两种方式：点到点通道和广播通道。

通信子网的任务是在端结点之间传送报文，主要由转结点和通信链路组成。在 ARPA 网中，把转结点通称为接口处理机（IMP）。

为了保障系统的正常运转和服务，计算机网络系统需要通过专门软件，对网络中的各种资源进行全面的管理、调度和分配，并保障系统的安全。网络软件是实现网络功能的必不可缺的支撑环境。网络软件通常指以下五种类型的软件：网络协议和协议软件、网络通信软件、网络操作系统软件、网络管理软件及网络应用软件。

3. 网络安全系统

网络安全是指网络系统的硬件、软件及其系统中的数据受到保护，不因偶然的或者恶意的原因而遭受到破坏、更改、泄露，系统连续可靠正常地运行，网络服务不中断。网络安全从其本质上来讲就是网络上的信息安全。从广义来说，凡是涉及网络上信息的保密性、完整性、可用性、真实性和可控性的相关技术和理论都是网络安全的研究领域。安全设备包括防火墙、安全隔离网闸等。网络安全系统是在网络安全设备和软件的基础上加上适当的安全策略和安全管理制度构成的一整套安全体系。

运行系统安全，即保证信息处理和传输系统的安全。它侧重于保证系统正常运行，避免因为系统的崩溃和损坏而对系统存贮、处理和传输的信息造成破坏和损失，避免由于电磁泄漏，产生信息泄露，干扰他人，受他人干扰。

网络上系统信息的安全。包括用户口令鉴别，用户存取权限控制，数据存取权限、方式控制，安全审计，安全问题跟踪，计算机病毒防治和数据加密。

网络上信息传播安全，即信息传播后果的安全。包括信息过滤等。它侧重于防止和控制非法、有害的信息进行传播后的后果。避免公用网络上大量自由传输的信息失控。

网络上信息内容的安全。它侧重于保护信息的保密性、真实性和完整性。避免攻击者利用系统的安全漏洞进行窃听、冒充、诈骗等有损于合法用户的行为。本质上是保护用户的利益和隐私。

4.1.2　感知层

感知层是实现物体信息采集的基础环节，通过天、空、地等多种感知手段，采集城市各类元素的基础信息；利用感知层传感网络技术将城市各类元素物理实体与网络层进行交互，实现对城市更加全面、透彻的感知。

感知层包括信息采集与传感控制子层和传感器通信子层两部分内容，信息采集与传感控制子层利用天、空、地等多种感知手段，实现城市各类元素基础信息的智能感知识别、信息采集处理和自动控制；根据城市各类元素采集特点，信息采集与传感控制子层共分为天基、临近空间、航空、地面四大观测感知系统，构建天、空、地三个层次观测平台，实现了城市各类要素的全方位感知。传感器通信子层通过通信终端模块直接或组成延伸网络后将物理实体连接到网络层，实现人与物体的沟通和对话，以及物体与物体互相间的沟通和对话。

下面简单阐述几种主要的感知技术。

1. 对地观测感知技术

对地观测感知技术在数字城市行业中的应用主要体现在依托卫星、飞机、飞艇以及近空间飞行器等为传感器搭载平台，利用可见光、红外、高光谱和微波等多种探测手段，获取城市各类要素的基础信息并进行处理的技术。

目前主要包括 GNSS 技术、VLBI 甚长基线干涉测量技术、SRL 激光测月技术、In-SAR 干涉测量技术、LiDAR 机载激光雷达测量技术以及卫星遥感和卫星重力测量等。

2. RFID 射频识别技术

RFID（Radio Frequency IDentification），射频识别，又称电子标签，是一种通信技

术，可通过无线电信号识别特定目标并读写相关数据，而无需识别系统与特定目标之间建立机械或光学接触。RFID标签分为被动、半被动、主动三类。由于被动式标签具有价格低廉、体积小巧、无需电源的优点，目前市场的RFID标签主要是被动式的。RFID技术主要用于绑定对象的识别和定位。通过对应的阅读设备对RFID标签Tag进行阅读和识别。

3. WSN 无线传感器网络技术

无线传感器网络（wireless sensor networks，简称WSN）已经在医疗、工业、农业、商业、公共管理、国防等领域得到了广泛应用，是促进未来经济发展，构建和谐社会的重要手段。传感器网络利用部署在目标区域内的大量节点，协作地感知、采集各种环境或监测对象的信息，获得详尽而准确的信息，并对这些数据进行深层次的多元参数融合、协同处理，抽象环境或物体对象的状态。此外，还能够依托自组网或定向链路方式将这些感知数据和状态信息传输给观察者，将逻辑上的信息世界与客观上的物理世界融合在一起，改变人类与物理世界的交互方式。无线传感器节点是物联网伸入自然界的触角，主要负责信息的采集并将其他如光信号、电信号、化学信号转变为电信号并送给微控制器，根据应用环境的不同，不同的参数对传感器的选择也有所区别；无线收发器负责与网关之间的通信；微控制器负责协调系统的工作，接受传感器发送的信息并控制无线收发器的工作。电源及电源管理模块为系统的工作提供可靠的能源。无线传感器节点结构如图4-3所示。

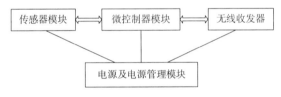

图 4-3 无线传感器节点结构

在传感器网络追踪方面依然存在很多挑战和困难：

1）传感器处理能力和传感能量有限。由于传感器由电池提供能量且在运行过程中电池不能被补充或者替换，为了节省能量，每个节点不能总是处于活动状态。因此，能量往往成为进行传感网项目设计的首要考虑因素。

2）由于能量匮乏、物理损害以及环境的干扰，传感器节点有倾向于失败的危险。因此，传感器网络协议应该具有智能性和自适应性。

3）单个节点产生的信息通常是不准确或者不完全的，因此进行追踪时需要多个传感器节点进行协作。

4. Zigbee 传感技术

Zigbee 是基于 IEEE 802.15.4 标准的短距离、低速率的无线网络技术。但 IEEE 仅处理低级 MAC 层和物理层协议，而 Zigbee 联盟扩展了 IEEE，对其网络层协议和 API 进行了标准化。Zigbee 主要用于近距离无线连接。有自己的协议标准，在数千个微小的传感器之间相互协调实现通信。这些传感器只需要很少的能量，以接力的方式通过无线电波将数据从一个传感器传到另一个传感器，所以通信效率非常高。

理论上，Zigbee 技术可以支持多到 65000 个无线数传模块组成的一个无线数传网络平台。同时，每一个 Zigbee 网络数传模块类似移动网络的一个基站，在整个网络范围内，可以进行相互通信；每个网络节点间的距离可以从标准的 75 米，到扩展后的几百米，甚至几公里。另外，整个 Zigbee 网络还可以与现有的其他的各种网络连接。通常，符合如下条件之一的应用，就可以考虑采用 Zigbee 技术做无线传输：

1）需要数据采集或监控的网点多。

2）要求传输的数据量不大，而要求设备成本低。

3）要求数据传输可靠性高，安全性高。

4）设备体积很小，不便放置较大的充电电池或者电源模块。

5）电池供电。

6）地形复杂，监测点多，需要较大的网络覆盖。

7）现有移动网络的覆盖盲区。

8）使用现存移动网络进行低数据量传输的遥测遥控系统。

9）使用 GPS 效果差，或成本太高的局部区域移动目标的定位应用。

4.1.3　平台层

广义来讲，数字城市即城市的信息化。从技术层面看，数字城市可以简单理解为由分散在大量不同部门、不同物理位置的信息系统和数据库组成，通过广播电视网、电信网和互联网等通信网络资源从信息通路上进行衔接的复杂巨系统。如果部门之间、系统之间通过点对点的方式建立联系，一些共性的、基础的功能每个系统都会重复投入建设，对于整个数字城市建设是非常不经济、不科学、成效不显著的。各系统之间也会因为参考基准不一致、空间位置不一致甚至基准时间不一致等问题，使得各系统不能衔接起来，导致网络一站式办公很难实现。通过构建数字城市公共信息服务平台，面向用户、应用提供商、运营管理人员，利用云计算和物联网等关键技术，采用 ICT 技术融合的体系架构，提供多媒体数据整合共享、通用能力共享、数据能力开放、应用二次开发、安全运营管理、ESB 企业服务总线等能力，实现全市统一规划、统一标准、统一技术、统一平台、统一运维，将极大提高数字城市建设的实际成效，降低成本、提高能力、规范建设、平滑扩展。

数字城市公共信息平台由城市公共信息平台基础设施（IaaS）、资源数据中心（DaaS）和应用服务平台（PaaS）三层组成，将全市的设备资源、数据资源、网络等统一存放，形成资源池。一方面，可以统一处理全市性的共性问题，解决某一个部门或结构难以独立完成的公共能力，为政府、企业和公众的各类应用及其协调提高基础性支撑。另一方面，通过虚拟化所有资源，以提高资源利用效率并针对高优先级应用程序进行动态资源分配。

数字城市公共平台通过统一的网络接入、统一的信息存储、统一的信息处理、统一的信息管理与服务，建立起五大公共基础数据库（建筑、人口、法人、经济和地理空间）和公共业务数据库，通过城市公共信息资源共享与交换为各部门提供数据共享服务，通过对信息的进一步整合和挖掘，建立公共服务数据库。基于城市公共信息资源数据中心，配套城市公共信息支撑平台和基础支撑软件，为应用系统提供诸如二维地图服务、三维地图服务、遥感影像服务、时空版本服务、位置服务、业务应用服务、应用功能服务、身份认证服务、单点登录服务等。

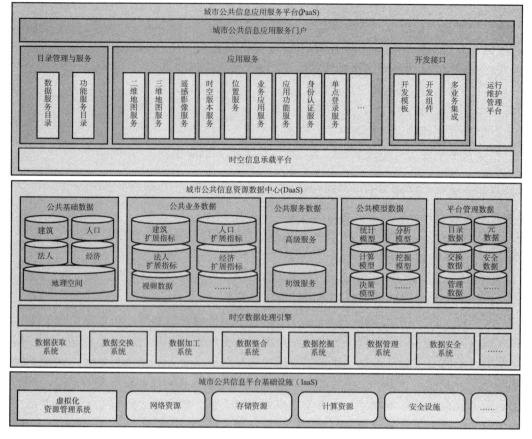

图4-4 城市公共信息平台

1. 城市公共信息平台基础设施（IaaS）

城市公共信息平台基础设施，利用虚拟化技术，将基础设施资源进行虚拟化处理，形成一个虚拟化资源池；利用云服务技术，将虚拟资源根据业务需要组装成独立运行的服务器资源作为服务对外提供；为智慧城市的建设提供完善的计算基础设施服务，包含计算、存储和网络等资源。

城市公共信息平台基础设施包括虚拟化资源管理系统、计算资源、网络资源、存储资源、安全设施等。

1）虚拟化资源管理系统

虚拟化资源管理系统是城市公共信息平台基础设施（IaaS）的管控中心，提供基础设施配置、可视化控制与管理、分析、优化、规划等功能，实现基础设施资源的容量规划、动态供应，高可用性，帮助智慧城市基础设施更有预见性地做出调整。系统功能包括虚拟资源管理功能、容量分析规划功能和应用迁移管理功能。

2）计算资源

计算资源指用于计算的CPU、内存等资源。其服务模式为通过虚拟化的技术方法将服务器物理资源的CPU、内存抽象成逻辑资源，形成一个动态管理的"资源池"，根据用户需要动态分配资源。

3）网络资源

网络资源指用于网络信息传输的物理主机内部网络设备和网络交换设备等资源。其服务模式为利用虚拟化技术，将物理主机内部网络设备和网络交换设备虚拟化成多个虚拟的网络设备，对内提供网络资源配置、网络地址管理等功能，对外以资源池的形式提供网络资源服务。

4）存储资源

存储资源指对外提供的用于数据存储的不同结构的存储设备资源。其服务模式为利用虚拟化技术整合不同结构的存储设备形成统一的存储池，对内提供存储资源管理功能，对外以池的方式提供数据存储服务。

5）安全设施

安全设施指从平台基础设施层面提供的一系列安全保障。安全设施针对计算、存储、网络等资源进行保障的设施。安全服务包括物理设施与环境的安全保障、虚拟机的安全保障、管理人员操作管理与日志管理。

2. 城市公共信息资源数据中心（DaaS）

城市公共信息资源数据中心（DaaS）包含数据部分和软件部分，为城市公共信息应用服务平台（PaaS）提供服务数据。

数据部分包括公共基础数据、公共业务数据、公共服务数据、公共模型数据和平台管理数据；软件部分包括时空数据处理引擎和数据处理系统集。

软件部分是数据部分的内容来源和规范化工具，数据部分为软件部分提供了运行数据基础。

1）DaaS 数据部分

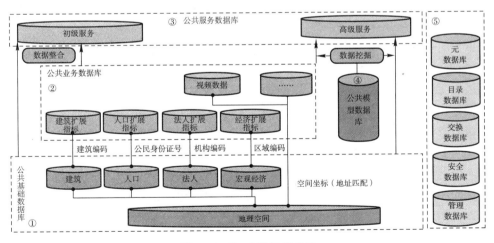

图 4 - 5 DaaS 数据库关系

（1）公共基础数据库

公共基础数据是指人口、法人、宏观经济、建筑、地理空间信息中，由法定管理部门提供的基础且变化频率相对较低的信息。公共基础数据包括人口、法人、经济、建筑、空间信息五项基础指标。

人口基础指标包括公民身份证号码、姓名、性别、出生日期、出生地省市县（区）、民族。

法人基础指标包括机构编码、单位名称、法定代表人姓名、法定代表人身份证号、处所、邮政编码、行业代码、成立日期、登记机关。

宏观经济基础指标包括居民消费价格指数（CPI）、工业品出厂价格指数（PPI）、国内生产总值（GDP）、采购经理人指数（PMI）、城镇固定资产投资、房价指数、外汇储备、外商直接投资指数、财政收入、新增信贷数据等。

建筑基础指标包括建筑编码、建筑名称、详细地址、结构类型、使用期限、建造年代、建筑状态、建筑层数、建筑高度、停车位数、基底面积、总建筑面积、主要用途、分用途建筑面积等。

基础地理空间数据内容包括控制点数据、DLG数据、DEM数据、DOM数据、DRG数据、基础地图数据、综合管线数据、地名、地址数据、元数据等。

（2）公共业务数据库

公共业务数据是根据应用需要，各部门可共享的业务信息。随着应用的深入，业务信息还将会不断发生变化。公共业务数据可分为建筑扩展指标、人口扩展指标、法人扩展指标、经济扩展指标、视频数据等。

建筑扩展指标数据库是指各部门业务系统需要共享与利用的建筑业务数据。数据来源于住房保障、城乡规划、市场监督、城乡建设、安全监管、建筑节能、住房公积金监管等方面。

人口扩展指标数据库是指各部门业务系统需要共享与利用的人口业务数据。数据来源于劳动就业、税收监管、个人信用、社会保险、人口普查、计划生育、打击犯罪等方面。

法人扩展指标数据库是指各部门业务系统需要共享与利用的法人业务数据。数据来源工商管理、机构编制、社会团体、质监管理、国税征管、地税征管等方面。

宏观经济扩展指标数据库是指以统计经济信息为基础，整合统计局、政府研究室、发改委、经贸委、国税局、地税局、工商局、劳动保障局、财政局、海关等部门的有关经济数据。

（3）公共服务数据库

公共服务数据库是为城市公共信息应用服务平台和数据交换系统提供的应用服务数据，包括初级服务数据和高级服务数据。

初级服务数据是指根据业务应用需求，对公共基础数据和公共业务数据进行整合处理后获取的数据。

高级服务数据是指根据业务应用需求，利用模型数据库中的模型，对公共基础和公共业务数据及其他数据进行挖掘处理后获取的数据。

（4）公共模型数据库

公共模型数据库服务于平台数据的挖掘功能，内容包括统计模型、分析模型、计算模型、挖掘模型、决策模型等。

（5）平台管理数据库

平台管理相关数据库总称，包括元数据库、目录数据库、交换数据库、管理数据库、安全数据库等。

元数据是数据资源的描述，是信息共享和交换的基础和前提，用于描述数据集的内容、质量、表示方式、空间参考、管理方式以及数据集的其他特征。元数据库用于存储元数据。

目录数据库用于存储基础数据、业务数据、模型数据等平台资源的目录信息。

交换数据指数据交换过程中产生的信息，包括消息路由信息、流程管理信息、异常管理信息、监控管理信息、参数管理信息和交换临时库中的数据。

管理数据指数据管理系统所产生的信息，包括数据操作信息、数据库运行管理信息、数据组织存储信息、数据库维护信息等。

安全数据库用于存放事故报告、事故可能性、故障频率、试验结果、以往的系统安全分析、可靠性分析及人的因素数据等。

2）DaaS 软件部分

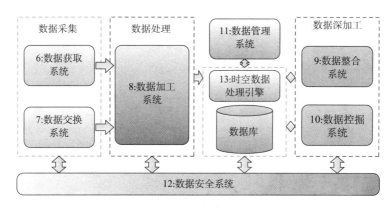

图 4 - 6　DaaS 软件系统关系

DaaS 软件部分是指城市公共资源中心所涉及的数据采集、处理、加工等软件系统，包括数据获取系统、数据交换系统、数据加工系统、数据整合系统、数据挖掘系统、数据管理系统、数据安全系统和时空数据处理引擎。

（1）数据获取系统

数据获取系统数据来源于各业务部门。系统通过表单填写、系统接入、数据上传、数据导入等方式获取数据，并提供数据检查入库功能；各业务部门报送的公共业务数据、公共基础数据，经过时空数据处理引擎，存储于公共业务数据库和公共基础数据库中。

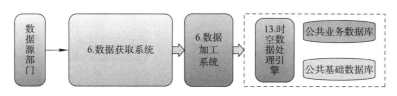

图 4 - 7　数据获取系统外部关系

（2）数据交换系统

数据交换系统数据来源于外部数据源系统。数据交换系统由数据前置系统和数据交换服务端系统两部分组成，其中，服务端系统包括目录体系和交换体系。数据前置系统用于响应部门、地方交换数据的需求。部门、地方通过配套前置环境，获取或者提供数据，并对数据进行编目。

目录体系实现对共享信息资源的有效组织，并审核由前置系统提交的目录，从而实现对各类共享信息的发现、定位和利用。交换体系将从基础层面构建一个统一的信息交换平台，用来支撑信息共享交换，实现对交换数据的有效管理和分配。交换获取的数据存储于系统交换库，为数据加工系统提供数据源。

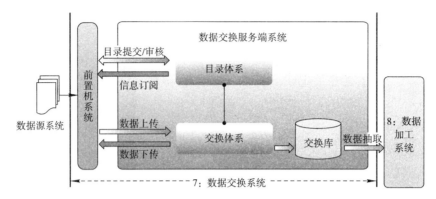

图4-8 数据交换系统外部关系

（3）数据加工系统

数据加工系统数据来源于数据交换系统的交换库。数据加工系统功能包括：对数据安全性、规范性检查；按照既定数据规则，进行数据格式转换和生产修复；在时空数据处理引擎的支撑下，完成数据的时空化。系统处理后的业务数据和基础数据，经过时空数据处理引擎，分别存储于公共业务数据库和公共基础数据库。

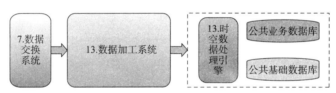

图4-9 数据加工系统外部关系

（4）数据整合系统

数据整合系统数据源是数据库中的公共基础数据和公共业务数据。数据整合系统的功能为，根据业务特点和应用需求，基于时空数据处理引擎建立数据的业务关联；系统产生的关联信息，经过时空数据处理引擎，以服务数据形式存储于公共服务数据库。

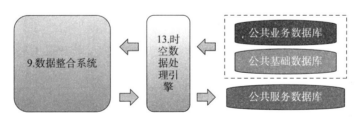

图4-10 数据整合系统外部关系

（5）数据挖掘系统

数据挖掘系统数据源是数据库中的公共基础数据、公共业务数据和模型数据。数据挖掘系统的功能包括：发掘具有关联性的数据信息，制定数据挖掘模型；根据模型数据库已有或新创建的数据挖掘模型，生成分析成果数据。系统产生的模型数据存储于模型数据库；系统产生的分析成果数据，经过时空数据处理引擎，以服务数据形式存储于公共服务数据库。

（6）数据管理系统

数据管理系统管理对象是平台各数据库中的数据。数据管理系统的功能为实现对平台各类数据的统一元数据注册、目录管理、数据检索、数据维护、数据版本管理、数据备份和恢复等。系统产生的数据操作信息、数据库运行管理信息、数据组织存储信息、数据库维护信息等存储到管理数据库中。

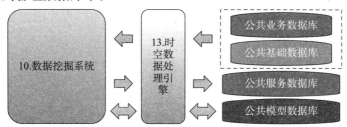

图4-11 数据挖掘系统外部关系

（7）数据安全系统

系统管理对象是平台各数据库中的数据。数据管理系统的功能包括：平台数据的加密脱密管理；针对不同的风险可能，定义不同的安全级别，并制定不同的安全保证方案，有效管理平台数据的安全；监控平台的数据流向、系统安全。系统输出的事故报告、事故可能性、故障频率、试验结果、以往的系统安全分析、可靠性分析及人为因素分析数据存储于安全数据库。

（8）时空数据处理引擎

时空数据处理引擎是用于存储、处理、保护时空数据及其空间和时间关联信息的核心服务。时空数据处理引擎的服务功能包括：城市各类信息的数据检查、数据格式转换、数据清洗、地址匹配、时空化处理功能和时空数据的存取功能。

3. 城市公共信息应用服务平台（PaaS）

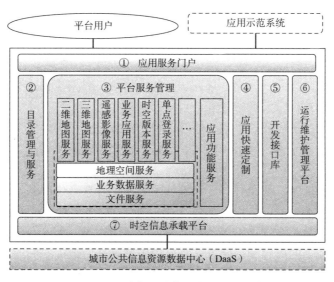

图4-12 城市公共信息应用服务平台

城市公共信息应用服务平台在数字城市公共信息平台的主要作用是面向全市各类应用系统提供基础和共性的应用服务。基于城市公共信息资源数据中心，城市公共信息应用服务门户是数字城市公共信息平台与系统建设、开发和运维人员集中的交互界面；目录管理与服务和平台服务管理实现了平台资源检索和应用服务的统一注册、发布和管理；应用快速定制和开发接口库从不同层次上满足应用示范系统的构建需求；运行维护管理平台实现数字城市公共信息平台统一运维管理。

城市公共信息应用服务平台建设是一个渐进的过程，可综合考虑数字城市发展的实际需求，提炼并建设更多的基础和共性的应用服务。

1) 城市公共信息应用服务门户

应用服务门户是平台的总窗口和总入口，集成了目录管理与服务、平台服务管理、应用快速定制、开发接口库和运行维护管理平台，为平台用户提供使一站式登录服务和资源使用指南。

应用服务门户功能主要资源目录查询、平台资源的信息浏览和可视化展示、基础信息查询和分析功能及平台资源应用指南。

2) 目录管理与服务

目录管理和服务系统是保证平台资源有效应用的必要条件，采用元数据和目录方式管理信息资源，并以服务方式为门户提供数据服务目录和功能服务目录，支撑其资源目录检索功能实现。目录管理和服务系统功能包括元数据管理和目录管理。

(1) 元数据管理是指对元数据的目录定制、浏览、查询和修改等操作。具体功能定义如下：

元数据目录定制：支持自定义元数据目录结构；

元数据浏览：采用树状结构方式，浏览元数据信息；

元数据查询：以元数据结构中的关键字段为条件，查询元数据；

元数据修改：修改元数据的值。

(2) 目录管理是指对信息资源的编目、目录注册、目录审核、目录发布、目录更新等操作。具体功能定义如下：

编目功能：指信息资源内容基本特征提取、元数据赋值、唯一标识管理、标准符合性检查等；

目录注册：指目录导入、导出、录入、删除、修改、数据检查、提交等；

目录审核：指格式校验、目录核准、目录回退等；

目录发布：指目录树创建、目录树删除、目录树裁剪、目录树提交等；

目录更新：指目录导入、导出、修改、删除、提交等。

3) 平台服务管理

平台应用服务包括二维地图服务、三维地图服务、遥感影像服务、业务应用服务、应用功能服务、时空版本服务、单点登录服务等。平台服务管理指对平台服务的注册、发布、编辑、查询和删除等维护工作以及平台服务的应用权限控制。

(1) 按照服务数据的内容和存储方式，应用服务可分为地理空间服务、业务数据服务和文件服务。对于以业务应用模型为基础，对外发布功能接口的服务，称为应用功能服务。下面给出上述三类数据服务的定义：

地理空间服务：以地理空间数据为基础，对外发布数据和功能接口的服务；

业务数据服务：以结构化业务数据为基础，对外发布数据和功能接口的服务；

文件服务：以非结构化文件数据为基础，对外发布数据和功能接口的服务。

（2）根据众多业务应用需求，提炼和建设的平台应用服务，其实现主要以扩展地理空间服务、业务数据服务和文件服务的功能接口方式实现。常用的应用服务如下：

二维地图服务：基于城市公共信息资源数据中心的城市地理空间数据（矢量数据）和城市公共计算存储网络，提供基于图片引擎、矢量引擎的 B/S 和 C/S 架构的矢量地理空间服务，提供可视化地图浏览和基础操作功能，可以支持用户在线调用和独立开发应用，实现与遥感地图和三维地图无缝切换，为"数字城市"公共信息平台中其他应用服务提供城市二维地图服务。

三维地图服务：基于城市公共信息资源数据中心的城市地理空间数据（三维地理及建筑模型数据）和城市公共计算存储网络，提供基于三维引擎的 B/S 和 C/S 架构的三维地理空间服务，提供可视化地图浏览和基础操作功能，可以支持用户在线调用和独立开发应用，实现与矢量地图和影像地图无缝切换，为"数字城市"公共信息平台中其他公共服务提供城市三维地图服务。

遥感影像服务：基于城市公共信息资源数据中心的城市地理空间数据（遥感影像数据）和城市公共计算存储网络，提供基于图片引擎的 B/S 和 C/S 架构的遥感空间数据服务，提供可视化地图浏览和基础操作功能，可以支持用户在线调用和独立开发应用，实现与矢量地图和三维地图无缝切换，为"数字城市"公共平台中其他公共服务提供城市影像服务。

时空版本服务：基于城市公共信息资源数据中心的城市公共基础数据、城市公共业务数据和城市公共计算存储网络，提供基于时空信息承载平台的 B/S 架构的数据服务，实现数据的时空版本检索和历史回溯功能，可以支持用户在线调用和独立开发应用。

位置服务：又称定位服务，是由通信网络和卫星定位系统结合在一起提供的一种增值业务，通过一组定位技术获得移动终端的位置信息（如经纬度坐标数据），提供给用户本人或他人以及通信系统，实现各种与位置相关的业务，可以支持用户在线调用和独立开发应用。

业务应用服务：基于城市公共信息资源数据中心的城市公共基础数据、城市公共业务数据和城市公共计算存储网络，根据具体业务需求，整合多行业数据，提供基于时空信息承载平台的 B/S 架构的数据服务，可以支持用户在线调用和独立开发应用。

身份认证服务：基于城市公共信息资源数据中心，城市公共信息应用服务平台通过发布应用服务的方式，将平台资源提供给各应用示范系统。从信息安全角度考虑，应用服务平台需确认操作者或资源调用方的身份；这里将确认身份功能发布为服务，并支持用户在线调用和独立开发应用，我们称之为身份认证服务。

单点登录服务：在数字城市的建设过程中，为满足用户只需要登录一次就可以访问所有相互信任应用系统的需求，将这一过程的功能实现发布为服务，并支持用户在线调用和独立开发应用。这一类服务被称为单点登录服务。

4）应用快速定制

城市公共信息应用服务平台要为平台用户提供应用系统构建功能，以便于用户快速搭建业务应用满足一些简单功能应用需求。

5）开发接口库

开发接口库以平台作为信息资源服务的提供方，允许应用示范系统通过 WEBservices API 调用平台提供的服务和业务应用进行集成。

6）运行维护管理平台

运行维护管理平台是保证服务层系统正常运行的后台支撑系统，目标是保障公共服务平台的连续、稳定、安全的运行。

运行维护管理平台包括系统状态监控和运行安全管理功能。具体功能描述如下：

系统状态监控：是对城市公共信息应用服务平台上各类服务的监控管理，并提供监控数据库运行状态的功能；

运行安全管理：是在保证系统的信息访问合法性，确保用户根据授权合法的访问数据，采用用户认证、授权管理系统和日志跟踪系统等安全防护手段，实现系统安全防护。

7）时空信息承载平台

时空信息承载平台是基于时空数据处理引擎构建的软件系统。

平台核心功能是进行城市各类业务信息时空化编码处理，建立时空关系，并利用时空关系实现城市过去、现状和未来的全部数据信息的组织、管理、展现和应用，实现海量城市信息的高效利用，支撑巨型城市系统的运行。

4.1.4 应用层

数字城市公共信息平台建设的核心是平台层，它的主要作用是面向全市各类应用系统提供基础、共性的应用服务。应用层是数字城市建设的主要目标，在平台层的公共应用服务的基础上，为政府、企业和公众提供个性化、多样化的信息数据资源与应用的共享以及互操作服务，构建不同层面的城市数字神经系统。

应用层根据用户群体的不同，分为政府、企业和公众三类。政府部门根据城市建设的功能又分为城市规划、城市建设、城市管理、城市服务和综合决策指挥。企业应用包括电子商务、物流配送、位置服务、互动娱乐、远程医疗、远程教育、保险银行等。公众应用包括电子地图、旅游风景、社交网络。总之，不同群体在城市建设的不同时间维度扮演着不同的角色（图4-13）。

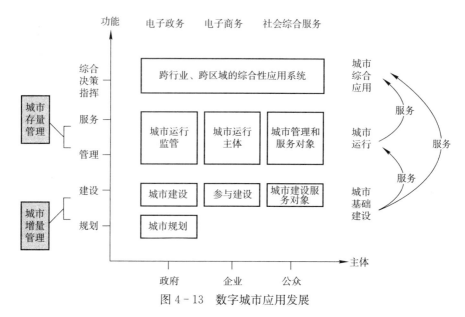

图4-13 数字城市应用发展

从时间维度上来看，城市发展有城市规划、城市建设、城市管理和城市服务等不同的阶段。在城市规划阶段，政府是城市建设的规划者和设计者；在城市建设阶段，政府负责城市的建设，企业参与城市建设，公众是建设的参与者和服务对象；在城市管理和服务阶段，政府负责对城市的运行进行监管和引导，企业作为城市的运行主体，发挥主要作用，公众则是城市的管理和服务对象；城市综合决策指挥是城市运行过程中的非常态城市运行模式，主要是应急指挥和综合决策，是跨行业、跨区域的综合性的应用系统。城市规划和建设是城市的基础建设，主要服务于城市的运行和综合应用，城市规划、建设和运行都为城市综合决策指挥服务。

城市规划是以发展眼光、科学论证、专家决策为前提，对城市经济结构、空间结构、社会结构发展进行规划。具有指导和规范城市建设的重要作用，是城市综合管理的前期工作，是城市管理的龙头。城市的复杂巨系统特性决定了城市规划是随城市发展与运行状况长期调整、不断修订的，持续改进和完善的复杂的连续决策过程。城市建设是以规划为依据，通过建设工程对城市人居环境进行改造，是为管理城市创造良好条件的基础性、阶段性工作，是过程性和周期性比较明显的一种特殊经济工作。城市运行就是指与维持城市正常运作相关的各项事宜，主要包括城市公共设施及其所承载服务的管理。

城市规划和建设最终还是为了服务城市运行，服务市民。城市设施在规划、建设完成并投入运行后方能发挥功能，提供服务，真正为市民创造良好的人居环境，保障市民正常生活。如果说城市规划是一种专业设计及地方立法行为，城市建设是一种以质量竞争、价格竞争、技术竞争为主要手段的市场经济行为，城市运行则是政府、市场与社会围绕城市公共产品与服务的提供、各要素共同作用于城市而产生的所有动态过程。

1. 政府

数字城市在政府的应用主要围绕创造一个宜居、安全和便捷的城市发挥信息化的优势。目前主要包括城市规划、建设、管理、服务、综合应急管理和决策，其他。未来这些应用将会继续向深度和广度推进，从深度上讲，数字城市应该为规划建设的科学化和管理服务的精细化提供从数据到信息再到知识的深层次支持，进而促进城市规划、建设、管理和服务的发展。从广度上讲，数字城市应该应用于规划、建设、管理和服务的方方面面，并切实取得效益。

1）城市规划

城市规划是为了实现一定时期内城市的经济和社会发展目标，确定城市性质、规模和发展方向，合理利用城市土地，协调城市空间布局和各项建设所作的综合部署和具体安排。

在城市中，城市规划研究城市的未来发展、城市的合理布局和综合安排城市各项工程建设的综合部署，是一定时期内城市发展的蓝图，是城市管理的重要组成部分，是城市建设和管理的依据，也是城市规划、城市建设、城市运行三个阶段管理的龙头。

各国城市规划的共同和基本任务：

（1）通过空间发展的合理组织，满足社会经济发展和生态保护的需要；

（2）从城市的整体和长远利益出发，合理和有序地配置城市空间资源；

（3）通过空间资源配置，提高城市的运作效率，促进经济和社会的发展；

（4）确保城市的经济、社会与生态环境相协调，增强城市发展的可持续性；

（5）建立各种引导机制和控制规则，确保各项建设活动与城市发展目标相一致；

（6）通过信息提供，促进城市房地产市场的有序和健康的运作。

为了更好地协助政府进行城市规划和设计，各地方规划部门纷纷开始信息化建设，建立相关规划综合业务审批系统、工程管理系统、规划管理系统、城建档案管理系统、规划成果展示系统等业务系统，基于这些业务系统开展综合的分析和利用，辅助规划部门编制规划方案，开展规划决策。

2）城市建设

城市建设是城市管理的重要组成部分。城市建设以规划为依据，通过建设工程对城市人居环境进行改造，对城市系统内各物质设施进行建设。城市建设的内容包括城市系统内各个物质设施的实物行态，是为管理城市创造良好条件的基础性、阶段性工作，是过程性和周期性比较明显的一种特殊经济工作。城市经过规划、建设后投入运行并发挥功能，提供服务，真正为市民创造良好的人居环境，保障市民正常生活，服务城市经济社会发展。

城市建设的任务：

根据国家城市发展和建设方针、经济技术政策、国民经济和社会发展长远计划、区域规划，以及城市所在地区的自然条件、历史情况、现状特点和建设条件，布置城市体系；确定城市性质、规模和布局；统一规划、合理利用城市土地；综合部署城市经济、文化、基础设施等各项建设，保证城市有秩序地、协调地发展，使城市的发展建设获得良好的经济效益、社会效益和环境效益。

我国城市建设的对策：

（1）拓宽融资渠道，积极筹措资金，加快基础设施建设步伐。城市建设的重点是基础设施建设。然而，资金是城市建设的"血液"，资金不足成为制约城市发展的主要因素。

（2）加强城市配套建设，特别重视环境建设，完善城市的服务功能，提高居民生活质量。现代化城市建设一个重要的目标就是要为提高城市人民生活水平和生活质量服务，为居民提供良好的工作和生活环境。解决居民住房难、行路难、排水难等与群众生活息息相关的难题，仅仅是城市环境诸因素中最基本的要求，现代城市还要求绿起来、亮起来、美起来、活起来，这就对城市建设提出了更高要求。

（3）加强城市建设与城市规划、城市运行管理的协调和配合，从发挥城市整体功能和可持续发展出发，重视依据规划、服务运行，做到城市建设的科学决策、民主决策。

（4）要重视城市特色建设，提高城市文化品位。从某种意义上讲，城市的特色就是城市的生命力和吸引力之所在。

（5）采取得力措施，坚决纠正城市建设中的各种违法行为，确保城市建设健康发展。

3）城市运行管理

城市运行就是指与维持城市正常运作相关的各项事宜，主要包括对城市公共设施及其所承载服务的管理。城市管理是指以城市这个开放的复杂巨系统为对象，以城市基本信息流为基础，运用决策、计划、组织、指挥、协调、控制等一系列机制，采用法律、经济、行政、技术等手段，通过政府、市场与社会的互动，围绕城市运行和发展进行的决策引导、规范协调、服务和经营行为。广义的城市管理是指对城市一切活动进行管理，包括政治的、经济的、社会的和市政的管理。狭义的城市管理通常就是指市政管理，即与城市规划、建设及运行相关联的城市基础设施、公共服务设施和社会公共事务的管理。一般城市管理所研究的对象主要针对狭义的城市管理，即市政管理。

现代城市作为区域政治、经济、文化、教育、科技和信息中心，是劳动力、资本、各类经济、生活基础设施高度聚集，人流、资金流、物资流、能量流和信息流高度交汇的地方。现代城市的复杂性决定了城市运行的复杂性。从参与角色上，城市运行的参与主体包括政府、企业和社会；从运行层次上，城市运行包括市级、区级、街道、社区、网格等多个层次；从专业维度上，城市运行管理包括市政基础设施、公用事业、交通管理、废弃物管理、市容景观管理、生态环境管理等众多子系统，而每个子系统又包含许多子系统，整个系统呈现出多维度、多结构、多层次、多要素间关联关系高度繁杂的开放的复杂巨系统。城市运行的复杂巨系统特性使得传统的分解、叠加方法在城市运行与管理中失效。

4）城市服务

城市发展的目的并不是建更多的高楼大厦、广场桥梁，堆砌更多的钢筋水泥。城市发展最终还是为了通过更高效的城市运行更好地服务市民。随着城市运行工作逐步走入各级政府的议事日程，城市管理中长期所诟病的"重规划建设、轻运行管理"正在开始得到改善。

5）综合应急决策指挥

目前，应急系统建设是电子政务的两大抓手之一。国家制定了《国家突发公共事件总体应急预案》及各种专项预案，已初步建成国家突发公共事件应急预案体系；公共安全已列为《国家中长期科学和技术发展规划纲要》重点领域之一，公共安全应急信息平台是其中的优先主题。

突发公共事件应急系统由业务体系与信息平台组成，业务体系即"一案三制"：预案、法制、体制、机制；信息平台由技术标准规范、信息资源、网络通信平台、应用系统、各级中心集成等构成。

由于城市中各部门都或多或少有了应急管理的预案、法制、机制、体制，一些部门还有了应急的信息系统和信息资源，所以应急指挥及社会综合服务系统建设的核心词就是"整合"与"协同"，整合是手段，协同是目标。"整合"贯穿了业务体系、信息平台建设的全过程，整合各种应急资源、业务流程、信息资源、网络通信平台和应用系统，如火警119、医疗120、交通事故122、公安系统的110、质监系统的12365、市政系统的12319、海上救助的12395、环保部门的12690及相关技术系统，使之统一协调、统一调度、协同工作，高效利用有限的资源，以应对重特大突发公共事件。从另一个角度来说，整合与协同也是突发公共事件应急系统面临的最大挑战。

6）对数字城市政务应用的建议和展望

城市管理的内涵随着城市化的进程，也经历着以城市规划建设为主到以城市运行为主的转变。当城市化进入起步阶段的时候，城市管理的主要矛盾是城市规划和城市建设问题，城市管理的内涵也就是城市规划与建设，大规模的基础设施建设成为城市化的象征。

随着城市化的发展，一方面，由于政府职能和体制决定各业务部门之间各自为政，分别建立自己的业务和应用系统，互相之间缺乏业务协同，导致"系统孤岛"和"信息烟囱"现象严重。另一方面，重规划建设、轻运行管理的弊病也日渐明显，环境污染、交通拥堵等"城市病"越来越引起社会关注。城市运行管理问题逐步被提出而且得到重视，做好城市规划、城市建设与城市运行的全过程管理是处在城市化转型期城市的重要命题。

以城市发展为例，城市的发展首先是城市基础设施的建设。利用信息化手段来进行城市规划由来已久，应用非常深入而且普及。同时，城市建设和运行管理的相关的信息化也有很多的进展。这些信息化工作涉及的部门包括招商部门、规划部门、国土部门、建设管理部门、生态环境管理部门和城市管理部门等。

目前的信息化系统主要是各个部门单独建设，以适合自身的业务管理的需要。但是城市规划、建设和运行管理是一个多部门协同的工作，其未来趋势应该实现多部门的协同，理顺流程，实现从规划到运行管理的一体化管理。

总体上，城市规划建设和运行管理将实现如下协同工作流程：

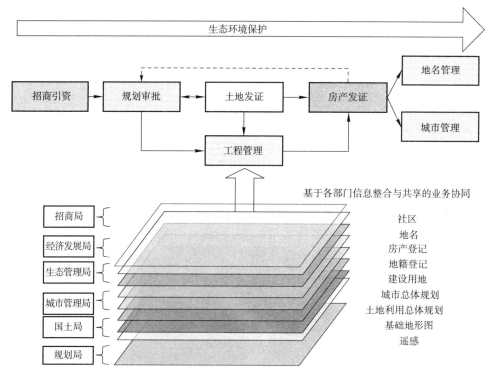

图4-14 城市规划建设和运行管理协同工作流程图

另一方面，应该发挥市场的调控作用，在城市建设和运行阶段，政府发挥引导和监管作用，鼓励企业参与运行，公众体验服务、参与进来，才能保证数字城市建设的成效，提高公众的满意度和幸福指数。

2. 企业

1) 企业自身信息化建设

数字城市建设的基础之一是实现企业信息化。企业信息化建设是指企业以业务流程的优化和重构为基础，应用先进的科学管理方法和现代信息技术，以信息资源为主要对象，采用系统集成的手段，对企业管理的架构与机制进行全面整合，使物流、资金流、信息流、人力人才等资源得到合理配置，使企业经营（生产）管理业务流程得以规范和优化，实现提升企业核心竞争力，达到提高企业经济效益和管理水平为目标的全过程。

企业的信息化建设不外乎两个方向，第一是电子商务网站，是企业开向互联网的一扇窗户；第二就是管理信息系统，它是企业内部信息的组织管理者。然而二者的定位集中在前端的数据查询、存储和简单处理方面。随着企业业务数据的大量积累，如何将这些数据转换为可靠的信息以挖掘潜在的商机，已成为人们越来越关注的问题。由此，商业智能（Business Intelligence，简称 BI）技术应运而生。

以下将分别介绍电子商务、企业信息化管理和商业智能。

（1）电子商务

电子商务是利用计算机技术、网络技术和远程通信技术，实现整个商务（买卖）过程中的电子化、数字化和网络化。电子商务涵盖的范围很广，一般可分为企业对企业（Business-to-Business）、企业对消费者（Business-to-Consumer）、消费者对消费者（Consumer-to-Consumer）、企业对政府（Business-to-Government）、业务流程（Business process）等 5 种模式。随着我国互联网使用人数的增加，利用互联网进行网络购物并以银行卡付款的消费方式已日渐流行，市场份额也在迅速增长，电子商务网站也层出不穷。

（2）企业信息化管理

企业信息化管理软件包括企业 ERP 系统、企业 CRM 系统、企业进销存系统、企业项目管理系统、企业 OA 系统等。以下列举几项信息化管理软件：

① ERP 系统

ERP（Enterprise Resource Planning）即企业资源规划。ERP 是由美国 Gartner Group 咨询公司在 1993 年首先提出的，作为当今国际上一个最先进的企业管理模式，它在体现当今世界最先进的企业管理理论的同时，也提供了企业信息化集成的最佳解决方案。它把企业的物流、人流、资金流、信息流统一起来进行管理，以求最大限度地利用企业现有资源，实现企业经济效益的最大化。是对企业所拥有的人、财、物、信息、时间和空间等综合资源进行综合平衡和优化管理，协调企业各管理部门，围绕市场导向开展业务活动，提高企业的核心竞争力，从而取得最好的经济效益。所以，ERP 首先是一个软件，同时是一个管理工具。它是 IT 技术与管理思想的融合体，也就是先进的管理思想借助电脑，来达成企业的管理目标。

② CRM 系统

CRM（Customer Relationship Management）即客户关系管理。关于 CRM 的定义，不同的研究机构有着不同的表述。Group 认为：所谓的客户关系管理就是为企业提供全方位的管理视角，赋予企业更完善的客户交流能力，最大化客户的收益率。客户关系管理是企业活动面向长期的客户关系，以求提升企业成功的管理方式，其目的之一是要协助企业管理销售循环：新客户的招徕、保留旧客户、提供客户服务及进一步提升企业和客户的关系，并运用市场营销工具，提供创新式的个性化的客户商谈和服务。Hurwitz Group 认为：CRM 的焦点是自动化并改善与销售、市场营销、客户服务和支持等领域的客户关系有关的商业流程。CRM 既是一套原则制度，也是一套软件和技术。它的目标是缩减销售周期和销售成本、增加收入、寻找扩展业务所需的新的市场和渠道以及提高客户的价值、满意度、赢利性和忠实度。CRM 应用软件将最佳的实践具体化并使用了先进的技术来协助各企业实现这些目标。CRM 在整个客户生命期中都以客户为中心，这意味着 CRM 应用软件将客户当作企业运作的核心。CRM 应用软件简化协调了各类业务功能（如销售、市场营销、服务和支持）的过程并将其注意力集中于满足客户的需要上。CRM 应用还将多种与客户交流的渠道，如面对面、电话接洽以及 Web 访问协调为一体，这样，企业就可以按客户的喜好使用适当的渠道与之进行交流。

③ 项目管理软件

项目管理是为了使工作项目能够按照预定的需求、成本、进度、质量顺利完成，而对人员（People）、产品（Product）、过程（Process）和项目（Project）进行分析和管理的活动。它是基于现代管理学基础之上的一种新兴的管理学科，它把企业管理中的财务控制、人才资源管理、风险控制、质量管理、信息技术管理（沟通管理）、采购管理等有效地进行整合，以达到高效、高质、低成本地完成企业内部各项工作或项目的目的。项目管理目前已成为续 MBA 之后的一种"黄金职业"。

④ OA 系统

办公自动化（OA）是面向组织的日常运作和管理，员工及管理者使用频率最高的应用系统，自 1985 年国内召开第一次办公自动化规划会议以来，OA 在应用内容的深度与广度、IT 技术运用等方面都有了新的变化和发展，并成为组织不可或缺的核心应用系统。

OA 应用软件经过多年的发展已经趋向成熟，功能也由原先的行政办公信息服务，逐步扩大延伸到组织内部的各项管理活动环节，成为组织运营信息化的一个重要组成部分。同时市场和竞争环境的快速变化，使得办公应用软件应具有更高更多的内涵，客户将更关注如何方便、快捷地实现内部各级组织、各部门以及人员之间的协同，内外部各种资源的有效组合，为员工提供高效的协作工作平台。

（3）商业智能

企业信息化进展到一定程度，数据量激增，面对海量数据，人们感慨数据丰富，信息贫乏。许多国内外企业纷纷决定采用商业智能技术解决出现的问题，从而提高企业的信息化水平。

当今的"商务智能"是一套全新的解决方案，它是从不同的数据源收集数据，经过抽取、转换，送入到数据仓库或数据集市，然后使用相应的数据挖掘工具和联机分析处理工具对信息进行处理，将信息转变成知识，最后以直观的形式表示出来，作为决策的参考。商业智能在提高企业信息化水平方面主要表现在，提升企业管理决策能力和整合企业信息，提高报表分析水平。商业智能在行业中的应用是一个长期而复杂的过程，它作为信息技术发展的产物，是企业分析海量数据的必要途径，随着信息技术和企业的紧密结合，商业智能及其相关技术必将为企业带来更大的效益。

另外，社交网络也逐渐从个人应用渗透到企业领域，传统的商业应用会与社交/协同软件和分析日益融合，各类商业应用的功能结构也会发生脱胎换骨的转变。

2）企业参与城市公共基础设施建设

城市公共基础设施是城市赖以生存和发展的基本条件，也是形成城市综合竞争力的重要组成部分，在城市发展过程中具有举足轻重的作用和意义。

在市场化供给的条件下，政府是城市公共基础设施的服务规划者和决策者，而服务生产者的角色主要由企业来担任。

随着信息技术的快速发展，利用高新技术进行城市公共设施管理已经是时代发展的需求。城市公共设施作为城市的一部分，能够落在空间上，因此可以利用地理信息等技术，建立一个基于空间的公共设施管理信息资源库，开发与建立相关地理信息系统。企业通过地理信息系统，对空间相关数据进行采集、管理、操作、分析、模拟和显示，适时提供多种空间和动态地理信息，为城市公共设施规划、建设与管理提供直观、准确的支持。如电力公司为电力设施选址、电力设施管理等建立分布式配电管理地理信息系统；市政公司为市政管线管理和可视化分析而建立的地下管网综合管理系统等。

3）企业提高市场竞争力建设

充分利用数字城市建设的成果，借助城市发展的良好契机，提高企业的市场竞争力。如借助数字城市公共平台实现企业车辆智能调度、企业物流分析、企业网点选址和广告分发等空间活动。

车辆智能调度：利用 GIS、GPS 和无线通信等技术，帮助企业实时监控车辆，根据道路交通状况向移动目标发出实时调度指令。

物流分析：利用 GIS 强大的空间分析功能，辅助车辆路线模型、最短路径模型、网络物流模型、分配集合模型和设施定位模型等，建立企业物流信息系统，提供物流车辆运作效率、提高物流企业分担效率及分担准确率，优化企业配送区域管理，降低物流成本，提供抵抗风险能力，提高物流企业的市场竞争力。

企业选址：利用地理信息技术，综合考虑人口空间分布、交通便利性、分析竞争对手的地理位置等，确定企业（尤其是连锁企业商业零售网点）选址指标并建立选址模型，在地图上用可视化的方法清晰、直观地解决选址问题。

广告服务：基于整个城市的地理信息服务，企业将广告信息发布在城市地图上，将商业宣传与地理信息结合，实现基于在线地图服务的广告植入和宣传，吸引用户访问和浏览等。

3. 公众

面向公众服务无疑将成为数字城市当前和今后一个时期的巨大商机。只有当数字城市真正进入公众生活，并为公众日常生活质量和效率的提高提供实实在在的支持时，数字城市才会更有生命力。与面向政务的应用相比，目前面向公众的应用无论是服务内容还是服务的层次和质量都有待提高，服务的模式也亟待创新。

从技术层面上讲，利用已有的数字城市建设成果为公众提供更全面、更可靠、更便捷、更经济的服务，基本上不存在障碍。当前重要的是应用服务的模式问题，其中重点是政府所掌握的一些信息资源的释放和信息服务企业盈利模式的探索。基于高质量地理空间信息的信息服务和生活服务、智能化个性化导航服务、手机和移动电视信息服务、数字社区服务、数字家庭服务等都可能成为新的突破口。北京、重庆等城市已经开始了这方面的尝试。

数字城市的公众应用的目标是一方面为城市居民提供基于位置的信息服务，另一方面，满足社会公众不同需求、不同形式、不同渠道、不同时间、不同地点、不同内容的信息获取和服务选择，还将实现网上政务公开和便民服务。它的主要内容包括：基于位置的服务、基于地理信息的网上政务信息服务、地图应用服务等。

中心信息：即通过政务热点实现政务公开，并介绍城市信息资源管理中心的业务内容等。

位置服务：实现基于电子地图的地名、机构、景点、购物等 20 多类地理实体查询。

1）城市百事通：提供一站式的位置服务，将公交换乘、行车路线、自助式查询、移动服务等功能人性化地集成在一起。按照普通百姓的生活习惯，将日常生活中的各种位置查询，集中在一个统一的对外联系"窗口"，最终实现一个请求解决用户所有问题的目标。"只要您一个命令，剩下的事情由我来做"，不仅有助于改善政府形象，还将促使政府自身转变观念，加强内部管理，提高工作效率，实现经济效益与社会效益的统一。

2）搜遍城市：全方位的自助式查询，用户需要键入关键字、中心位置、起终点等信息，进行模糊查找、公交换乘、周边环境、查找最近等操作。

3）公交换乘：提供城市公交换乘、公交路线、公交车站等的查询。

4）驾车出行：提供城市的道路状况、交通禁则、交通通告、立交桥走法、加油站位置等信息。

5）移动服务：提供移动用户的当前位置、历史轨迹、定时位置等信息。

短信服务：利用手机短信为公众提供电子地图查询功能；

定位服务：展示 GPS 定位和 GSM 网络定位的用途和功能；

遥感信息服务：提供基于卫星和航拍图片的信息和服务；

老照片：对比新旧城市、新旧社会，看看城市巨大的变迁；

社交网络：基于空间位置的社交网络。

还有英文网站示范，主要对位置服务中的关键功能提供示范英文版，为城市建设与国际接轨的对外服务打下基础。

此外，还包括房地产信息系统、网上城市综合信息查询系统、移动位置服务系统、商业信息查询系统等。

目前，随着三网融合的试点和 3G 技术的不断完善，公众信息化将得到空前的发展，这体现在公众享受信息服务的网络更加畅通，同时资费也将更加低廉。当前，无线上网的速度和有线上网的速度基本上没有差异，基于无线终端提供信息服务的能力大大提高。所以，基于无线终端的信息服务将是公众信息化的发展的重要方向。

4.2 支撑技术及其发展趋势

1. 云计算技术

云计算技术是 IT 产业界的一场技术革命，已经成为了 IT 行业未来发展的方向。各国政府纷纷将云计算服务视为国家软件产业发展的新机遇。美国政府在 IT 政策和战略中也加入了云计算因素，美国国防信息系统部门（DISA）正在其数据中心内部搭建云环境，2009 年 9月 15 日，美国总统奥巴马宣布将执行一项影响深远的长期性云计算政策，希望借助应用虚拟化来压缩美国政府支出。日本内务部和通信监管机构计划建立一个名为 "Kasumigaseki Cloud" 的大规模的云计算基础设施，以支持所有政府运作所需的信息系统。

云计算的实现依赖于能够实现虚拟化、自动负载平衡、随需应变的软硬件平台，在这一领域的提供商主要是传统上领先的软硬件生产商，如 EMC 的 VMware、RedHat、Oracle、IBM、惠普、Intel 等。这些公司的产品主要特点是灵活和稳定兼备的集群方案以及标准化、廉价的硬件产品。系统集成商帮助用户搭建云计算的软硬件平台，尤其是企业私有云。代表厂商包括 Oracle、Google、Amazon、IBM、HP、Sun。这部分公司普遍具有强大的研发能力和足够的技术团队，能够提供全面的云计算产品。

2. 移动计算技术

移动计算是随着移动通信、互联网、数据库、分布式计算等技术的发展而兴起的新技术。移动计算技术将使计算机或其他信息智能终端设备在无线环境下实现数据传输及资源共享。它的作用是将有用、准确、及时的信息提供给任何时间、任何地点的任何客户。这将极大地改变人们的生活方式和工作方式。

移动计算是一个多学科交叉、涵盖范围广泛的新兴技术，是计算技术研究中的热点领域，并被认为是对未来具有深远影响的四大技术方向之一。Apple、IBM、Intel、Hewlett-Packard、Novell 和其他公司与许多无线通信公司共同合作，以向移动用户提供全面支持，如数据加密、用户鉴别以及能够发现移动用户位置的定位系统。

3. 网络技术

网络技术的发展使得人或物都可以通过网络进行联通。当前主要的网络技术包括：互联网技术、物联网技术、无线通信技术以及三网合一技术。

互联网技术：互联网是建立在 TCP/IP 协议之上的组成的国际计算机网络，是当前范围最广、数据最丰富、服务最多样的网络系统。

物联网技术：物联网是通过射频识别（RFID）、红外感应器、全球定位系统、激光扫描器等信息传感设备，按约定的协议，把任何物体与互联网相连接，进行信息交换和通信，以实现对物体的智能化识别、定位、跟踪、监控和管理的一种网络。

无线通信技术：无线通信是利用电磁波信号可以在自由空间中传播的特性进行信息交换的一种通信方式，是近些年发展最快、应用最广的信息通信领域。

"三网融合"又叫"三网合一"（即 FTTx）：意指电信网、有线电视网和计算机通信网的相互渗透、互相兼容，并逐步整合成为全世界统一的信息通信网络。"三网融合"是为了实现网络资源的共享，避免低水平的重复建设，形成适应性广、容易维护、费用低的高速宽带的多媒体基础平台。其表现为技术上趋向一致，网络上可以实现互联互通，形成无缝覆盖，业务上互相渗透和交叉，应用上趋向使用统一的 IP 协议，在经营上互相竞争、互相合作，朝着向人类提供多样化、多媒体化、个性化服务的同一目标逐渐交汇在一起，行业管制和政策方面也逐渐趋向统一。

三网融合，在概念上从不同角度和层次上分析，可以涉及技术融合、业务融合、行业融合、终端融合及网络融合。目前更主要的是应用层次上互相使用统一的通信协议。IP 优化光网络就是新一代电信网的基础，是我们所说的三网融合的结合点。

4. 物联网技术

物联网向来就有广义和狭义的说法。按照工业和信息化部的解释，狭义的物联网就是民间传说的"传感器网"。按照国际电信联盟 ITU 的《ITU 互联网报告 2005：物联网》广义物联网：是信息技术和通信技术（ICT）的世界加入了新的维度；在过去任何时间、任何地点、任何人之间的信息交换，现在加入了任何物体。创造出一个全新的动态的网络——物联网。

物联网的本质：通过各种传感和传输手段，将事物的信息进行自动、实时、大范围、全天候地标记、采集、传输和分析，并以此为基础搭建信息运营平台，构建应用体系，从而增强社会生产生活中信息互通性和决策智能化的综合性网络系统。

物联网本身结构复杂，主要包括三大部分：首先是感知层，承担信息的采集，可以应用的技术包括智能卡、RFID 电子标签、识别码、传感器等；其次是网络层，承担信息的传输，借用现有的无线网、移动网、固联网、互联网、广电网等即可实现；第三是应用层，实现物与物之间，人与物之间的识别与感知，发挥智能作用。

从现在的阶段来看，物联网发展的瓶颈就在感知层。国际电信联盟（ITU）将射频技术（RFID）、传感器技术、纳米技术、智能嵌入技术列为物联网关键技术。

关键技术	性能描述	应用现状
RFID 技术	识别和标识目标物，类似给物体上了"户口"	应用阶段
传感器技术	"感觉器官"，提供原始数据信息	探索阶段
智能嵌入式技术	使物联网中目标物具有一定的智能性	试验阶段
纳米技术	实现小体积物体的交互和连接，减小系统功耗	研究阶段

图 4-15 感知层的关键技术

1）射频识别（radio frequency identification，RFID）

射频识别技术 RFID（Radio Frequency IDentification）是 20 世纪 90 年代开始兴起的一种非接触式自动识别技术，它通过射频信号等一些先进手段自动识别目标对象并获取相关数据，有利于人们在不同状态下对各类物体进行识别与管理。RFID 标签分为被动、半被动、主动三类。由于被动式标签具有价格低廉，体积小巧，无需电源的优点。目前市场的 RFID 标签主要是被动式的。RFID 技术主要用于绑定对象的识别和定位，通过对应的阅读设备对 RFID 标签 Tag 进行阅读和识别。对于目前关注和应用较多的 RFID 网络来说，附着在设备上的 RFID 标签和用来识别 RFID 信息的扫描仪、感应器都属于感知层。

一个完整的 RFID 系统，主要由射频电子标签、读写器和后台数据处理系统三部分构成。电子标签内存有一定格式的标识物体信息的电子数据，是未来几年代替条形码走进物联网时代的关键技术之一。该技术具有一定的优势：能够轻易嵌入或附着，并对所附着的物体进行追踪定位；读取距离更远，存取数据时间更短；标签的数据存取有密码保护，安全性更高。RFID 目前有很多频段，集中在 13.56MHz 频段和 900MHz 频段的无源射频识别标签应用最为常见。短距离应用方面通常采用 13.56MHzHF 频段；而 900MHz 频段多用于远距离识别，如车辆管理、产品防伪等领域。阅读器与电子标签可按通信协议互传信息，即阅读器向电子标签发送命令，电子标签根据命令将内存的标识性数据回传给阅读器。

RFID 技术与互联网、通信等技术相结合，可实现全球范围内物品跟踪与信息共享。但其技术发展过程中也遇到了一些问题，主要是芯片成本，其他的如 FRID 反碰撞防冲突、RFID 天线研究、工作频率的选择及安全隐私等问题，都一定程度上制约了该技术的发展。

RFID 的行业应用主要为物流、动物与食品溯源、ETC 不停车收费系统、图书管理等工业级应用，网络传输主要以企业级以太网的闭环应用为主。目前国内 RFID 产业链相对健全，厂商众多，但主要集中在低频和高频领域，在超高频的 RFID 芯片和天线设计上与国外还有较大的差距。

2）传感器技术

传感技术同计算机技术与通信技术一起被称为信息技术的三大支柱。传感技术主要研究关于从自然信源获取信息，并对之进行处理（变换）和识别的一门多学科交叉的现代科学与工程技术。传感技术的核心即传感器，它是负责实现物联网中物、物与人信息交互的必要组成部分。目前无线传感器网络的大部分应用集中在简单、低复杂度的信息获取上，只能获取和处理物理世界的标量信息，然而这些标量信息无法刻画丰富多彩的物理世界，难以实现真正意义上的人与物理世界的沟通。为了克服这一缺陷，既能获取标量信息，又能获取视频、音频和图像等矢量信息的无线多媒体传感器网络应运而生。作为一种全新的信息获取和处理技术，利用压缩、识别、融合和重建等多种方法来处理信息，以满足无线多媒体传感器网络多样化应用的需求。

3）智能嵌入技术

嵌入式系统是以应用为中心，以计算机技术为基础，并且软硬件可裁剪，适用于应用系统对功能、可靠性、成本、体积、功耗有严格要求的专用计算机系统。它一般由嵌入式微处理器、外围硬件设备、嵌入式操作系统以及用户的应用程序等四个部分组成，用于实现对其他设备的控制、监视或管理等功能。

目前，大多数嵌入式系统还处于单独应用的阶段，以控制器（MCU）为核心，与一些监测、伺服、指示设备配合实现一定的功能。互联网现已成为社会重要的基础信息设施之一，是信息流通的重要渠道，如果嵌入式系统能够连接到互联网上面，则可以方便、低廉地将信息传送到几乎世界上的任何一个地方。

5. 空间信息技术

空间信息技术是采集、处理城市地理信息的各种技术，包括地理信息系统（GIS）、遥感遥测（RS）、全球定位导航系统（GPS）等。

1）地理信息系统（GIS）

地理信息系统（GIS）是一种特定的十分重要的空间信息系统。它是在计算机硬、软件系统支持下，对整个或部分地球表层（包括大气层）空间中的有关地理分布数据进行采集、储存、管理、运算、分析、显示和描述的技术系统。

2）遥感遥测（RS）

遥感遥测（RS）是指通过某种传感器装置，在不与研究对象直接接触的情况下（比如在飞机或卫星上），获得其特征信息并对这些信息进行提取、加工、表达和应用的一种技术。

3）全球定位导航系统（GPS）

全球定位导航系统（GPS）由美国国防部研制和维护，由 24 颗卫星组成，可以为地球表面绝大部分地区（98%）提供准确的定位、测速和高精度的时间标准，被广泛应用于军事和民用空间定位。

6. 数据存储技术

城市数据是海量的，为了处理和分析这些海量数据，首先要对它们进行有效的存储，主要的数据存储技术包括：海量存储技术、数据库技术以及数据仓库技术等。

1）海量存储技术

海量数据的存储能力是实现数字城市的基本条件，常见的海量存储设备包括磁盘阵列和磁带库。磁盘阵列容量大、速度快，单阵列的容量已经能够做到 PB 级别（106 GB），并能进行热插拔、校验及异地备份，具有极高的可靠性和故障恢复能力。磁带库的容量更是能够达到几百 PB。同时，通过将磁盘阵列及磁带库连接到存储网络（SAN），可以对存储空间进行进一步的扩充和配置。

2）数据库技术

数据库技术通过将数据按照特定的数据模型（常见的数据模型包括层次模型、网状模型和关系模型）进行定义和管理，能够对大量数据进行有效存储和操作的系统。关系型数据库使用关系模型，是当前最常见的数据库类型。

3）数据仓库技术

数据仓库技术是近年来兴起的新型数据库应用，与传统数据库侧重对联机交易服务的支持不同，数据仓库更侧重于数据分析和决策支持。为此，数据仓库需要能够从不同数据源（联机交易系统、异构外部数据、脱机历史数据）集成数据，并对它们进行清洗、加工、综合，最后利用各种数据分析技术发掘数据当中的规律，为决策者提供帮助。

7. 数据分析技术

海量数据如果不进行分析、整理，其用途是有限的，而且容易造成信息过载。数据分析工具通过对数据的加工，发掘其中的知识和规律，可以增加应用系统的智能。当前流行的数据分析技术包括：数据挖掘、机器学习以及专家系统等。

1) 数据挖掘

数据挖掘就是从大量的、不完全的、有噪声的、模糊的、随机的实际应用数据中，提取隐含在其中的、人们事先不知道的但又是潜在有用的信息和知识的过程。

2) 机器学习

机器学习是研究计算机怎样模拟或实现人类的学习行为，以获取新的知识或技能，重新组织已有的知识结构使之不断改善自身的性能。它是人工智能的核心，是使计算机具有智能的根本途径，其应用遍及人工智能的各个领域。

3) 专家系统

专家系统是一个智能计算机程序系统，其内部含有大量的某个领域专家水平的知识与经验，能够利用人类专家的知识和解决问题的方法来处理该领域问题。

4) 模式识别

模式识别是指对表征事物或现象的各种形式的（数值的、文字的和逻辑关系的）信息进行处理和分析，以对事物或现象进行描述、辨认、分类和解释的过程，是信息科学和人工智能的重要组成部分。

8. 信息展示技术

大多数信息系统需要通过人机界面将信息展示给用户，这就涉及信息展示技术，主要包括：数据可视化技术、虚拟现实技术以及人机交互技术。

1) 数据可视化技术

数据可视化主要旨在借助于图形化手段，清晰有效地传达与沟通信息，通过直观地传达关键的方面与特征，从而实现对于复杂的数据集的深入洞察。

2) 虚拟现实技术

虚拟现实是利用电脑模拟产生一个三维空间的虚拟世界，提供使用者关于视觉、听觉、触觉等感官的模拟，让使用者如同身临其境一般，可以及时、没有限制地观察三维空间内的事物。

3) 人机交互技术

人机交互技术是指通过计算机输入、输出设备，以有效的方式实现人与计算机对话的技术。人机交互技术是计算机用户界面设计中的重要内容之一。它与认知学、人机工程学、心理学等学科领域有密切的联系。

9. 信息安全技术

信息安全技术是指用于保护信息网络的硬件、软件及其系统中的数据不受偶然的或者恶意的破坏、更改、泄露的各种技术。信息安全技术对于数字城市的发展具有非常重要的作用。

第三篇 数字城市的实践探索

　　数字城市建设是一项长期、艰巨和复杂的社会系统工程，这一过程没有先例，只有本着循序渐进、重点突破、积累经验的精神，通过一步步的实践来完善数字城市的建设工作。经过多年的实践探索，我国的数字城市建设取得了一定的成就，形成了一批具有示范意义的工程项目。以此为基础，数字城市专委会组建了相关的数字城市专业学组，专业学组深入研究我国的数字城市相关建设领域的发展情况，并指出了在未来各数字城市在各领域的建设发展方向。

第5章 数字房产专业发展报告

5.1 中国数字房产建设背景

1. 数字房产与数字城市的关系

自1998年美国副总统戈尔提出"数字地球"的概念后，与"数字地球"相关相似的概念层出不穷。"数字中国"、"数字省"、"数字城市"、"数字化行业"、"数字化社区"等名词，成为当前最热门的话题，相隔十余年，数字化的浪潮已渐渐进入了国民生活的各个领域。房地产是国民经济的支柱产业，同时"数字房产"是数字城市建设的重要基础性工程之一，它关联了城市发展中最核心的两个因素：人与房。房产信息化的发展与我国数字城市的发展密切相关。数字城市的发展，为房产信息化发展奠定了良好的基础，一大批数字城市基础设施可以为房产信息化所直接使用。数字城市的建设也需要房产信息化的发展和支持，因此房产信息化是数字城市建设不可缺少的重要组成部分。城市房地产管理信息系统是数字城市核心应用系统之一，城市房产管理信息系统将为数字城市的机能作出不可估量的贡献，房产管理信息系统在数字城市建设中将扮演一个不可替代的重要角色。

2. 数字房产建设背景和含义

国务院下发的《关于促进房地产市场持续健康发展的通知》（以下简称国务院18号文）明确提出：建立健全房地产市场信息系统和预警预报体系。2004年初，为贯彻国务院18号文件精神，加强部门之间数据资源整合，建设部等七部门联合印发了《关于加强协作共同做好房地产信息系统和预警预报体系有关工作的通知》（建住房［2004］7号），明确各有关部门之间的工作分工，并对组织工作机制、相关制度建设提出了要求。2004年9月，建设部《关于加快房地产市场信息系统和预警预报体系建设的通知》（建办住房［2004］78号）进一步明确了"强化数据采集、整合信息资源，加强信息分析、完善信息发布"的工作目标。2004年12月，建设部颁布的《房地产市场信息系统建设工作纲要（试行）》提出了房地产市场信息系统建设的基本工作思路。2005年，建设部要求各地房地产有关主管部门开始建立房地产市场信息系统。2007年4月，建设部发布行业标准《房地产市场信息系统技术规范》。

根据建设部的工作目标与要求，目前大多数房地产权属登记部门已经建立了房地产产权登记信息系统、产籍档案管理信息系统、房产测绘图形信息系统和房地产市场信息管理系统等，但传统的房产管理信息系统只是实现了房产管理部分数据、部分业务、部分应用的数字化。随着信息化产业的不断发展，现有的信息化管理模式已经不适应飞速发展的房地产业的需要，运用现代科技对房地产进行精细化管理已成为迫切要求，于是诞生了数字房产这一新概念。

数字房产（DRES，Digital Real Estate System）即信息化地产，是以房产为对象进行数字化、网络化、一体化的管理信息系统。它以空间信息为核心，利用地理信息系统（GIS）、管理信息系统（MIS）、办公自动化（OA）、工作流（WFS）等先进技术，集成和利用各类信息资源，快速、准确、完整、便捷地提供房地产综合信息服务，提高房地产业的决策能力和行政效率，达到房产管理和服务的最优化。数字房产的实质是房产测绘、房产档案、数据管理、加工、分析与数据发布的全面数字化。

5.2　数字房产建设的意义与作用

1. 实现了五个一体化，即业务一体化、数据一体化、服务一体化、技术一体化、管理一体化。业务一体化，以房产测绘为龙头，实现了房产管理及所属各窗口单位所有业务的一体化管理；数据一体化，实现基础地形数据、房产分幅平面图、分层分户图等房产图形信息与属性信息的存储数据一体化；服务一体化，建立统一的综合对外服务平台，实现统一的综合网络办公和信息服务体系；技术一体化，建立统一的技术服务队伍和技术维护平台；管理一体化，实现以图管房、以房管证、以证管档，图房证档互为关联，共享共用的管理模式。

2. 实现房地产信息与社会共享。数字房产通过数据中心、共享平台及网络服务建设，使城市规划的宏观信息、基础地理信息与房产行业的人口信息、产权信息、交易信息、金融信息等建立起直接联系。目前房管部门已为财税部门、各大银行等开通了数据共享系统。同时数字房产的建成将为城市拆迁改造统计旧有住房的面积、建成年代、建筑结构以及规划近期改造和拆迁对象、范围、房屋的数量等数据；将为房地产开发提供最重要、最具体、最细致的项目开发数据，使房地产开发项目更能准确定位；将为公安和消防部门提供详细的房产信息，使其选择最佳路径，以最快的速度到达出事地点。全市水、电、煤气等管网的信息附加在数字房产图上，可以实现信息共享。

3. 数字房产系统主要依托房地产 GIS 系统和其他各业务系统，将分散于房地产开发、转让、登记、产权产籍等管理环节的业务信息有机整合起来，同时纳入与房地产市场发展相关的土地、金融等信息，形成全面客观地反映各地房地产运行状况的系统。在此基础上，通过数据分析和历史比较，可以及时发现市场运行中存在的问题，准确判断市场发展趋势，有针对性地提出调控对策。同时可以通过市场信息的发布，增加房地产市场的透明度，引导企业理性投资、消费者理性消费。

4. 数字房产有助于加强市场监测，全面、及时、准确地了解掌握房地产市场信息，科学判断房地产市场形势，为政府宏观决策提供参考。数字房产系统可以有效地监控开发企业售房过程及准确的销售数量，使购房安全更有保障，可当场查询房屋面积、产权属性、建成年份、完税情况等，可以有效规避一房多售、面积缩水、重复抵押等问题。

5.3　数字房产建设目标内容

数字房产建设整体目标是通过构建"一个数据中心"、"一个平台"，形成"三个网络"，达到"三大目标"：一是提高行政效能，对内更好地提升管理水平；二是整合数据资源，对外更好地提供公共服务；三是合理有效地采集、管理、分析数据，为决策层提供决策参考。

1. 数字房产建设的主要内容

从北京、上海等城市的数字房产建设情况来看，数字房产建设主要内容有三大块：一是测绘方面，包括基础测绘、项目测绘、测绘成果管理、房产 GIS 系统及航测基础地形图、实地修补测、外业调查、房图数字化、测绘建库等测绘数据整理；二是档案方面，包括电子档案建库（含产权、抵押、测绘、限制查封、人事、财务、白蚁防治和物业管理档案等）、现有档案上下架清理、实物档案资料电子扫描、电子档案数据整理、现有数据转换和数据建库等；三是房地产需求信息系统的软件开发，包括权属交易与登记管理、档案管理、基础测绘、项目测绘、测绘成果管理、房产 GIS 系统、市场管理（房地产市场预警预报）、商品房合同联机备案管理、存量房合同联机备案及资金监控管理、物业管理、房改管理、直管公房管理、拆迁管理、白蚁防治管理、房屋安鉴管理、房屋租赁管理、司法协助管理、企业资质诚信管理、中介服务管理、房屋置业担保管理、房地产信息网站、房产信息维护系统、领导决策分析系统等 23 个子系统，根据发展需要，系统还可扩张和升级。

2. 数字房产建设的框架结构

数字房产建设的总体框架体现"大房管"的思想理念，它采用层次模型设计，整个系统的体系框架结构主要由统一数据中心、统一综合业务管理平台、统一服务平台、统一运行管理体系、统一安全和灾备体系五大部分组成。

1）统一数据中心

数据中心是数字房产的核心实体，是应用系统的生成基础。它以反映宗地、房屋幢和户的关系及其基本信息的楼盘表为基础，采集相关业务系统（如房产权属登记、商品房预售管理、测绘及成果管理、档案管理、物业管理、住房保障系统、白蚁防治管理等数据）和与房地产市场相关的信息（如银行贷款、土地供应、财政等数据），涵盖房产测绘数据库、房产电子档案数据库、房产权属登记数据库、房产市场管理数据库等数据库中的数据，实现房产数据信息的统一管理。

2）统一综合业务管理平台

数字房产的基本应用是"三网一库"，即"专网、内网、外网和房地产资源数据库"。其中专网包括产权产籍管理、市场管理、房管、测绘、档案、拆迁、物业、直管公房管理等各子系统，实现房管行业业务的网上办理和管理；内网包括办公自动化、领导决策支持等系统，实现市局、直属单位、区县局互联互通的网上办文、办事管理；外网包括政务网站和交易信息网站。

3）统一综合服务平台

通过综合服务平台，为社会公众提供及时、可靠和全面的房产市场信息的发布和查询服务，应用互联网、语音、短信等服务平台，提供房产信息、办件要求、法律法规、办事流程查询等服务，同时对房产市场进行多层次、多角度、全方位的分析，为政府部门进行重大项目论证和重要问题决策提供有效支持。

4）统一运行管理体系

统一运行管理体系包括统一身份认证与权限管理、统一运营环境建设管理、统一运维管理等。统一身份认证与权限管理平台用于管理业务系统所涉及的所有组织机构信息、用户信息、系统角色以及全部的数据资源，对业务系统进行基于角色的资源权限控制；统一数字房管运营环境包括数字房管数据标准、数字房管运营规范，为整个数字房管信息化建设提供标准的数据服务和运营规范；统一运维管理就是通过建立统一的运维中心、运维网络和运维队伍管理数字房产的硬件、软件、网络和数据。

　　5）统一安全和灾备体系

　　实现横向和纵向部门及机关间的信息共享、业务关联和数据系统的安全保护，需建立一套完备的数据中心安全保护机制。通过建立统一安全和灾备体系，实现省、市、县三级数据的统一的安全控制与异地集中备份。灾难发生时，各部门业务系统数据可从统一安全和灾备体系中获得分钟级恢复。

5.4　数字房产建设技术分析

　　根据数字房产的建设内容，数字房产的建设应建立高速宽带网络支撑的计算机服务系统和网络交换系统，解决"修路"的问题。首先应建立适应 GIS 图形需求的整体业务办公网，主干采用高带宽以太网技术，中心交换机必须满足多层交换功能，二级交换机必须带有上连的千兆端口和可堆叠功能，以提供可扩展性，保证 100Mbps 到用户桌面；考虑与下属单位的连接建立内部业务网；与开发商和房地产中介机构连接建立外部业务网；向社会公众提供信息查询网站建立公众网。用 DDN、ISDN、帧中继、VPN、ATM、拨号等多种 WAN 互联技术，与电子政务网相连。同时采用内外网物理隔离以保证网络安全。

　　数字房产的关键技术主要有多源空间数据无缝集成技术、3S 技术（GIS、RS、GPS）、海量存储技术、虚拟现实技术、WebGIS 技术。

　　数字房产是一个庞大的系统工程，它是房地产业发展和社会信息化的必然趋势。数字房产作为一个战略目标，要尽快建立法规、标准和制度，启动一些投资小、见效快的项目，力争由数字房产的项目养数字房产工程，积极稳妥地推进数字房产的建设发展。

5.5　数字房产建设的困难和问题

　　1. 数字房产的基本理论研究薄弱。对于什么是数字房产、为什么建设数字房产、建设什么样的数字房产、怎样建设数字房产这样一些基本理论问题，缺乏研究，导致认识上的不统一和具体工作上的盲目性。

　　2. 数字房产建设缺乏整体规划。没有制定中长期发展整体规划和推进战略，各省、市也没有制定适合本省、本市的统一规划，各自为政，导致大量重复建设和资源浪费，而且信息孤岛现象严重，很难互联互通。

　　3. 数字房产建设的标准化差，完整的标准体系尚未建成。数据（格式、编码）和应用软件平台不统一，条块分割、各自为政的现象仍然严重，信息共享程度低。

　　4. 相关体制及运行机制影响数字房产建设和作用的发挥。有些政府机构设置不够合理，各部门之间职能交叉重叠，办事没有严格的程序且透明度低，业务流程陈旧，影响了数字房产建设及其作用发挥。

　　5. 追求系统的完美，认为数字房产是一次性工程。希望数字房产能够一次性解决所有问题，希望一次性打造信息化整体解决方案，片面强调系统要功能完备、产品成熟，实施过程中各业务部门不断地提出需求，导致实施周期加长和信心下降。

6. 缺乏组织保证，认为数字房产只是信息部门的事情。信息化工程是"一把手工程"，但一些地方的领导对信息化的重视程度较低。信息化过程中通常都会涉及单位流程整合甚至重组，关乎岗位、部门之间的一些工作方式甚至利益的调整，仅靠一个信息部门是无法完成数字房产建设的。

因此，在建设数字房产的过程中，要坚持统筹规划、注重实际、着眼未来、先易后难、突出重点、以点带面、分步实施、注重实效的方针，推进数字房产建设向跨越式、集中式、特色式、分步式、渐进式方向发展。

5.6 数字房产建设探索与实践实例介绍

适应形势要求，近几年来郑州市房管信息化建设突飞猛进，不断加快系统完善整合、数据规范整理、硬件升级扩容等步伐，在短短的几年内实现了从房管部门内部科室信息化到整个房管部门信息化，再到全市住房保障和房地产行业信息化的蜕变，从一个个独立的业务管理系统逐步扩展融合成为城市数字房产行业综合信息化平台。郑州数字房产系统在辅助政府科学决策、加强部门规范管理、实现企业有序经营、引导百姓理性消费等方面发挥出了巨大成效和作用，现将整体情况作以简要介绍。

1. 认清历史，找准系统建设差距

作为郑州数字房产建设的基础，郑州市房地产业信息化建设起步于 1994 年，是最先列入全国试点的城市之一。总体上来看，建设历程大致可分为以下几个阶段：

1) 起步阶段（1994～2000 年）

20 世纪 90 年代以后，随着房地产市场的迅速繁荣和发展，业务量猛增，传统的手工办理方式已不适应产业发展需要。为此，围绕业务办公需求，根据急用先上原则，郑州市逐步开发建立了房产产权产籍登记系统、交易管理系统、测绘子系统、注销管理子系统、抵押管理子系统、租赁管理系统及商品房备案管理子系统、住房置业担保系统等业务管理系统。系统的应用，彻底改变了传统的办公理念，开拓了手工作业向自动化管理的新纪元。然而，各业务子系统间相互独立，没有实现数据共享，管理效率低下，已逐步不适应发展的需要。因此，郑州市房地产市场信息化建设急需统一整合与完善各业务系统。

2) 发展阶段（2000～2003 年）

为适应产业发展和管理的需要，从 2000 年开始对原有各子系统进行大力整合，相继完成了"房产产权产籍管理综合信息系统"、"房产交易管理综合信息系统"、"法院查封、限制系统"等系统的建设，为房产权属、市场交易、抵押管理一体化办公提供了方便、快捷的计算机处理平台。

3) 提升阶段（2003～2007 年）

2003 年以后，在郑州市房管局领导班子锐意开拓、大力创新思想的支持下，信息化得到了长足发展。信息系统在各业务单位得到进一步的完善和广泛应用，并不断得到质的升级和完善。其中，楼盘表技术、证件有效性判断等功能的运用，大大提升了市场监管水平，有力地推进了业务管理现代化。2007 年 5 月，完成了权属与交易一体化的整合，实现了一条龙服务，使管理流程更加规范化、科学化，大大缩短了企业和群众办事时间。同时对正信担保、抵押、司法限制、疑难办等工作系统进行更新完善；对网络办公设备进行有计划地升级改造，保障了办公系统运行的安全性和高效性。

4）信息化建设新时期（2007 年至今）

2007 年 10 月，国家建设部《房地产市场信息系统技术规范》正式颁布，标志着房地产业信息化建设进入了一个新时期。

近年来，郑州市认真分析系统建设的历史现状和存在的问题，以"信息化建设助推房管事业全面规范化发展"为原则，以系统整合、完善为重点，全面加快产业信息化建设步伐。如在系统升级完善方面，按照《规范》要求加快查缺补漏，目前已基本建立了较为完善的业务信息系统，实现了各相关业务紧密相关、流程相互衔接、数据互相共享。在数据整理方面，按照电子数据、影像数据、关联数据、分层分户图和房产地理信息系统五个层次要求，稳步完成了历史房产档案和数据的整理工作。在硬件建设及网络平台搭建方面，近几年来，先后筹资近千万元，彻底更新了核心的网络办公设备，提高了运行效率和安全水平，建成了现代化的全市行业中心机房，建成了包含局域网、城域网、城际广域网和国际互联网多网融合的综合信息网络。在信息化覆盖面上，积极引导加快各县（市）及开发区房管行业信息化建设，截至目前，已在全市范围内实现了同一平台作业、同一数据库管理的一体化目标。

经过几年的探索、完善，目前基本建成了以政务管理、企业管理、公众应用和数据交换平台四大平台为主体的、覆盖全市房地产行业的郑州市数字房产系统平台。下面，重点介绍数字房产系统建设情况。

2. 科学规划，着力加快建设步伐

数字房产是数字城市建设的重要基础性工程之一，它关联了城市发展中最核心的两个因素：人与房。数字房产是未来房管行业信息化建设的方向，自近几年被逐步提出以来，一直没有明确的定义或概念，更没有统一的发展规划和目标，但各地都在按照自己的设想努力完善和提升现有系统。郑州市根据数字郑州的整体规划，立足于房地产行业发展需要和信息化建设现状，以"打造数字房管，搭建优质服务平台"为目标，经过近几年的摸索实践，基本形成了有郑州特色的数字房产框架体系。

郑州市数字房产综合平台，包括政务管理信息平台、企业管理信息平台、公众应用信息平台及数据交换平台四个部分。

1）政务管理信息平台建设

郑州市房地产政务管理信息平台是数字房产的基础和重点。政务管理平台包括房地产市场信息系统、保障性住房综合管理信息系统、房产准金融业务管理信息系统、个人住房信息系统、市场监测与预警预报系统及管理部门电子政务与办公自动化系统等。

政务管理信息平台包括七个部分，主要建设内容为：

（1）房地产市场信息系统（包括房产测绘及成果管理子系统、登记管理子系统、新建商品房网上备案子系统、存量房网上备案子系统、从业主体管理子系统、项目管理子系统、统计分析与信息发布子系统等 7 个子系统）。该部分建设起步最早，也相对最完善，基本达到了国家《房地产市场信息系统技术规范》的要求。其中，郑州市根据房地产市场全过程、精细化和动态监管的思路，将从业主体管理和项目管理子系统整合为"房地产企业综合管理信息系统"。该系统主要功能有：一是实现了对房地产企业全生命周期和人员情况的动态管理；二是实现了对房地产企业市场经营行为的全过程动态监管；三是有助于实现房地产市场风险排查和防范；四是实现了企业信息上报与政府行政审批、业务办理紧密结合，在提高行业管理水平和服务效率的同时也大大减轻了企业工作负担；五是为郑州市全面建立房地产企业综合评价体系提供了有力支撑；六是将真正实现全面、准确地统计房地产市场全过程信息数据，为进一步加强房地产市场各个环节运行形势的监测、分析及预警，为政府宏观调控与决策提供科学依据。

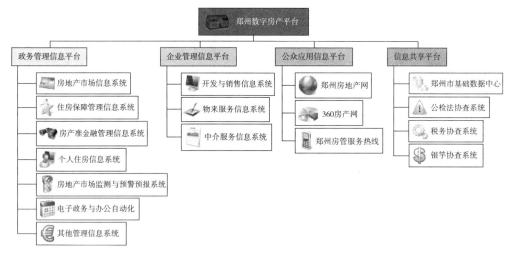

图 5-1 数字房产整体框架图

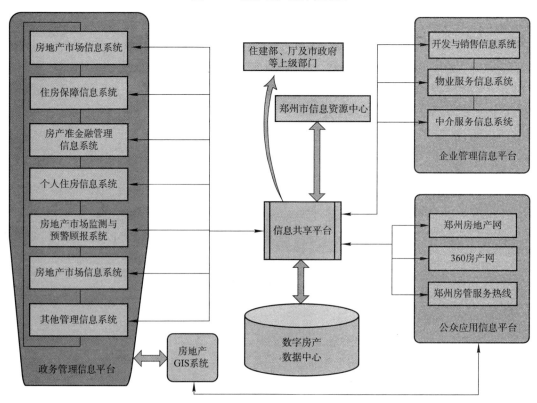

图 5-2 数字房产四大平台关联关系图

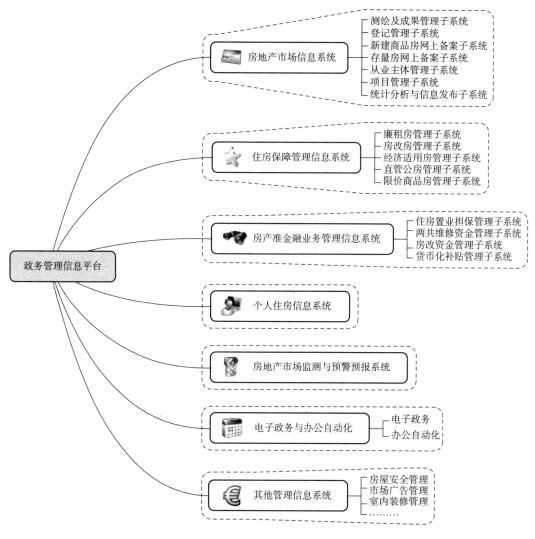

图 5-3　政务管理平台框架图

（2）保障类住房管理信息系统。主要含廉租房、房改房、直管公房、经济适用房、限价房等管理子系统。2010 年开始，郑州市住房保障和房地产管理局开始着手开发全市统一的保障性住房综合管理系统，目前已将廉租房、经适房纳进来，实现与市场信息系统数据实时交换。

（3）准金融类管理信息系统。主要含维修资金管理、住房置业贷款担保、房改资金管理、住房货币化补贴管理等子系统。

（4）个人住房信息系统，应包括数据采集子系统、数据报送子系统、信息查询子系统、统计分析子系统、协查服务子系统和个人住房信息数据库。

（5）房地产市场监测与预警预报系统。从企业取得土地开始，至项目竣工交付使用，按照项目开发生命周期，实现全程监管，对中间发生的一系列问题提前发现和预警。如土地长期闲置，造成资源浪费，或者囤积居奇，增加市场竞争的不公平性问题；项目拆迁后安置进度缓慢，导致社会不稳定因素增加问题；项目工程建设进度异常缓慢，容易形成停缓建工程，造成社会不稳定问题；项目建设资金不足、循环不良，开发风险加大问题；市场销售差，甚至现房后空置较高，严重影响资金回笼和工程建设问题；市场销售异常，可能存在的严重违规行为问题；项目竣工后长时间不能通过验收、长时间延迟交付或者交付后长期不能办理产权手续等，易导致的一系列社会问题等。

2）企业管理信息平台

企业管理信息平台包含开发企业的开发与销售管理信息系统、物业服务企业的物业服务管理信息系统、中介机构的中介服务管理信息系统，建设和使用的主体是各类房地产企业。

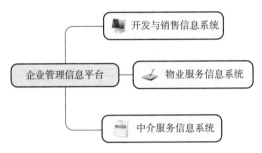

图5-4　企业服务平台框架图

目前郑州市企业管理信息平台整体上还比较薄弱，下一步在政务管理平台的基础上，秉承政府信息化推动企业信息化建设的思路，将重点推进房地产开发、物业、中介、评估等各类企业，通过信息化手段加强内部项目、工程、房屋、人员及服务等的管理。

3）公众应用信息平台

公众应用信息平台主要由郑州房地产网、360房产网、房管服务热线组成，主要围绕满足社会公众对房地产业政务信息、市场信息等的需求，为公众提供全方面房产信息综合服务的网络平台。对公众安全置业、明白置业、放心置业起到了很大的帮助作用，为政府调控房价、引导房产企业良性发展提供了市场数据参考，同时，通过对外公共服务平台的互动栏目，在政府和民众间架起沟通的桥梁。

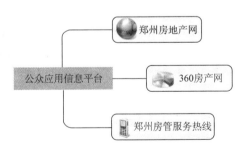

图5-5　公众应用信息平台框架图

4）信息共享交换平台

信息共享交换平台应包含三个方面：一是政务管理信息平台、企业管理信息平台、公众应用信息平台之间的数据共享交换；二是数字房产与数字城市基础数据平台之间的专项数据共享交换；三是数字房产与相关部门（单位）之间的直接数据共享交换，如房产信息（公、检、法部门）协查系统、税源经济共享系统、房产抵押业务与银行联网系统等。

3. 综合应用，充分发挥系统功效

实践证明，郑州数字房产建设在郑州市房地产行业管理和服务工作中已经发挥出日益显著的社会效益和经济效益。突出表现在以下几个方面：

1）辅助科学决策

数字房产全面实时地采集来自政府、企业、群众等全方位、多渠道的相关信息，通过对全市房地产市场供应、销售、价格走势的多维分析，形成了周报、月报、年报，为政府准确掌握房地产业发展状况，制定调控政策，实施科学管理提供了强有力的数据支撑。

如当前正在实施的住房限购政策、保障性住房准入和退出政策、有区别税收征管政策及信贷政策等，均是在数字房产平台的支撑下得以严格和有效实施，实现了国家规定的调控目标。

2）强化市场监管

郑州市住房保障和房地产管理局通过数字房产建设，一方面实现了对房地产企业和人员情况的动态管理；另一方面实现了对房地产企业市场经营行为的全过程动态监管，及时发现房地产开发经营过程中的异常情况，如土地长期闲置、拆迁安置不及时、工程建设进度缓慢、延迟交付、违规销售等，做到问题早发现、早干预、早解决，大大提高了政府对产业发展风险防范和干预控制的能力。

比如，要求企业在开工建设阶段必需建立楼盘表，根据施工情况，及时逐层标注建设进度，当出现楼层建成间隔时间过长，系统会自动提示，管理部门现场查看，发现问题及时干预，避免出现烂尾楼。

3）维护群众利益

数字房产为群众置业提供了"三层保护"：

第一层保护：数字房产平台将预售许可的房源信息及时公示和更新，确保每套待售房源的信息真实、有效，群众可登录 360 房产网，及时了解各楼盘的销售动态。

第二层保护：群众利用"商品房网签系统"购房，合同签定与备案安全可靠。群众也可通过"郑州房地产网"随时查询购房合同是否已在房管局备案、自己的房产证办理已进入了业务办理流程的哪个阶段等动态的管理信息。

第三层保护：购房过程中出现问题能够得到管理部门的及时处理。群众可通过网上局长信箱、房管服务热线、房产广播在线等方式进行反映、投诉，管理部门核实后，对群众反映、投诉的有关事项及时协调、处理和回复。

4）提高服务效能

借助于数字房产，郑州市房管业务实现了"一个窗口收件、一套资料传递、一次性收费、一个窗口发证"的办理模式，业务流程更加精简，群众办理时限明显缩短。交易审批流程由 6 道减为 3 道，办事时限也缩短了 50％以上。办事大厅中安装了自动排号叫号、大屏显示等人性化的信息服务系统，使整个大厅井然有序，极大地提高了服务水平。

4. 总结经验，科学指导今后发展

信息化工作是一个长期、复杂的系统工程，必须有领导的高度重视、充足的资金保障和先进的思想理念，同时数字房产建设还应遵循以下原则。

1）严格遵循国家、部委的有关标准、法律法规原则。

2）遵照"整体规划、分步实施、急用先上、信息共享"原则。

3）坚持统一标准化原则。要实现房管局内部各业务处室之间的信息共享，以及与上级主管部门的信息交流，所涉及的信息编码必须统一化、科学化、规范化、标准化。

4）在技术合作伙伴选择以及小型机等大型设备采购上，坚持品质最优原则，选用大公司、大品牌的产品和服务，充分保证了系统在硬件、软件等方面的领先优势和超前水平。

5）要敢于大胆创新。

第6章 数字城管专业发展报告

6.1 中国数字城管行业概况

1. 数字城管相关概念界定

1）数字化城市管理新模式

即采用万米单元网格管理法和城市部件、事件管理法相结合的方式，应用、整合多项数字城市技术；研发"城管通"，创新信息实时采集传输的手段；创建城市管理监督中心和指挥中心两个轴心的管理体制；再造城市管理流程，通过主动的问题发现机制、责任明确的问题处置机制和长效的考核评价机制，从而实现精确、敏捷、高效、全时段、全方位覆盖的城市管理模式。

数字化城市管理新模式涵盖了市政管理、园林绿化、市容环卫、行政执法等多部门、多方面，是真正意义上的"大城管"，是城市管理体制机制的一次重大创新。

2）万米单元网格管理法

在城市管理中运用网格地图的技术思路，以一万平方米为基本单位，在市、区、街道、社区边界的基础上划分若干网格状单元，网格的划分与编码以住建部行业标准《城市市政综合监管信息系统单元网格划分与编码规则》CJ/T213为准。单元网格划分完成后，由城市管理监督员对所分管的区域（若干单元网格）实施全时段监控，同时明确各级地域负责人为辖区管理责任人，从而对管理空间实现分层、分级、分区域管理。

3）城市部件事件管理法

将城市管理对象作为城市部件和事件进行分类管理，城市管理部件和事件分类编码原则依据住建部行业标准《城市市政综合监管信息系统管理部件和事件分类、编码及数据要求》CJ/T214。在对部件相关的管理单位、权属单位、养护单位等信息进行普查的基础上，运用地理编码技术，将城市部件按照地理坐标定位到万米单元网格上，实现城市管理内容数字化。

4）信息采集器"城管通"

"城管通"是基于无线网络实现监督员对现场信息进行快速采集与传送的专用工具。城市管理监督员使用"城管通"终端在所划分的区域内巡查，将城市管理的现场信息快速采集和报送到监督中心，同时接受监督中心的调度。"城管通"硬件选型和应用软件开发依据住建部行业标准《城市市政综合监管信息系统监管数据无线采集设备》CJ/T293。

5）"两个轴心"的管理体制

创建城市管理监督中心和城市管理指挥中心，形成城市管理体制中的两个"轴心"，将监督职能和管理职能分开，各司其职、各负其责、相互制约，使城市管理系统结构更加科学合理，责任更加明确。

6）城市管理流程再造

城市管理流程再造是指在管理体制创新、技术创新以及成熟信息技术综合应用的基础上，建立信息收集、案卷建立、任务派遣、任务处理、处理反馈、核查结案和综合评价七个环节，实现闭环的城市管理工作流程。

7）综合评价体系

按照住房和城乡建设行业标准《城市市政综合监管信息系统绩效评价》CJ/T 292 设计不同的评价指标，对参与城市管理的部门和责任主体进行工作过程、工作绩效的评价，建立数字化城市管理综合评价系统，形成良好的城市管理监督考核机制。

2. 中国数字城管发展模式

目前，数字城管运行模式主要有以下四种：

1）两级监督、两级指挥

市级设一个监督指挥中心，城区分设"监督中心"和"指挥中心"，以区为主，分别接收、派遣和受理，市级监督指挥中心只负责市属部门的派遣和处理。该模式比较适合于特大城市，目前北京、上海、成都和深圳采取的是这种模式。

2）一级监督，两级指挥

市级分设"监管中心"和"指挥中心"，区级只设立指挥中心，统一接收，分别派遣，区级受理，该模式比较适合一般的大中城市，目前杭州、扬州、郑州等都是采用的这种模式。

3）一级监督、一级指挥

只设市一级的"监督中心"和"指挥中心"，统一接纳，分别派遣，统一受理，该模式比较适合于小城市和特大城市的城区。

4）一级监督，二级指挥

市级设置"监督中心"，区级设置指挥中心，统一接纳，属地管理，分别派遣和受理，该模式比较适合于小城市，目前烟台即采用这种模式。

这几种模式都有一个共同点，都将监督权置于市一级的高度，以此达到监管分离的目的，强化监督作用，这正是数字化城市管理模式的精髓所在。

3. 中国数字城管行业发展阶段

从东城区创建数字城管新模式，将现代化城市管理构想变为现实，到如今新模式在全国范围遍地开花，新模式的推广工作一路走来，得到全国各地的积极响应，新模式也在探索磨合中不断规范和完善，并为提升城市运行效率、推动科技创新和政府职能转变发挥了越来越大的作用。

2005 年 7 月，建设部确认"东城区网格化城市管理系统"为"数字化城市管理新模式"，组织在全国城市推广，当月即公布了首批 10 个试点城市（城区）如杭州市、南京市鼓楼区等。

2005 年 8 月，由东城区人民政府与数字政通等课题组成员共同编制的"城市市政综合监管信息系统"系列行业标准由建设部颁布执行。同月，建设部成立"数字化城市管理新模式推广工作领导小组"。

2006 年 3 月，建设部在无锡召开"数字化城市管理新模式推广工作试点城市座谈会"，公布了郑州、台州、诸暨等第二批 17 个试点城市（城区）。同年 8 月、10 月，杭州、扬州等地的数字城管系统纷纷通过部级验收，其中，杭州和扬州分别创造了市区两级系统"一级监督、两级协同"和"一级监督、二级指挥"的典型模式。

2006 年 11 月，建设部在扬州市召开"全国数字化城市管理工作会"，会上，"扬州模式"得到好评，并被大力推广。建设部部长汪光焘和建设部副部长仇保兴提出了"'十一五'末 2010 年，地级市全覆盖，有条件的县级市和县城也要建立起来"的目标。

2007 年 4 月，建设部公布了长沙、乌鲁木齐、甘肃白银等第三批共 24 个试点城市（城区）。至此，"数字化城市管理新模式"试点城市已达 51 个，覆盖了全国 25 个省（市、自治区）。建设部办公厅〔2007〕42 号函确立 2008 年到 2010 年为数字城管全面推广阶段，在全国地级以上城市和条件具备的县级市要全面推广数字化城市管理新模式。

2007 年 7 月，建设部在成都市召开"全国数字化城市管理试点城市工作座谈会"，借成都系统验收契机，建设部城建司司长李东序对两年的试点工作进行了总结和评价，并对下步工作进行了部署和强调。

2006、2007 年间，浙江省和江苏省大力推进数字城管在省内的推广，并展开试点工作。

2007 年 10 月，建设部城建司副司长陈蓁蓁在第三批数字化城市管理试点城市的培训会议上向各城市代表宣贯 51 个试点城市试点任务，并强调建设工作应首先按照建设部标准规范执行。

2007 年 12 月 28 日至 29 目，全国建设工作会议在北京召开。汪光焘部长在会上提出，"继续推广建设系统'12319'服务热线与数字化城市管理相结合的经验，各试点城市年底前要完成数字化城市管理系统的建设并通过验收"。

2008 年 8 月，"城市市政综合监管信息系统"系列行业标准《监管数据无线采集设备》和《绩效评价》得到颁布执行，这标志着随着数字化城市管理工作的推广和深入，标准化的进程也进一步向深入迈进。

从 2008 年到 2009 年，常州、郑州、长沙、烟台、石家庄等城市纷纷通过建设部验收，在全国各地树立各具特色和影响力的模式，纷纷取得了良好的社会和经济效益。

2009 年 7 月 7 日，为了进一步规范推广数字城管模式，提升城市综合管理效能，住房和城乡建设部又出台了《数字化城市管理模式建设导则（试行）》。这一举措，对推进各地科学建设数字城管，坚持标准，循序渐进，起到了很好的引导作用。《城市市政综合监管信息系统立案处置结案》出台，数字城管行业标准体系的发展完善对数字化城管执行手段的提升和运行效果的评估有着重要的指导意义。

目前，数字城管新模式已成功运行了八年，全国已有包括直辖市、省会城市、地级城市、县级市、县、市辖区的 200 余个各级各类城市、城区展开了数字城管新模式建设。全国超过 43 个数字城管试点项目通过建设部验收，其各具特色、符合当地实际的系统和管理模式取得了良好的运行效果。

4. 中国数字城管行业发展现状

目前全国各地都在积极地建设数字化城市管理系统。从北京市东城区"网格化城市管理系统"开始运行推广至今已有八年的时间，全国已将数字城管的范围逐步扩大到国内 200 多个城市，近 30 个省（市、区）正在逐步实现全区域覆盖。

2011 年，各地结合本省城市规划、建设和管理领域的中心工作，对数字城管系统的有序推广起到了扎实的推进作用。继浙江、江苏两省全面推广数字城管系统以来，各地纷纷开始基于本省的试点城市项目，部署全省推广工作。

5. 中国数字城管行业发展趋势

目前数字城管新模式运行态势良好，并向着深入、拓展的方向发展，显现着越来越明显和卓越的效果。

数字城管的实施，不但完善了城市管理体制，还将各种城市管理数据和职能汇总到一起，打通了各职能部门的协同渠道，并深入社区，在百姓身边建起了服务的桥梁。包括北京东城区、杭州、上海等在内的很多较早应用数字城管系统的城市，已经开始把他们的系统向各区县、街镇、社区深入，整合人口管理、劳动力就业、医疗卫生等管理与服务资源，采用网格化管理理念进行管理。同时，数字城管系统网格化的管理思想也拓展到行政执法及公路管理、海塘监控、市政监管、地下管线等多个专业领域。

伴随 3G 等新技术的应用，城市管理信息化系统还将实现华丽变身，能基于 3G 技术研发视频通话、视频执法、随时随地调用各专业系统的实时监控信息等功能，从而实现执法过程的数字化。多种技术的应用以及多种资源的进一步整合，将使数字城管系统更加庞大，功能更加完备，将可以发展为一个涵盖地上、地下、河道、桥隧，包含交通、能源、市政、环卫、防汛决策、公共安全等多个门类在内的综合系统。

6. 中国数字城管工作中存在的问题和分析

1）数字城管工作中存在的问题

在河北省秦皇岛市召开的全国数字化城市管理工作总结交流会上，仇保兴副部长对数字城管工作概括了"三重三轻"即"重平台、轻管理"、"重形象、轻实用"和"重新建扩建、轻资源整合"三个突出问题，大家对此展开了热烈讨论，深刻分析面临的问题和挑战，归纳起来主要有以下几点：1. 认识不到位；2. 法律法规不健全；3. 长效机制不落实；4. 群众参与不够。

2）采取有效措施，推动数字城管工作健康发展

按照关于"更快地发现问题、更有效地解决问题、更好地监督考核"的要求和大家的讨论情况，将进一步修改完善《关于推进数字化城市管理模式的意见》，采取有效措施，推动数字城管工作健康发展。

（1）明确目标

住房和城乡建设部已明确"在全国地级以上城市全面推广数字城管"的工作目标。各地政府要从实际出发，结合本市发展实际，研究和制订推广数字城管理模式的工作计划。

（2）完善制度

各地要健全机构建设、工作机制、人员编制等方面制度，保障数字城管工作有效推进和处置效率不断提高。

（3）不断创新

要适应新形势，加强科技支撑作用，依托 3G、云计算、物联网、图像处理等信息化技术，提高数字城管系统的数据传输能力和处理速度，推进城市管理质量和水平的全面提升。

（4）加强培训和宣传

住建部数字化城市管理模式推广工作领导小组和专家组将继续指导行业培训工作。要

建立公众参与机制，扩大监督、考核、评价范围，将市长公开电话、12319 服务热线等与数字城管平台有机结合，畅通群众反映问题和监督执行的渠道。通过新闻媒体，积极宣传数字城管工作，引导群众积极参与。

（5）落实责任

各级住房和城乡建设行政主管部门要加强组织领导，明确责任，分解任务，有计划有步骤地推进数字城管推广工作。

6.2 中国数字城管业务分析

1. 中国数字城管业务需求分析
1）构建和谐城市、和谐社会，建设以人为本的创新型城市的需要
2）提升城市品位，改善人民生活水平的需要
3）转变政府职能，整体提升城市管理水平的需要
4）化解管理疑难，增强城市管理水平的需要
2. 中国数字城管建设体系
1）组织体系建设

按照监督考核相对独立的原则，数字城管建设应明确隶属于政府的相对独立的综合协调部门，完成城市管理监督考核职责。

2）制度体系建设

监督制度建设。制定《城市管理部件、事件监督手册》，构建以问题发现、核查结案为核心内容的城市管理问题监督制度体系，以确保城市管理问题高位独立监督的客观性和科学性。

处置制度建设。制定《城市管理部件、事件处置（指挥）手册》，构建城市管理问题处置执行的制度体系，以保证城市管理问题各处置责任部门的职责清晰、结果规范。

考核制度建设。构建对各执行部门和监督机构的考核制度体系，形成监督轴驱动多部门组成的处置轴，全面提升处置效率的核心动力机制。

长效机制建设。积极推进将数字城管考核结果纳入相关部门的绩效考核、行政效能督察或干部考核等制度体系，以保证监督、处置、考核机制长期发挥效能。

3）信息系统建设

按照《城市市政综合监管信息系统技术规范》CJJ/T 106 标准规定，建设数字城管中心机房、网络基础设施、信息安全体系、数据库系统和地理信息系统等基础软硬件平台。

按照《城市市政综合监管信息系统技术规范》CJJ/T 106 标准规定，建设监督中心受理子系统、协同工作子系统、地理编码子系统、监督指挥子系统、综合评价子系统、应用维护子系统、基础数据资源管理子系统及数据交换子系统。

按照《城市市政综合监管信息系统监管数据无线采集设备》CJ/T 293 标准规定，进行城管通硬件的选型和采购，建设城管通监管数据无线采集子系统。

4）基础数据建设

按照《城市市政综合监管信息系统技术规范》CJJ/T 106 标准中规定的关于城市地理空间定位的基本数据需求，建设以城市大比例尺地形图、正射影像图等基础地理信息为主要内容的城市基础地理信息数据库。

按照《城市市政综合监管信息系统单元网格划分与编码规则》CJ/T 213 标准规定，编制本地区单元网格划分与分类编码工作方案，并建设基于城市基础地理信息的单元网格数据库。

按照《城市市政综合监管信息系统管理部件和事件分类、编码及数据要求》CJ/T 214 标准规定，编制本地区管理部件和事件分类、编码及数据要求和数据普查工作方案，并建设基于单元网格数据库的管理部件和事件数据库。

按照《城市市政综合监管信息系统地理编码》CJ/T 215 标准规定，编制本地区地理编码数据普查工作方案，并建设基于城市基础地理信息的城市地理编码数据库。

5）专职队伍建设

建立信息采集员、呼叫中心坐席员、指挥中心派遣员等专职队伍。

3. 中国数字城管业务发展方向的预测和展望

中国数字城管业务市场容量大，在政策引导和良好的应用效果刺激下，数字城管建设已经成为党政领导的政绩体现着力点，部分省已经明确要求实现省、市、县三级联网的目标。

1）数字化城市管理平台市场广阔

根据数字化城市管理的推广要求，首先要建设数字化城市管理平台系统，建立数字化城市管理的基本模式。目前数字化城市管理平台的目标用户是各个地市级、区级、县级人民政府，并已经延伸应用到街道、乡镇人民政府。全国共有 4 个直辖市、28 个省会级城市、255 个地级市、856 个市辖区、369 个县级市，1638 个县，数字化城市管理平台市场广阔。

2）数字化城市管理平台的拓展领域广阔

数字化城市管理平台建成之后，数字化城市管理模式的主要创新点——"单元网格管理法"、"部件事件管理法"、"城管通"信息采集器等网格化管理新模式，在横向上已经延伸应用到各个专业网格化应用领域，纵向上也深入应用到街道、乡镇、社区的数字社区管理与服务领域。

3）物联网技术延伸了数字化城市管理应用

为更加有效地实现政府层面的监控管理，提高应急指挥响应能力，数字化城市管理对于日新月异的各种监控手段需求迫切，数字化城市管理系统与物联网技术相结合将成为系统未来发展的重要趋势。数字化城市管理系统将综合运用物联网技术，结合执法、海塘、污水、园林、公路等专业网格化系统，成为集各项功能于一身的数字化城市综合管理平台。在建成的数字化城市管理项目中，各地已经应用了大量的物联网相关技术，形成基于"物联网"管理对象的应用系统。

6.3　中国数字城管行业探索实践

1. 数字城管行业示范

住房和城乡建设部于 2005 年 7 月在北京市东城区召开了现场会，颁布了《关于推广北京市东城区数字化城市管理模式的意见》，开始全国推广工作并先后公布了三批 51 个试点城市（区），涉及 25 个省、直辖市、自治区。

住房和城乡建设部还先后颁发了《关于印发〈数字化城市管理模式试点实施方案〉的函》、《关于印发〈数字化城市管理试点及推广工作计划〉的函》、《关于印发〈数字化城市管理信息系统建设技术指南〉的通知》、《关于加快推进数字化城市管理试点工作的通知》，推动工作进展和加强指导。并从 2006 年 3 月开始，每月编发数字城管工作简报，为全国各地学习和推广数字城管新模式，为各级领导了解数字城管有关情况搭建了沟通交流的平台。

新模式的推广应用，引起了各级领导的高度关注，各地在充分领会认识数字化城市管理模式在理念上的创新后，对推广工作认识到位，并积极在工作进行中调整思路、更新观念，各试点城市（区）大部分组成了由主管市（区）长牵头、各相关部门一把手或主管领导组成的领导小组，直接领导数字化城市管理模式的建设实施。一些有条件的城市，还专门聘请专家参与建设方案的论证、实施和系统的维护更新。

1）东城区网格化城市管理系统（数字城管新模式的原型系统）

2003 年 5 月，在原北京市东城区陈平书记带领下，"东城区网格化城市管理系统"课题组历时 17 个月的探索和研究，成功研发出数字城管新模式。2004 年 10 月，数字城管新模式的原型系统——"东城区网格化城市管理系统"率先应用于北京市东城区。

2005 年 7 月，"东城区网格化城市管理系统"被建设部命名为"数字化城市管理新模式"，组织在全国城市推广。2005 年 9 月，"东城区网格化城市管理系统"获得中国地理信息系统协会授予的"地理信息系统优秀工程金奖"，2007 年 1 月，被建设部评选为 2006 年度国家建设行业"华夏科技进步一等奖（原建设部科技进步奖）"。

2）杭州市数字化城市管理信息系统（住建部第 1 批试点城市）

杭州市数字化城市管理信息系统是 2005 年 7 月建设部公布的数字化城市管理推广的首批十个试点项目之一，也是试点项目中实现市区两级数字城管的典型项目，创造了"一级监督、两级协同"的典型模式。2006 年 8 月 27 日，杭州市数字化城市管理系统顺利通过了建设部验收，成为全国第 1 个通过验收的数字城管试点城市。杭州模式的最大特色是创新建立了市级统一受理、市区及部门协同指挥、各相关单位处置问题的"双轴化"工作机制。

3）常州市数字化城市管理信息系统（住建部第 2 批试点城市）

2006 年，江苏省常州市被建设部列为数字城管第二批试点城市，2008 年 12 月 12 日，常州市数字城管系统顺利通过了建设部验收。常州市数字城管系统的最大特色是坚持以长效考核管理系统为核心，与数字化城市管理手段无缝对接。

4）青岛市数字化城市管理信息系统（住建部第 3 批试点城市）

青岛市数字化城市管理系统的核心内容整合了全球卫星定位系统（GPS）、地理信息系统（GIS）、视频监控等多项数字技术，采用万米单元网格法和城市部件管理法相结合的方式，再造城市管理流程，优化评价体系，创新信息采集传输手段，做到视频监控、卫星定位、地理信息编码三位一体；发现、处理、监督三位一体，实现主动发现、精确定位、精细管理、远程管理、科学监督的城管运行模式。明确了主管部门和责任单位，发现问题可以高效、精确地进行处理。

本着充分整合利用现有资源、最大程度节省投资、尽量少增加人员的原则，青岛市数字化城管采取"两级监督、两级指挥"的管理模式。

5）数字城管市级应用示范——湖南株洲市数字化城市管理信息系统（国内第一个非

省会城市市区两级同步数字化城市管理平台）

2008 年株洲市就把数字城管列入数字株洲建设的重要内容，并于 2009 年 10 月 1 日正式开通数字城管系统，此时，株洲市城管局建起了国内第一个非省会城市市区两级同步数字化城市管理平台，迈开了"大城管"现代管理步伐，实现全国第一个将 3G 现代通信技术融入数字城管，第一次将视频实时监控技术融入 GPS 系统运用；全省第一次在城市管理部门数据处理上，把传统数据与实景影像数据有机融合；实现了城管高效监管、高速处置、高质量考评。

6）数字城管市县级应用示范——江苏昆山市数字城管信息系统（住建部第三批试点城市）

2007 年 4 月，昆山市被住房和城乡建设部列为全国数字化城市管理第三批试点城市。2007 年 11 月项目开始建设。2008 年年底，数字城管系统正式投入运行。同年 12 月 13 日，系统通过住建部验收，在全国县级城市中率先实现了数字化城市管理。首期建设昆山采用了一级监督、一级指挥的管理模式，同时在案卷量较大的城管局和昆山开发区设置了二级平台。

为整合资源，避免重复建设，昆山数字城管系统在建设过程中实现了与应急指挥、电子监察系统的三大系统融合，设立统一的指挥中心，共享地图、机房等软硬件平台资源，使得数字城管系统在城市管理中发挥了更加重要的作用。

2. 中国数字城管的评价指标体系

1）建立原则

（1）以人为本、因地制宜

（2）整合资源、共享信息

（3）统筹规划、分步实施

（4）遵循标准、确保质量

（5）量力而行、适度拓展

2）评价基准的选定与建立

（1）数字城管的评价和认定应在数字化城市建设管理导则的指导下，通过开展试点和示范工程，不断总结完善，逐步建立完整的系统评价和认证体系。

（2）数字城管系统建设完成后，应由省级以上城市建设主管部门组织对建设和运行成果进行验收。

（3）数字城管建设成果验收评价内容包括三个方面：管理体制机制、信息系统、运行效果。

3）数字城管评价指标体系的框架

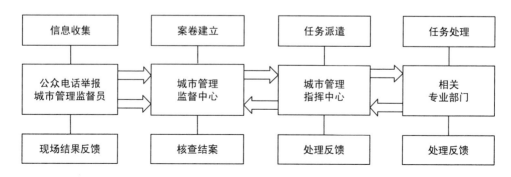

4）评价指标

评价指标依据为，中华人民共和国住房和城乡建设部所颁发的七个行业标准：

序号	标准编号	标准名称	发布时间	实施时间	发文
1	CJ/T 213—2005	《城市市政综合监管信息系统单元网格划分与编码规则》	2005—06—07	2005—08—01	建设部发布行业产品标准《城市市政综合监管信息系统单元网格划分与编码规则》的公告（建设部 2005 年公告第 343 号）
2	CJ/T 214—2007（代替了 CJ/T 214—2005）	《城市市政综合监管信息系统管理部件和事件分类、编码及数据要求》	2007—04—29	2007—10—01	关于发布行业产品标准《城市市政综合监管信息系统管理部件和事件分类、编码及数据要求》的公告（建设部 2007 年公告第 634 号）
3	CJ/T 215—2005	《城市市政综合监管信息系统地理编码》	2005—06—07	2005—08—01	建设部发布行业产品标准《城市市政综合监管信息系统地理编码》的公告（建设部 2005 年公告第 341 号）
4	CJ/T 292—2008	《城市市政综合监管信息系统绩效评价》	2008—08—11	2009—01—01	关于发布行业产品标准《城市市政综合监管信息系统绩效评价》的公告（住房和城乡建设部 2008 年公告第 90 号）
5	CJ/T 293—2008	《城市市政综合监管信息系统监管数据无线采集设备》	2008—08—11	2009—01—01	关于发布行业产品标准《城市市政综合监管信息系统 监管数据无线采集设备》的公告（住房和城乡建设部 2008 年公告第 89 号）
6	CJ/T 315—2009	《城市市政综合监管信息系统监管案件立案、处置与结案》	2009—08—10	2009—12—01	
7	CJJ/T 106—2005	《城市市政综合监管信息系统技术规范》	2005—06—09	2005—08—01	建设部关于发布行业标准《城市市政综合监管信息系统技术规范》的公告（中华人民共和国建设部 2005 年公告第 344 号）

5）评价方法

（1）系统评价

① 数据的完整性、现势性和质量符合《城市市政综合监管信息系统单元网格划分与编码规则》CJ/T213、《城市市政综合监管信息系统管理部件和事件分类、编码及数据要求》CJ/T214、《城市市政综合监管信息系统地理编码》CJ/T215、《城市市政综合监管信息系统技术规范》CJJ/T 106 标准要求。

② 建立数据定期更新机制。

③ 信息系统建设包括监管数据无线采集、监督中心受理、协同工作、地理编码、监督指挥、综合评价、应用维护、基础数据资源管理、数据交换等子系统，符合《城市市政综合监管信息系统技术规范》CJJ/T 106 标准要求。

④ 系统功能和运行性能满足《城市市政综合监管信息系统技术规范》CJJ/T 106 和《城市市政综合监管信息系统监管数据无线采集设备》CJ/T 272 标准的要求。

⑤ 建立有效的信息安全保障体系，保证系统稳定可靠运行。

（2）效果评估要点

① 系统正式运行。

② 发现量、处置量和处置率。

③ 体制、机制改革状况：机构、制度和考核。

④ 监督手册、指挥手册编制使用。

⑤ 监督队伍数量和独立状况。

⑥ 系统建设、数据建设、行标贯彻。

6.4　中国数字城管行业发展展望

为进一步推进全国数字城管建设工作，推动数字城管行业健康稳步发展，继续推广数字城管新模式，编制修订行业标准，规范行业发展，深化和拓展数字城管领域是必不可少的。

1. 完善和普及数字城管新模式的推广

现代城市管理必须充分利用现代信息技术，逐步走向数字化、信息化。城市管理信息化或者数字化是城市发展的必然选择，是提升城市竞争力的重要手段。在进一步完善技术平台的基础上，总结成功的经验并向全国推广是当务之急。

2. 组织相关政策、行业标准的编制工作

数字城管一系列的行业标准和国家标准的制订和宣贯工作有力地支持了全国数字城管系统的推广工作，开展数字城管标准体系的研究，讨论收集行业标准编制的意见和建议，进行相关标准的编制修订工作，完善数字城管系列标准，建立数字城管的标准体系是必不可少的。

3. 深化和拓展多元化的数字城管应用领域

数字城管的实施，不仅完善了城市管理体制，还将各种城市管理数据和职能汇总到一起，打通了各职能部门的协同渠道，网格化的管理思想横向上拓展到综合执法及公路管理、海塘监控、市政监管、信访管理等多个专业领域。纵向上也深入应用到街道、乡镇、社区的数字社区管理与服务领域。多种技术的应用以及多种资源的整合，将使数字城管系统更加庞大，功能更加完备。

第7章　数字景区专业发展报告

7.1　数字景区行业概况

1. 风景名胜区概况

风景名胜区是自然与人文高度集中，单位价值高的区域，《风景名胜区条例》规定："风景名胜区，是指具有观赏性、文化或者科学价值，自然景观、人文景观比较集中，环境优美，可供人们游览或者进行科学、文化活动的区域。"温家宝总理更加形象地说明了风景名胜区的作用与价值，他曾说："风景名胜区集中了大量珍贵的自然和文化遗产，是自然史和文化史的天然博物馆。合理利用风景名胜区资源，对于改善生态环境，发展旅游业，弘扬民族文化，激发爱国热情，丰富人民群众的文化生活都具有重要作用。"

目前我国共有 208 个国家级风景名胜区，730 个省级风景名胜区，共计 938 个风景名胜区，面积约占国土总面积 2%，达 19 万平方公里。208 个国家级风景名胜区 2011 年游人量突破 5 亿人次。

2. 数字景区行业发展动态与问题

1）发展阶段

数字景区建设工作，是在新形势下总结示范成果，深入探讨综合运用现代信息技术，包括建设景区的信息基础设施、数据基础设施以及在此基础上建设的景区信息管理平台与各业务应用系统等。数字化景区建设是提升风景名胜区整体管理水平的有效途径，进一步改进工作方法和创新管理机制重要手段。

目前，数字景区建设模式和方法处于起步完善阶段。自 2004 年由建设部和科技部共同组织黄山和九寨沟风景名胜区参与国家"十五"科技攻关课题——数字景区示范工程建设。随后拓展国家级风景名胜区数字化试点单位共计 24 处，并提出了实现"资源保护数字化、经营管理智能化、宣传服务网络化"的建设目标，编写了《国家级风景名胜区数字化景区建设指南（试行）》。截至 2009 年 11 月，中国风景名胜区协会协助住建部完成 23 个数字化试点景区的总体规划评审，并完成阶段性考核工作。

为进一步推动数字化建设，2009 年中国风景名胜区协会组织开展了"风景名胜区数字化示范基地"活动，截至 2012 年 4 月，协会会同中国电子学会完成黄山、峨眉山、广州白云山、龙门石窟、崂山、云台山、青城山—都江堰、中山陵、华山 9 个风景名胜区为数字化示范基地的评估和联合命名工作，树立一批优秀的、高水平的景区管理学习样板，为全面实现数字化景区建设提供示范经验。

2）发展特征

风景名胜区分为山岳型、湖泊型、城市型等多种类型，有着不同的自然资源和文化资源，数字景区在不同的阶段，建设的具体目标可能不同，但存在下列几点共同特性：

（1）满足风景名胜区的资源保护、综合管理、旅游服务等需求；

（2）信息资源的有效整合和广泛利用；

（3）以信息技术、网络技术、通信技术等作为技术核心；

（4）技术构架：数字景区从总体技术框架上可以划分为网络基础设施、数据系统、集成应用平台、业务应用系统、政策法规与保障体系和技术支撑等部分。

3）发展趋势

数字景区的发展是一个不断探索演进的进程，人们对数字景区的认知也在不断地发生变化，如早期的风景名胜区监督管理信息系统、视频监控、电子门禁票务等都曾经在一段时期内被认为是数字景区。然而如今的数字景区概念绝不仅仅是网络基础设施、单一独立的应用系统的技术层面，而是涵盖了风景名胜区管理、服务、技术、保障等各个方面的综合体系。在这个方面我们可以借鉴数字城市的发展演变，随着科技水平的高速发展，人们对数字景区的认知也会发生从肤浅到深入、从粗放到精细、从狭义到广义的转变。

4）存在问题

虽然数字景区已经取得了一定的成绩，但在行业内的认识没有达到一定的高度，我们依然面临着诸多困难与挑战，主要有以下几个方面：

（1）数字景区建设存在不同的认识，有的当做形象工程在建，没有认识到数字景区建设在提升风景名胜区资源保护、经营管理、旅游服务等方面的重要作用。

（2）当前阶段数字景区推广模式单一，主要是由各风景名胜区管理机构投资建设。由于投入巨大，对于收入较低的风景名胜区很难推广建设。如果不能调动各方力量形成健康发展的产业环境，数字景区建设也很难进入可持续性的良性发展。

（3）数字景区基础建设投入大，并且后期升级、维护费用也非常高，很多风景名胜区无力承担。

（4）现阶段数字景区建设各自为政的现象比较明显，缺乏建设相关的标准规范，信息数据不能共享，同时也缺少相应的产业政策支持，不利于数字景区的产业化发展。

（5）数字景区建设涉及很多个系统，在建设和运维方面需要不同的人才，由于风景名胜区不同于城市，大多地处偏远，所以管理机构对人才队伍的建设比较困难，制约了数字景区的发展。

3. 国外数字景区发展现状

国外一些发达国家在经济发展到一定的程度之后，人们生活有了保障，需要更高的精神需求，因此对国家公园在自然与人文资源保护方面发展得比较早，比如美国、加拿大、德国、日本等国家对一些资源破坏的错误做法及时纠正，赢得了自然与资源恢复的时间。

国外的国家公园主要重于资源保护，弱化了旅游开发，通过相对完善的法律体系和管理制度进行有效的生态、文物等资源的保护，并且对全民进行长久的素质教育，使得民众在资源保护方面有很强的意识。因此，他们的资源保护程度要高于我国。

由于国外在这方面发展得比较早，有相对完善的法律体系和管理制度等，以及社会形态及资源环境的压力等原因，他们在运用信息化手段来保护自然与人文资源的一些发展方面，落后于我国的数字景区建设。

4. 国内数字景区发展现状

我国风景名胜区多位于偏远山区，信息化基础普遍薄弱，近年来，随着国家及相关部委的大力推动，我国数字景区的建设取得了长足的进步。2011 年，通过对空间信息技术与物联网技术等新技术的研究及相关课题研究成果转化的应用，在探索智慧景区建设，提升风景名胜区综合管理、游客服务、安全防范等方面取得了实质性的进展。以物联网技术、智能识别技术等为基础研发的景区智能卡在青城山—都江堰风景名胜区示范应用，解决景区在森林防火、交通诱导、游人统计与控制等安全防范的基本需求，同时可以为游人提供自动讲解服务功能，提高风景名胜区管理与服务水平，增强游客满意度，示范效果显著。

7.2　中国数字景区业务分析

1. 中国数字景区业务新特点

随着国民经济的快速发展，人民生活水平的日益提高，消费观念与能力的增强，人们的旅游方式也在不断地改变，由传统旅行社团体的集中旅游式向自驾游、自助游的分散式转变。人们越来越重视旅游服务质量，使得风景名胜区将承担更多的压力，将面对许多新的挑战。风景名胜区管理机构作为资源的保护者，又是旅游资源的提供方，自身还需要发展，迫切需要一系列手段来解决开发与保护矛盾日益尖锐的问题。

2. 中国数字景区业务需求分析

1）资源保护的需求

风景名胜区资源是我国乃至全人类珍贵的、不可再生的自然和文化遗产资源，20 世纪 90 年代以来，在城乡建设和旅游经济快速发展中出现了风景名胜区重开发、轻保护，资源过度使用，自然和文化景观出现退化等现象。由于各风景名胜区资源类型和规模不同，大多属于地域广袤、海拔差异较大的高山峡谷、高原湿地和森林草甸等资源多样性的景区，只靠人为地进行地面资源调查是不现实的，我们需要利用遥感等高科技手段对景区资源进行普查，建立健全景区资源遥感本底数据库，进行专题分析，对生物资源包括古树名木、珍稀花卉、野生动物等珍贵动植物资源的物种数量、分布，用图文资料进行定期统计；对森林病虫害的监测普查数据、虫害预测预报信息、虫害发生区域或危险等级范围进行监测和防治；对自然资源进行有效的保护与恢复，并有效地预防自然灾害。为更好地进行规划管理和资源调查与保护，避免资源过度开发以及自然和文化景观出现退化等问题，我们需要利用数字化技术对景区内的各类文物资源包括摩崖石刻、历史性建筑物、博物馆收藏等文物资源进行信息化管理，对其图片、视频资料以及定期监测的各项数据进行规范化集中管理，便于文物资源数据的查询检索和文物保护工作分析。

2）规划管理的需求

在风景名胜区各类公用设施的规划建设和管理中，需要通过 GIS 技术与 RS 技术的集成应用，来实现对风景名胜区总体规划范围内的土地利用、建设工程、生态环境的动态监测，以及日常规划建设审批管理，与传统方法相比，不仅减少了人力投入，节约了大量资金，还使监察结果更加客观可靠，大大提高了风景名胜区规划动态监测的科学性和准确性。

3）旅游服务的需求

《国务院关于加快发展旅游业意见》等文件的下发，决定把"把旅游业培育成国民经济的战略性支柱产业和人民群众更加满意的现代服务业"，明确指出以信息化为主要途径，提高旅游服务效率，提升旅游信息化服务水平。风景名胜区作为现代服务业的重要组成部分，通过数字景区的建设，可实现风景名胜区行业旅游信息查询、资源推介和网络营销一体化服务，为游客提供在网络基于二维、三维的景点景观介绍，包括电子地图、虚拟漫游等服务；提供交通、天气、旅游服务设施情况等旅游信息自助查询检索服务；提供自然文化资源、生物多样性研究、规划建设管理和资源保护成果展示。还可以通过 GIS 地理信息系统开发导航、导览和展示等系统为游客提供更加直观、便捷、个性化自助游自驾游服务，促进现代服务业旅游产业化发展。

4）综合管理应急指挥的需求

近年来，我国旅游业迅猛发展，风景名胜区行业正处于快速发展时期，游人量逐年增多，游人安全压力增高，风景名胜区管理部门需要加快旅游基础设施建设，以信息化、智能化为主要目标，坚持以人为本，安全第一，寓管理于服务之中，不断满足人民群众日益增长的旅游消费需求。

景区迫切需要建立一个科学高效的系统平台，对各类数据进行整理、处理、分析等，实现综合指挥调度和应急救援，利用电子地图在大屏上进行态势展示，辅助决策，制定预案，全方位提升景区游客安全防范水平。

3. 中国数字景区业务发展方向的预测和展望

近年来，随着旅游经济的发展，风景名胜区的各类旅游服务资源需求激增，景区保护工作压力增大，因游客量过高引起的旅游安全问题也日趋突出，这都迫切要求风景名胜区管理机构加强景区的数字化建设，运用新的技术手段创新管理模式，加强资源保护，减轻生态环境压力，进一步提升景区现代化管理及旅游服务水平。

2008 年年底，IBM 首席执行官彭明盛首次提出"智慧地球（Smart Earth）"新理念。智慧地球的核心在于更透彻地感知、更全面地互联互通和更深入地智能化，其基础是传感网、物联网和互联网在各行各业的高效融合与综合应用。随着"智慧城市"、"智慧社区"的相继提出，"智慧景区"概念也孕育而生。智慧景区是在数字景区基础上的一次飞跃发展。虽然数字景区建设的模式和方法仍然处于探索与完善阶段，但智慧景区概念的提出为景区数字化建设又增加了新的内涵，代表了景区数字化建设的发展趋势与方向。智慧景区的构建是通过传感网、物联网、互联网、空间信息技术的整合，实现对景区的资源环境、基础设施、游客活动、灾害风险等全面、系统、及时的感知与可视化管理，提高景区信息采集、传输、处理与分析的自动化程度，实现综合、实时、交互、精细、可持续的数字化景区管理与服务目标，从而全面提升风景名胜区的综合管理和服务水平。

7.3 中国数字景区发展的目标和任务

1. 中国数字景区发展的目标

近年来，风景名胜区对我国国民经济和社会发展的贡献越来越大，对提高人们的物质文化生活水平、改善投资环境、提高地方知名度也起到积极的推动作用。为深入贯彻科学发展观，落实《风景名胜区条例》中"科学规划，统一管理，严格保护，永续利用"的方针，加强对风景名胜区资源的有效保护和管理，构建和谐景区，是风景名胜区管理机构的首要职责。数字景区的发展是风景名胜区可持续发展的需要，是社会、经济发展的需要，通过数字化建设，减轻生态环境压力，促进地方风景名胜资源整合，进一步拉动地方经济发展。

数字景区发展的最终目标是通过信息技术整合景区资源，实现信息共享，创新管理模式，提升风景名胜区的竞争力，更有效地保护自然和文化资源，同时又可为游客提供优质、便捷、舒适的服务，全面促进风景名胜区环境、社会、经济的可持续发展。

2. 中国数字景区发展的任务

目前，风景名胜区数字化方面行业建设缺乏相关的标准规范，缺少数字化景区建设指导性文件与建设导则，同时也缺少相应的产业政策支持，不利于风景名胜区行业的产业化发展。标准体系建设不是一个单位可以完成的，需要社会多方力量共同参与制订数字化景区建设相关标准规范。

结合风景名胜区行业自身特点和数字化发展现状，开展技术创新，加强新技术风景名胜区数字化建设应用，并构建统一的行业数据中心，为中小规模的风景名胜区提供数据信息和计算服务，减少风景名胜区的单体投入建设，节约资金避免资源浪费，并且提高风景名胜区管理、服务等工作效率。

7.4　中国数字景区的发展思路和模式

1. 中国数字景区的发展思路

随着智慧地球、智慧城市的提出，信息技术的飞速发展，精细化管理与现代服务理念为智慧景区的诞生创造了条件和机遇。随着网络、通信、空间信息、物联网等技术的飞跃发展与风景名胜区数字化建设的不断推进和提升，以数字景区建设为基础的智慧景区建设是一个重要的发展方向，是风景名胜区进一步提升管理与服务水平的有效途径，有助于我国风景名胜区健康发展。

智慧景区建设是在原有成果基础上，提出数字化在景区服务的创新业态，突出服务和加强营销的现代旅游服务模式，以"智慧"为亮点，以创新旅游服务模式为目标，根据风景名胜区资源保护、业务管理、旅游经营、公众服务等方面的需要，基于"智慧 + 服务"的理念，依托物联网、云计算、RFID 等新兴数字化技术成果，从风景名胜区现有数字化发展需求出发，提出景区数字化建设新的目标、任务与内容，以此满足风景名胜区在景区数字化管理与数字化旅游服务等方面的需求。

2. 推进中国数字景区发展的新模式

目前，数字景区建设主要是由各风景名胜区管理机构投资建设，数字化建设对风景名胜区来说是一个高投入的建设项目，很多风景名胜区望而却步，而事实上每一个风景名胜区都迫切需要通过数字化建设来提升管理和服务水平。大多数风景名胜区需要落实资金并且到位后方能投入建设，而对于收入较低的风景名胜区很难申请或自筹资金建设，这样就极大地制约了数字景区的发展，如果不能调动各方力量形成健康发展的产业环境，数字景区建设也很难进入可持续性的良性发展。

所以我们需要建立新的模式来推动数字景区的产业化发展，结合社会资金和力量，以风景名胜区数字化建设需求为依托，坚持市场化方向，培育龙头企业，进行企业化运作，由企业先行投资建设，风景名胜区根据自身的经济实力以租赁、分期付款等模式进行支付，缓解风景名胜区一次性投入的资金压力，让风景名胜区的数字化建设由被动变为主动，从而全面推动风景名胜区数字化建设进程。

7.5 中国数字景区的探索与实践

1. 数字景区行业示范

2009 年，中国风景名胜区协会组织青城山—都江堰风景名胜区参与国家发改委"城市与风景名胜区遥感信息综合服务应用示范"课题研究，青城山—都江堰风景名胜区通过示范工程建设，构建服务于风景名胜区三维数字化综合管理应用，实现资源保护、规划管理、应急指挥决策分析等三维数字化综合管理，进一步提升资源保护、规划建设与旅游安全保障等综合数字化管理能力，取得了显著的社会效益，并为风景名胜区管理部门改进管理模式提供示范建设经验，其技术成果和管理模式在全国风景名胜区行业的推广应用，将带动行业管理与服务水平的提升。

2. 数字景区行业应用示范需求分析

2008 年突然而至的"5·12"大地震对青城山—都江堰景区毁坏严重，已经建好的数字化景区系统遭受重大破坏，各项建设内容亟待恢复重建，青城山—都江堰数字化综合管理应用示范是青城山—都江堰数字化建设的核心工作之一，也是此次灾后重建规划中的一项重要内容。示范工程建设目标是，基于计算机网络技术、遥感技术、多媒体及虚拟仿真等现代科学技术，构建服务于风景名胜区数字化综合管理应用，为风景名胜区管理机构在资源保护、规划管理、应急指挥决策分析等综合管理方面提供数字化技术支撑。

3. 数字景区行业示范业务描述

本系统是建立以一张遥感地图为核心、一套数据库为基础、一套标准体系为支撑，运用 GIS、RIA 等信息技术手段，建设风景名胜区综合管理与指挥调度平台，为风景名胜区管理机构提供资源保护、综合管理、旅游服务、安全防范、协同联动、可视化并统筹多业务的精细化管理应用系统。

1）建立统一数据中心

数据中心是青都数字景区的中枢，集中整合和管理青都数字景区各业务系统核心数据，为青都数字景区各应用系统提供数据计算、处理、存储、共享、备份等服务，依托数据中心实现各景区信息资源的集中、安全、统一管理。

2）建立智能指挥中心

智能指挥中心是青都数字景区各个职能管理部门的通信指挥网络核心，它汇集了 GIS 地理信息系统、GPS 车辆调度系统、电子门禁系统、数字监控系统、森林防火系统、环境资源检测系统、旅游咨询系统、网络售票系统等，通过智能指挥中心可实现青都数字景区的指挥、管理、服务高度统一。

3）建立景区的基础数据管理体系

实现基础数据和业务数据规范化，按统一的标准存储在信息中心，建立统一的信息资源库，实行集中存储、集中管理，保证数据的完整性和安全性。信息资源可以通过规范的接口提供给青都风景名胜区各管理部门和旅游企业共享，提高信息资源的利用率。从而实现对景区核心资源的标准化、精细化管理。

4）建立规范化、精细化的经营管理与资源保护体系

通过将景区资源和经营管理信息进行数字化、标准化和计算机化，建设资源保护、行

政管理、服务管理等业务系统，逐步形成一个协同、动态、高效的经营管理系统，为景区日常经营管理服务，提高管理效率，降低管理成本，实现景区的现代化经营管理。

负责对景区的生态资源、环境进行监测和管理，建立生态保护系统对景区的资源分布情况进行调研和信息采集，并将相关数据录入到生态保护数据库中，实现景区资源的数字化管理。

5）建立现代化的旅游服务体系

通过透明、先进、优质的旅游服务平台建设，打造集指挥、调度、监督、索道、渡船、酒店、宾馆、宣传等全方位的服务体系，全面掌握游客数量及分布情况、旅游接待情况、接待设施准备情况等即时信息，并据此采取相应的人力、物力调配措施。通过网站和旅游咨询系统的建设，建立完善的客户服务体系，打造国际化网络营销电子商务平台，促进青都景区区域旅游新模式的建立。

利用灾后重建的契机，我们通过青都景区数字化建设，打造集景区管理、服务与资源保护为一体的高度集成、智能化信息化服务体系，进而实现创一流景区的发展目标。

4. 数字景区行业应用示范系统架构设计

青城山—都江堰数字化建设是将当前先进的信息技术应用到景区，实现了从监测、预警、分析、决策、指挥、评估和善后处理的全过程、流程化管理，建立起了统一指挥、功能齐全、先进可靠、反应灵敏、便捷高效的管理和指挥平台，实现了景区管理、指挥决策、便民服务三位一体、平战结合的综合数字化体系。

青城山—都江堰数字景区由信息化基础设施、基础数据采集、资源保护及景区管理、旅游服务四部分组成，形成了两大中心（数据中心、指挥中心）、三大平台（指挥决策平台、协同办公平台、电子商务平台）、24 个子系统（如：环境监测系统、监控子系统、门禁子系统、旅游咨询子系统、地理信息管理系统、大气环境监测系统、LED 信息发布系统和电子商务应用平台等），从 IT 基础架构、数据中心建立、业务应用集成到统一门户展示，构成了一个数据高度共享、业务全面覆盖、管理与服务融合的信息化体系。

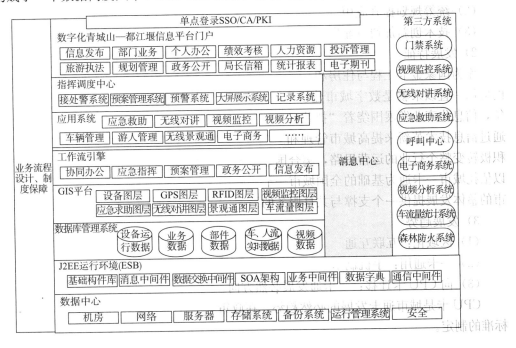

第 8 章　智能卡专业发展报告

8.1　数字城市智能卡行业概况

1. 数字城市智能卡的发展

国家金卡工程的启动实施，促进了各类卡的应用，并迅速渗透到国民经济各行各业。随着金卡工程的发展，行业性 IC 卡应用工程陆续启动，IC 卡已在我国电信、社会保障、交通、建设及公用事业等多个领域得到广泛应用。IC 卡的广泛应用对提高各行业及各级政府部门的现代化管理水平，方便百姓生活，推动国民经济和社会信息化进程都发挥了重要作用。

电信行业始终是我国 IC 卡应用的最大市场，占我国 IC 卡发行总量的 75％左右；公安行业采用非接触式 IC 卡换发第二代居民身份证；建设事业 IC 卡已被广泛应用到城市交通、市政公用等领域，建设事业 IC 卡应用提高了城市公用企事业单位的现代化管理水平，同时也增强了数字化社区和城市信息化建设；社会保障卡应用在制定规划、规范标准和应用管理方面取得了较大的进展。此外，卫生系统积极推进 IC 卡的应用，石油石化行业 IC 加油卡的推进，都为百姓生活提供了便利。

1）发展过程

（1）试点应用带动行业起航（1997～2002 年）；

（2）统筹规划提升应用规模（2003～2006 年）；

（3）技术创新加快行业发展（2007～2011 年）。

2）发展特征

作为国家金卡工程与住房和城乡建设部信息化工作的重要组成部分，数字城市智能卡的应用一直以来就是数字城市建设的核心内容。2011 年，是国家"十二五"规划的开局年，信息化产业发展围绕着"抓住经济发展方式转变，保障和改善民生"这一核心要求，通过信息技术革新来提高城市管理和服务水平、保证城镇化进程顺利推进这一崭新思路，积极转变整个行业的运营思路，契合国家信息化和区域城市一体化的推进目标，早日实现以依托城市一卡通为基础的全国城市一卡通的互联互通，从而形成为国家信息化与数字城市的整体发展提供一个支撑与共享服务的平台。

3）发展趋势

（1）区域化：互联互通

（2）一卡通用：手机刷卡

（3）向 CPU 卡迁移：一卡通发展必然方向

CPU 卡是城市通卡发展的必然趋势。在政策上，住房和城乡建设部也在进行 CPU 卡标准的制定。

总的来说，数字城市智能卡的建设现在不过是刚刚站在起跑线上，离终点还有很长的一段距离。"一卡通用"是一种发展的趋势，相信在国家的政策扶持、社会各界的努力、各企业的不断开拓创新下，终会实现"一卡多用"的梦想。

4）存在问题

作为国民经济支柱产业之一的建设领域，目前信息化水平还远落后于实际需要，特别是建设领域信息技术标准化工作严重滞后，有关信息技术应用的标准数量少，缺乏市场适应性，相关企业实质参与国际标准化的能力低。面临着系统及产品的兼容性、一卡通使用率、安全性、稳定性以及市场的规范的发展等瓶颈问题。

2. 国外智能卡发展现状

非接触式身份识别和交易技术在 2010 年全球市场上得到了迅猛发展，并于 2011 年继续保持增长势头。在全球范围内，移动和连接技术、云计算、机器间通信（M2M）验证技术已是大势所趋，加上物理和网络安全方面的威胁也日趋严峻；在此背景下，企业、政府和终端用户面临着越来越大的压力。

国际市场的一大新趋势是智能识别市场正在不断整合，以及市场正在朝"单一集成芯片、多重应用"的方向发展。

3. 国内数字城市智能卡发展现状

目前各种类型的一卡通在全国应用十分广泛。方便学生生活及管理的校园一卡通；备受瞩目的医疗一卡通免去了人们就诊时排队挂号、反复交费的麻烦；电影售票一卡通、不停车联网收费（ETC）一卡通、旅游一卡通、猪肉一卡通、蔬菜一卡通。我们置身于一卡通的世界中，享受着一卡通带给我们的便捷。

未来 IC 卡产业将坚持自主创新、面向应用、产用结合的方针，把握 IC 卡技术和应用的发展趋势，结合智能卡"一卡多用"和 RFID 应用试点，引导和开拓新的应用领域、新产品和应用系统，保障 IC 卡应用健康深入发展。

4. 中国数字城市智能卡的发展思路

考虑到各城市自身情况、发展规模、业务模式不尽相同，按其不同功能属性简单归纳为以下几类：

1）功能定位：单一的公共交通出行功能；单一的公共交通出行和部分生活小额支付功能；整合的政府公共管理和社会公共服务功能。

2）投资主体：当地政府或行业主管部门；民营企业；公交企业。

3）技术标准：

卡片选型：TAPE A 类卡，主要为 M1 卡和 CPU 卡。

交易方式：主要分为离线和在线。

密钥体系：住房和城乡建设部密钥管理体系；兼容住房和城乡建设部 IC 卡应用标准和人民银行 PBOC2.0 标准的密钥管理体系；自行建设独立的密钥管理体系。

我国的城市综合交通智能卡市场 1995 年正式发行。2003 年，我国城市交通 IC 卡年发卡量首次突破 1000 万张，之后年发卡量继续保持增长势头（图 8-1）。

随着城市公共交通智能卡市场的日益成熟，个性化卡、一卡多用、互联互通将成为下一阶段发展的主题，我国城市公交智能卡的应用将迎来新的发展机遇。

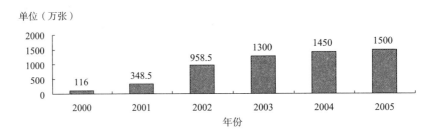

单位（万张）

数据来源：CCID、《卡市场》

图 8-1 我国城市交通 IC 卡年发卡量

8.2 中国数字城市智能卡业务分析

1. 中国数字智能卡业务新特点

概括说来，中国数字智能卡业务包含以下新特点：安全性高，方便性强，容量大，用户应用个性化，经济利益高等特点。

2. 中国数字智能卡业务需求分析

根据十七届五中全会发布的公告及《中华人民共和国国民经济和社会发展第十二个五年规划纲要》建议，中国数字智能卡业务需求有以下几方面：促进社会效率提高；提高产业结构竞争力与自主创新；促进区域协调发展与社会和谐；促进公共事业领域与文化大发展；推动市场发展与为政府提供决策信息；推进交通与物流领域的应用；促进信息安全领域应用；推进城市信息化建设等。

综上所述，"十二五"规划建议精神，将为中国数字智能卡产业带来积极的发展氛围，必将促使中国数字智能卡产业迈上一个新台阶。

3. 中国数字城市智能卡业务发展方向的预测和展望

中国数字城市智能卡的发展现状可以用"起步晚发展快、应用广泛、遍地开花、市场潜力大、竞争者增多"等几组词语来概括。

"行业联合、一卡多用"将是我国智能卡发展的重要方向。根据国务院领导多次指示，积极组织跨部门的"一卡多用"试点，探索多功能卡的管理和应用模式，力争取得实质进展。

8.3 中国数字城市智能卡发展的目标和任务

1. 中国数字城市智能卡发展的目标

1）中国数字城市智能卡的总体发展目标

在芯片技术发展成熟、运算速度加快、储存容量加大、便利性以及安全性的前提下，未来的市场将以非接触式智能卡结合生物辨识为发展趋势，可整合各种不同应用，并开发出完整的系统平台，使全球的卡片系统都能在统一规格的平台下运作，借以追求一卡多功、通行全球。此外，建设数字城市与智能卡的多卡合一将是中国数字智能卡未来发展的主要方向。

2）中国数字城市智能卡应用发展目标

谈到中国数字城市智能卡应用发展的目标，肯定要涉及与百姓民生息息相关以及事关数字城市信息系统建设布局的重要应用领域——全国城市一卡通。以"先试点、后推广"为模式进行逐步推进的城市一卡通互联互通应运而生。按照住房和城乡建设部相关国家行业标准及遵循互惠互利原则而建立的城市应用交互平台,将始终作为信息化产业发展应用的落脚点,引领整个城市建设公用事业进入飞速发展的高速轨道!

3) 中国数字城市智能卡产业发展目标

坚持自主创新、面向应用、产用结合的方针,把握智能卡技术和应用的发展趋势,加强智能卡关键核心技术研发和产业化,提升产业综合竞争力;结合智能卡"一卡多用"和 RFID 应用试点,重视信息服务业建设和加强智能卡应用中的信息安全保护,保障智能卡应用健康深入发展。

2. 中国数字城市智能卡发展的任务

1) 紧紧围绕经济社会发展和信息化建设大局,谋划 IC 卡与 RFID 产业的创新发展;

2) 实现 IC 卡"一卡多用",在发行"多功能卡"方面要有实质性突破,促进信息资源的整合与服务共享;

3) 坚持标准先行,积极稳妥地推进电子标签应用试点;

4) 加快银行卡芯片化进程,促进银行 IC 卡与行业性 IC 卡应用的结合与共同发展。

8.4　中国数字城市智能卡的发展思路和模式

在全国城市通卡应用迅速拓展的同时,通卡行业也逐渐面临一些发展障碍。主要来自于政策、经营和技术三个方面:

(1) 政策方面,中国人民银行《非金融机构支付服务管理办法》的出台,已明确将城市通卡纳入监管范畴,显示了国家金融部门对通卡行业的重视程度;

(2) 经营方面,如何加快应用领域拓展工作,增加发卡量,增强政府对通卡行业的重视,发挥通卡企业作为政府信息化平台作用;

(3) 技术方面,如何统一技术标准,解决卡片升级,处理快捷支付与交易安全间的矛盾;

针对以上行业面临的问题,北京市政交通一卡通、上海公共交通卡模式供借鉴参考。

1. 北京市政一卡通

北京市政交通一卡通有限公司是经北京市政府授权特许经营"北京市政交通一卡通"智能卡的制作、发售、应用、结算并负责系统投资和管理的企业。截至目前,北京市政交通一卡通已累计发卡逾 4200 万张,累计处理交易 190 亿笔。目前,北京市政一卡通系统已成为北京市以交通卡应用为核心的平台,连接公共交通、小额消费等及其他商业组织提供方便快捷支付、结算和服务。优惠的刷卡政策与日益扩大应用领域使北京市政交通一卡通早已与百姓的生活紧密联系在一起。2011 年,北京市政交通一卡通已在路侧停车系统、自行车租赁中实现刷卡应用。

北京市政交通一卡通的发展经验,首先是要做好本职工作,其次是要有服务意识,要一切为持卡人着想,不断提升一卡通的信誉度。利用已获得的第三方支付牌照的契机,为广大市民提供更优质的服务。

2. 上海公共交通卡

上海公共交通卡股份有限公司由上海久事公司、上海地铁运营有限公司等 10 家单位于 1999 年共同发起组建，负责公共交通卡的制作发售及系统的中央结算和清分。

1）发展阶段

上海公共交通卡公司按照"政府指导下的市场化运作"模式发展至今，由初创期建立完善的中央清算系统，到发展期全面拓展刷卡领域，再到如今更新换代期，系统为国产自主研发而成，从产品选型、系统规划到后期的功能拓展始终坚持循序渐进的发展模式。

2）网上充

"网上充"的交易终端集三大功能于一身——消费、查询、充值，同时本身还是一张交通卡，可以单独使用。"网上充"采用由住房和城乡建设部 IC 卡中心授权的安全体系，满足银行体系网上支付的要求。

图 8 - 2　上海公共交通卡服务中心

3）发展规划

按照规划，上海公共交通卡将力争在"十二五"时期完成系统升级改造工作。其在全国城市间互联互通的背景下，充分发挥现有平台作用，合理利用资源，以求实现规模效应，为更多、更大范围的百姓提供服务。

8.5　中国数字城市智能卡的发展路线

1. 中国数字城市智能卡建设的框架体系

1）数字城市智能卡产业体系

数字城市智能卡行业产业链分为上游和下游两部分。

（1）产业链上游。概括起来，产业链上游主要有以下几部分组成：集成电路芯片设计制造公司、芯片操作系统设计公司、塑料卡基制造和印刷厂商、智能卡封装厂商、系统集成商、读写机具厂商。其中，集成电路芯片设计制造公司和芯片操作系统设计公司最为主要。

（2）产业链下游。产业链下游是智能卡的最终使用者——用户。物联网时代的用户具有个性化的多样需求，如何满足用户定制化的需求将会成为运营商实现产品差异化竞争的重要手段。

2）智能卡技术及标准体系

根据卡中所镶嵌的集成电路的不同可以将卡分成以下三类：存储卡、加密存储卡和CPU 卡。按卡与外界数据传送的形式来分，有接触型 IC 卡和非接触型 IC 卡两种。当前使用广泛的是接触型 IC 卡。ISO7816 最广为人知的智能卡标准。我国已采用其第一、二、三部分为中国标准。此标准主要是定义了塑料基片的物理和尺寸特性（7816/1），触点的尺寸和位里（7816/2），信息交换的底层协议描述（7816/3）。

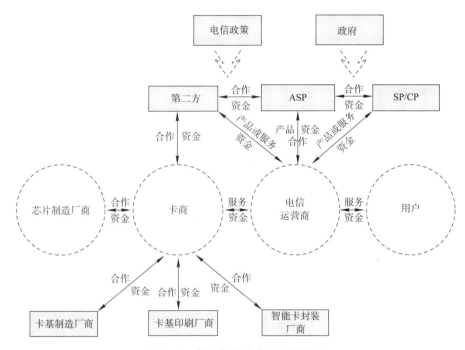

图 8-3 数字智能卡产业链结构图

3）智能卡的应用体系

智能卡广泛应用于金融、电信、电子钱包、政府、公用事业、交通和医疗等领域。从长远的眼光看，智能卡取代磁卡是必然的趋势，而且随着技术进步，卡的应用范围会越来越广，卡的能力将会越来越高。

图 8-4 数字智能卡应用领域

2. 中国数字智能卡的发展路线

1）中国数字智能卡产业链

总的来看，目前国内的IC卡产业主要可以分为卡前生产（上游）与卡后应用（下游）两个环节，整条产业链的构成如图8-5。

芯片设计 芯片制造 模块封装 卡片封装 机具生产商 系统集成商 服务提供商

图8-5 IC卡产业链的构成

IC卡产业链的特征

（1）国内IC设计开发业的特点：市场集中度低，中小企业偏多，上规模的厂家不多；分布具有区域性，设计能力尚薄弱，整体技术水平落后；产品以消费类、低阶为主。

（2）IC芯片制造业的特点：芯片制造业相对集中，区域性群聚明显；市场集中度大，典型企业达到国际先进水平；国内企业的生产线大部分处于非满负荷开工状态。

（3）模块封装业的特点：行业的进入门槛高，企业数目少，竞争的激烈程度相对较低。

（4）卡片封装业的特点：现阶段我国的封装业还处于成长期。封装业主要由独资企业，中外合资企业与国营大、中、小型企业三部分构成。独资企业与合资企业是IC封装业的主体。

（5）机具业的特点：市场规模大，竞争激烈，大部分企业的综合能力有待提高。

（6）系统集成商的特点：竞争相对不太激烈。制卡厂商、机具厂商与系统集成商的合作越来越重要。

（7）应用服务提供商特点：目前在IC卡的应用上政府的作用非常重要，一些重要的项目如社保、通信、税务等基本上都是政府行为。电信卡市场是IC卡的主要应用领域。

2）智能卡政策环境

目前中国政府对IC卡行业的政策基本上是积极扶持的，国务院的18号文件指导了整个行业的发展，之后中国政府又制订了IC卡行业的发展规划，并成立了相应的管理部门，而地方政府更是在税收政策上给予了各种优惠，因此总体而言，中国的IC卡行业面临的政策环境是非常好的。

3）智能卡相关标准

（1）IC卡技术作为一种信息技术，与其有关标准可分为三类：专业技术标准；应用标准；基本标准。

（2）IC卡的技术、应用标准可分为三类：国际标准、地区/国家标准；行业标准；企业标准。

（3）IC卡标准所包括的内容：IC卡的硬件标准；IC卡与终端设备之间的信息交换标准；IC卡的安全保密标准。

（4）中国IC卡标准规范现状：行业应用规范及标准如下。

① 金融——《中国金融IC卡卡片规范》和《中国金融IC卡应用规范》；中国人民银行公布的与金融IC卡规范相配合的POS设备的规范。

② 社会保险——《社会保障（个人）卡规范》；《社会保障（个人）卡安全要求》。

③ 通信——主要是遵循国际标准：ETSI/TCGSM（1992）。

④ 建设部门——《建设事业 IC 卡应用技术》。

⑤ 全国组织机构代码管理中心——《中华人民共和国组织机构代码证集成电路 IC 卡技术规范》。

⑥ 石化加油卡规范——《中国石化加油集成电路（IC）卡应用规范》。

⑦ 教育校园卡——《中国教育集成电路（IC）卡规范》。

⑧ 其他——目前 IC 卡在其他领域暂时还没有成文的规范和标准。

随着我国 IC 卡产业的发展及应用，标准化与规范化将是今后应用领域的主要发展趋势，不同城市、不同行业、领域之间的 IC 卡应用标准与规范也将相继出台。

4）智能卡应用服务

（1）公用电话——作为 IC 卡低端产品应用的大行业，公用电话 IC 卡无疑是多年来发卡量最大的对象。

（2）SIM 卡——与公用电话 IC 卡低端的产品相比，SIM 卡却是 IC 卡高端产品应用的推动者，我国的 SIM 卡将进入到一个更新换代的高峰期。

（3）社保领域的医保卡——这也是最吸引人关注的行业大卡，在未来几年里，非移动市场的 CPU 卡的增长很大程度上由社保卡来带动。

（4）公交卡——与社保卡不同，公交卡的使用具有选择性，公交卡的需求也将稳定增长。

（5）银行卡——银行卡的需求逐年递增。随着手机移动银行业务的兴起，银行用卡量将会迅速上升。

随着 IC 卡在这五大主要领域市场应用的扩大，必将带动 IC 卡在其他市场应用的增长，因此我们认为，今后 IC 卡在中国的应用前景将十分广泛和诱人。

8.6　中国数字城市智能卡的探索与实践

1. 全国城市一卡通互联互通数据平台建设

1）全国城市一卡通互联互通业务描述

全国城市一卡通互联互通是数字城市和国家金卡工程的重要组成部分，是改善民生、构建和谐社会的一大举措。实施互联互通工作，第一可以提高政府的信息化管理水平；第二可以促进我国城市一卡通行业的整体发展；第三可以提升各城市 IC 卡应用单位的运营能力。

2）中国数字城市智能卡的全国一卡通互联互通需求分析

全国城市一卡通互联互通工作，有以下几个方面的客观条件促使该工作启动实施。

（1）国家城市经济圈、都市圈的相继建立，使相邻城市间、区域间的交往更加频繁；

（2）我国城市 IC 卡的应用基础及未来发展已达到实施跨城市互通应用的条件；

（3）互联互通是城市一卡通发展的必然趋势。

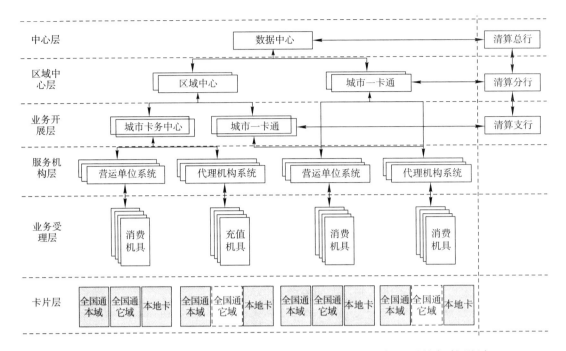

3）中国数字城市智能卡的全国一卡通互联互通数据处理中心系统架构设计

城市一卡通互联互通数据处理中心是全国城市公用事业领域 IC 卡互联互通交易数据的统一结算平台。其主要功能包括对城市与城市间、区域与区域间、城市数据处理远程托管三方面所发生的消费交易数据提供公共数据处理平台；对相应数据进行整合、分析、归纳，并为政府管理部门提供参考；同时可为城市 IC 卡运行系统提供数据备份。

城市一卡通互联互通数据处理中心系统可简单地描述为"三级平台，四级系统"，系统总体架构如图 8-6 所示。

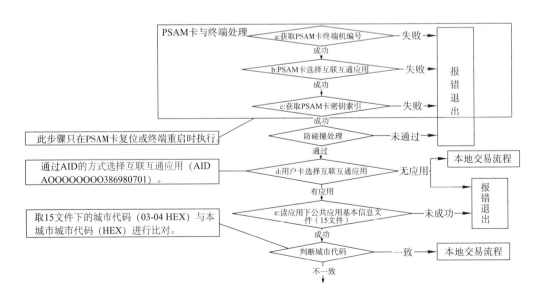

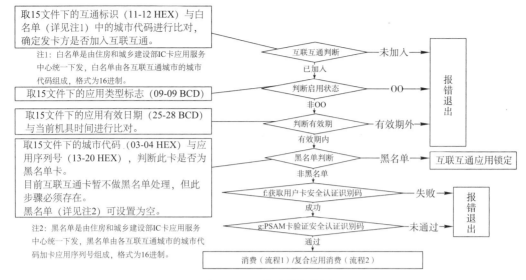

图 8-6 系统总体架构图

4）中国数字城市智能卡一卡通互联互通实现互联互通的条件

技术条件的完备是实现互联互通最重要的基础条件。实现城市一卡通互联互通的技术条件主要涉及三个大的方面，一是统一的密钥体系；二是符合标准的 CPU 卡及终端机交易流程；三是统一的数据清分结算接口。

除以上技术条件外，实现互联互通还需要地方主管部门、应用单位及行业生产企业的多方面配合。

2. 推动中国数字城市智能卡一卡通互联互通建设，搭建互联互通实验室

1）中国数字城市智能卡一卡通互联互通实验室描述

在互联互通的过程中，需要一个平台来将准接入的城市在此平台试运行，一旦在此平台运行成功，表示已经达成互联互通标准，即可顺利接入互联互通以提高工作效率。

2）搭建中国数字城市智能卡一卡通互联互通实验室的目的与意义

在应用层面上，实验室的建成可以提前发现城市加入互联互通过程中遇到的种种问题，以便修改调试，达到符合住房和城乡建设部城市一卡通互联互通标准。

在技术层面上，谐振频率作为智能卡重要的特征参数，因为测量方便，操作简单，而且能够为产品设计、验证与质量控制等方面提供较多的参考信息，因而在业界越来越受到重视。

3）中国数字城市智能卡一卡通互联互通实验室技术现状

众所周知，城市一卡通系统现在采用的载体是我们大家熟悉的基于 13.56MHz 的非接触式 CPU 卡，为实现和现有城市一卡通系统基础设施的无缝兼容，避免不必要的重复投资，13.56MHz 的这一技术标准应成为城市一卡通领域的相关支付的技术标准。

4）中国数字城市智能卡一卡通互联互通实验室架构组成与建设

（1）后台系统——该实验室使用一个后台数据系统来负责接入城市互联互通 IC 卡终端，该系统要求可以支持所有 IC 卡终端的文件收取，以及向数据中心传递数据包功能。

（2）终端机具——实验室中接入的城市的代表 IC 卡终端，应是该城市的主流产品，占该城市 80％ 以上的应用量。同时要满足 IC 卡互联互通要求。

（3）智能卡——用户卡应采用符合国家行业标准，并使用经住房和城乡建设部 IC 卡应用服务中心测试认定的 CPU 卡芯片。

5）中国数字城市智能卡一卡通互联互通实验室测试内容

（1）IC 卡终端——首先，城市提出加入互联互通，同时按照互联互通标准，升级改造 IC 卡终端，然后报送给实验室，在实验室中进行调试。

（2）支付载体——各种新兴的支付载体或技术报送给实验室，在实验室中进行调试。测试通过，表明此支付载体达到与实验室中其他城市互通条件，并可申报接入互联互通。

6）案例分析

在城市一卡通应用中发现 MIFARE 1 和非接触 CPU 卡共同存在时，在识别 CPU 卡时一些城市 IC 卡终端不识别。经过实验室分析，个别 IC 卡片终端厂商在理解国际标准 ISO 14443－3 部分定义对卡片发起初始寻卡及防冲突指令不充分。

在国际标准 ISO14443－3 部分已经定义对卡片发起初始寻卡及防冲突指令后，卡片返回的信息包含了区分和识别不同卡片型号的信息。

3. 中国数字城市智能卡移动支付以及城市一卡通手机支付方案

1）中国数字城市智能卡一卡通移动支付业务描述

移动支付在城市一卡通应用是一个发展的趋势，城市一卡通应用作为目前普及率最广的小额支付应用，也成了移动支付业务合作的首选，作为移动支付的主要参与者的移动运营商，也有联合推广城市一卡通应用的迫切需求。

2）中国数字城市智能卡一卡通和移动支付的融合

城市一卡通和移动支付的相互融合和渗透，能够带动从城市一卡通运营商直到商户整个产业链的发展；移动支付业务的发展会带来相应的利益，是城市一卡通运营商和商户双向的利益共同分享的结果。

住房和城乡建设部 IC 卡应用服务中心已经就统一移动支付在城市一卡通中的技术、产品、服务及应用模式，编制了《城市一卡通手机支付应用白皮书》。

3）中国数字城市智能卡一卡通移动支付技术方案分析

基于支付应用的移动支付几种主流技术方案的比较见下表：

主流方案		频率 Hz	定制手机	终端改造	安全性	局限性
双界面 SIM	外接天线	13.56M	—	—	高	机卡兼容性问题
	手机后盖定制天线	13.56M	需定制		高	支持手机较少
SWP SIM		2.45G	需定制	需改造	高	支持手机较少
RF SIM		13.56M	—	—	高	POS 改造问题
SD KEY		13.56M	—	—	高	手机需支持 SD 插槽；非接触方案尚需完善

从实际使用情况来看，每种方案都有着各自的优缺点。

4）中国数字城市智能卡一卡通移动支付的探索与推广

在我国，移动支付的商业模式逐渐形成了如下的三种运营商业模式：

（1）以移动运营商为运营主体的商业模式；

（2）以银行（支付服务商）为运营主体的商业模式；

（3）以第三方应用提供商（比如公共交通运营商等）为主体的移动支付模式。

在目前国内政策环境尚未明确，市场使用习惯尚未完全形成，市场集成 NFC 功能的移动终端数量有限的条件下，一个无需复杂的产业间合作流程而又能够满足当前移动支付迫切需求的产品方案就备受我们的期待，特别是值得我们的运营商以及用户的期待。

5）中国数字城市智能卡一卡通非接触卡贴的移动支付方案

首先，非接触卡贴可以方便地贴到任何外壳上面，其次，任何应用提供商都可以独立地发卡。此外，企业用户还可以为非接触卡贴设计各种精美的图案和精致的包装，满足特定客户的个性化需求。

6）中国数字城市智能卡一卡通移动支付未来发展趋势

近年来，中国各地均在推行市政交通城市一卡通的应用，其应用已经渗透到市民生活的方方面面。数字城市智能卡移动支付未来发展，应着眼于加强市场细分，根据不同市场需求制定对应的解决方案；加强行业合作，实现双方共赢。

8.7　中国数字城市智能卡的评价指标体系研究

城市一卡通系统的建设与运营是一个复杂的系统工程，它涉及城市经济和社会发展的各个方面，需要建立一个权威、系统、连续的评价指标体系。

1. 建立原则

评价指标体系必须符合以下原则：科学性与系统性、典型性与可操作性、先进性与可行性、总体性与阶段性、动态性和互补性、定量与定性相结合。

2. 评价基准的选定与建立

评价基准是准确评价城市一卡通建设的尺度，根据基准的参考点可以分为内部基准和外部基准。

3. 数字城市智能卡评价指标体系的框架

数字城市智能卡评价指标体系共分为三级指标，一级指标展开即形成二级指标子类，三级指标项则是具体评价指标。

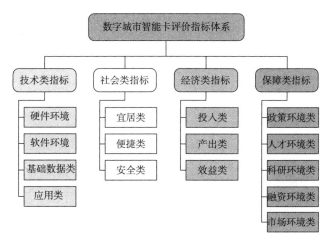

图 8-7　数字城市智能卡评价系统的框架

4. 评价方法

1）分项指数

分项指数由数字构成，共四个：技术类分项指数、社会类分项指数、经济类分项指数和保障类分项指数。

各分项指数是由三级指标到二级指标，再到一级指标推演的结果，是对数字城市智能卡建设的某个方面评价得到的结论。

2）评价指标体系综合指数

数字城市智能卡评价指标体系综合指数同样由数字构成，每个城市都有不同的综合指数，所有城市综合指数的排序便成为评价结果。

综合指数是四个分项指标推演的最终结果，是四个分项指标的线性加权，也是对城市数字化建设评价下的最后结论。

3）综合指数说明

数字城市评价指标体系综合指数由于在体系框架内产生，因此具有模糊性、相对性、有限性、实用性等特征。

8.8 中国数字城市智能卡的展望

随着物联网等战略新兴产业的发展，"十二五"期间，智能IC卡在各领域的应用普及将会更加广泛。主要体现在：金融IC卡，即电子钱包、电子存折、城市交通卡、组织机构IC卡代码证的全面推广、身份识别IC卡、社会医疗保险、养老领域；税收征管方面；公用事业收费IC卡等。其中，身份识别IC卡将成为IC卡应用的最大市场。

第9章 数字市政专业发展报告

9.1 中国市政公用事业发展特征与问题

1. 市政公用事业的定义

市政公用事业主要包括：（1）供水；（2）节水；（3）排水；（4）供气（天然气和人工煤气）；（5）供热；（6）电力；（7）环境卫生；（8）污水处理；（9）垃圾处理；（10）城市绿化；（11）公共交通；（12）道路与桥梁；（13）城市照明；（14）广告牌匾；（15）电信；（16）邮政；（17）其他（如运河、港口、机场、防洪、地下公共设施及附属设施的土建、管道、设备安装工程等）。

我国的城市市政公用设施包含水资源与给、排水系统、能源系统、交通系统、通信系统、环境系统、防灾系统等。社会性市政公用设施包含行政管理、金融保险、商业服务、文化娱乐、体育运动、医疗卫生、教育、科研、宗教、社会福利、大众住房等。

2. 市政公用事业快速发展

改革开放以来，传统的计划经济体制发生了很大变化，市场化程度逐步提高，城镇化进程加快，市政公用事业随之进行了一系列的改革。特别是"十五"、"十一五"期间，我国市政公用事业得到了快速发展。市政公用设施水平有了较大的提高，供给与服务能力明显增强

1）设施水平变化情况

设施水平变化情况表 表9-1

序号	行业	类别	2010年	与2005年比较	与早期比较
1	供水	用水普及率	96.68%	增长5.59个百分点	1981年的1.8倍
2	供气	燃气普及率	92.04%	增长9.96个百分点	1981年的7.9倍
3	污水处理	污水处理率	82.31%	增长30.36个百分点	1991年的5.5倍
4	生活垃圾	生活垃圾无害化处理率	77.94%	增长25.97个百分点	1991年的2.2倍
5	城市绿化	城市建成区绿化覆盖率	38.62%	增长6.08个百分点	1986年的2.3倍
		人均公园绿地面积	11.18平方米	增长3.29平方米	1981年的7.5倍
6	道路	人均道路面积	13.21平方米	增长2.29平方米	1981年的7.3倍

2）设施供给能力变化情况

设施供给能力变化情况表 表9-2

序号	行业	类别	2010年数据	早期数据	增长倍数
1	供水	综合生产能力	27601万立方米/日	2530万立方米/日（1978年）	10.9倍
		用水人口	38156.7万人	6267.1万人（1978年）	6.1倍

续表

序号	行业	类别	2010 年数据	早期数据	增长倍数
2	燃气	供气总量	20355242 万立方米	436152 万立方米（1978 年）	46.7 倍
		用气人口	36326 万人	1109 万人（1978 年）	32.8 倍
3	排水	管道长度	369553 公里	19556 公里（1978 年）	18.9 倍
4	污水处理	污水处理厂的日处理能力	10436 万立方米/日	64 万平方米/日（1978 年）	163 倍
5	供热	集中供热面积	435668 万平方米	1167 万平方米（1981 年）	373.3 倍
6	环境卫生	垃圾无害化日处理能力	387607 吨/日	1937 吨/日（1979 年）	200.1 倍
7	园林绿化	公园绿地面积	441276 公顷	21637 公顷（1981 年）	20.4 倍
		建成区绿化覆盖面积	1612458 公顷	246829 公顷（1990 年）	6.5 倍
8	道路	道路总长度	294443 公里	26966 公里（1978 年）	10.9 倍
		道路面积	521322 公里	22539 公里（1978 年）	23.1 倍
		人均道路面积	13.21 平方米	2.93（1978 年）	4.5 倍

3）各行业建设投资增长情况

各行业建设投资增长情况表　　　　　　表 9 - 3

序号	行业	"十一五"总投资（亿元）	"十五"总投资（亿元）	总投资增长
1	供水	1529.1	972.8	57.2%
2	排水	2868.9	1595	79.9%
3	燃气	951.6	588.1	61.8%
4	供热	1525.2	742.8	105.3%
5	公共交通	6043.8	1575.8	283.5%
6	园林绿化	4815.7	1495.4	222.0%
7	市容环卫	1157.7	467.0	147.9%
8	道路桥梁	21219.3	8751.9	142.5%。

3. 市政公用事业面临的问题

市政公用设施供需矛盾日益突出，尚未充分利用市政设施建设形成完善的监测监管体系，抵御自然灾害和次生灾害的应急防灾能力薄弱。主要表现在地区发展不平衡，不同规模城市发展不平衡，城乡发展不平衡，规划不科学，科技含量偏低等方面。我国市政公用事业存在突出的矛盾和问题，根本原因是以下几个方面：

（1）管理理念相对落后；

（2）管理目标存在偏差；

（3）管理手段匮乏；

（4）管理技术落后；

（5）缺乏有效监管。

9.2 数字市政的概念和发展

1. 数字市政的概念

关于数字市政的概念，理论界、产业界目前尚未形成一个公认的、完整的界定。数字市政是一个不断发展和演变的概念。

广义上来讲，数字市政是城市管理的一次重大飞跃，不仅给城市带来新的发展机遇和活力，也为全社会的健康、和谐、稳定、可持续发展提供了重要的支持。通过信息化手段更好地把握市政公用行业的运行状态和规律，保障与百姓息息相关的市政公用产品的稳定供给。数字市政将成为集成、共享城市供水、供气、供热、道桥、公共交通等信息资源的统一载体，为加快市政公用行业的现代化进程，构建宜居、宜业、安全、便捷的城市环境作出贡献。

狭义上数字市政是基于市政基础设施的数字化、网络化、可视化和智能化而构建的一个纵向贯通、横向集成、上下联动的市政管理运行体系，是基于实际管理需要应运而生的市政管理的有效途径。通过政府主管部门牵头，结合先进管理理念，利用3S（GIS、RS、GPS）、物联网等现代信息技术，对市政设施基本信息及运行参数进行数字化采集、整合和充分利用，建立市政基础资源数据库和市政综合管理体系，全面发挥市政设施的运行效能，保障市政公用事业的安全运行、科学调度、有效管理，提高快速处置能力，提高公众服务水平，辅助领导科学决策，持续推动市政公用事业的统一协调发展。

2. 国内的发展实践

目前，国内已有几十个城市不同程度地开展了数字市政的建设工作。中国数字市政行业发展目前正处于系统应用向集成整合发展的阶段。20 世纪 80 年代，广州市建成了城市管网管理信息系统（GUPIS），以 GIS 为核心，实现了断面分析、网络分析、管网工程规划综合、管网工程辅助设计、管网地图综合等分析功能。广州数字市政项目提出了统一信息平台的理念，对煤气、供水、排水、通信、电力以及城市道路等各类市政园林公用系统方面的地下管线进行全方位数字化处理；济南市数字市政工程围绕市政公用地下管网和地上设施的数字化和智能化管理，展开了 118 工程建设，整合城市供水、供气、供热、水质、排水、防汛、路灯、道桥等八大市政公用行业，实现了数据、业务、应急、调度、决策、分析、服务的一体化共享、交互和集成式管理；长春市建立市政公用综合监管信息系统，对城市地上基础设施部件实行网格化管理，将市政公用系统的监管、服务、预警预报及应急抢险纳入平台实施统一调度指挥；上海市公路管理机构在交警、供电、市政、绿化等部门的大力配合下，在外环线浦西段安装设置了交通监控诱导系统，数字市政的理念开始在上海的路沟桥中闪现，对于整体实现上海市智能化交通管理和提高道路管理部门的管理效率，具有十分重要的意义。

3. 国内的发展路线

我国数字市政的发展路线如下：

1）市政基础设施数字化

在对地下和地上设施进行全面普查的基础上，通过入库、整理和建模等手段构建设施数据库。实现市政资源基础数据的存储、更新、查询、统计，实现市政资源基础数据的动态管理。

2）全行业的资源集成共享

在市政基础设施数字化的基础上，基于全行业共建共享的建设思路，建立市政行业基础资源集成共享体系，进行地理信息、设施信息、运行信息等数据的获取、更新、处理和共享应用。

3）数字市政一级监管平台

数字市政一级监管平台建设的目标，是构建市政行业的运行监控预警处置网络和服务质量监测监管网络。

4）数字市政的应用系统建设

数字市政作为一个完整的体系，还需要建立和完善智能化的行业应用体系，实现城市供水、供气、供热、路灯、道桥、公交和园林环卫等全行业的信息化深入应用。

5）以数字市政建设为契机，建立包含市政规划学、市政管理学、城市社会学等传统市政学科的现代市政科学。

9.3 数字市政的框架

1. 数字市政的 GBCR^{SSE} 模型

数字市政的涵盖面非常丰富，为此，本报告提出了数字市政的四要素模型，又称数字市政的 GBCR^{SSE} 管理模型。该模型诠释了政府（Government，简称 G）、企事业单位（Business，简称 B）、公众（Citizen，简称 C）之间的和谐发展的规律。

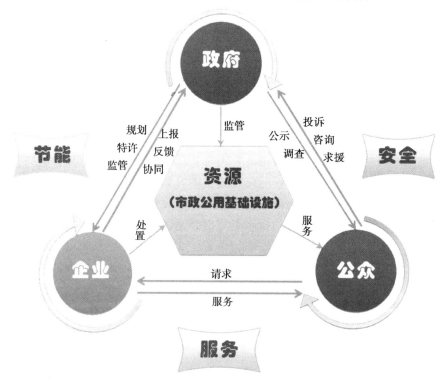

图 9-1 GBCR^{SSE} 模型

在市政服务与管理中，各能动要素分工不同：政府（G）的管理服务职能分为两类：
（1）条状管理：包括行业规划、特许经营、企业监管等；（2）事件的处理，表现在对市政基础设施进行监管，以及受理来自公众的投诉、咨询、救援请求等并组织相关资源予以响应。企事业单位（B）作为服务提供的主体，运营市政公用产品（包括城市各类市政基础设施和市容市貌、环卫、园林、绿化等城市环境），为市民提供服务。公众（C）则从中获得服务，并以监督者的身份参与到公共事务中来。

在理想的数字市政体系中，以运行安全水平不低于既定标准为约束条件，本着服务最大化和能耗最小化的原则，为政府、企业和市民提供全面的数字化和智能化服务。

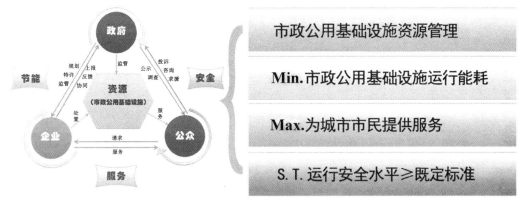

图 9 - 2　$GBCR^{SSE}$ 模型最优方程

2. 总体框架

数字市政是城市市政管理信息技术的综合应用。系统的基本框架包括基础资源公用层、政府监管决策层和行业综合应用层三个层次。

1）基础资源公用层

以市政公用基础设施为对象，采用数据仓库、分布式计算、GIS 等技术，组织和建立数据资源目录，构建市政基础资源管理与共享应用体系。

2）政府监管决策层

建设政府综合监管决策体系，全面监管行业的运行状态，对一些突发、应急和重要事件作出快速、有序、高效的反应。

3）行业综合应用层

各行业建立和完善行业综合应用系统群，并在标准的框架下实现与上级政府部门的数据集成与共享。

3. 功能框架

数字市政功能框架是将资源、安全、服务和节能的管理对应成相应的软件平台层面，包含资源管理平台、数据集成平台、综合监管决策平台、行业应用系统群四个层面，即三个平台和一个业务应用系统群，标准和安全体系贯穿始终。

1）资源管理平台

将所有的基础设施数据纳入统一的集成管理平台，实现基础设施数据的管理、维护、集成、共享。

2）数据集成平台

把各单位不同业务系统数据、运行状况、设备状况数据抽取、集成起来，提供一个统一的数据仓库。

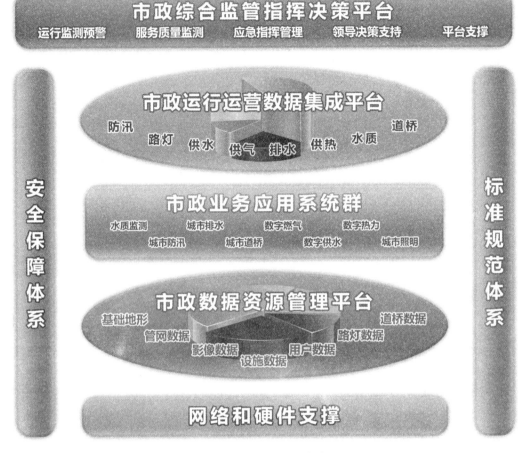

图 9-3　数字市政功能框架图

3）综合监管决策平台

集监控、应急、管理、决策、服务等功能为一体的数字化市政综合管理服务系统。系统以数据流打通不同业务之间的边界，实现各类业务的有机衔接，整合应用。

4）行业应用系统群

将各单位、各专项业务应用系统在统一的框架下建设、整合、完善并向局中心提供业务数据源。

4. 关键技术

建设数字市政是城市信息化的系统工程，既要抓好信息基础设施和空间数据基础设施，也要充分利用 3S、物联网和云计算等先进技术，提供更大的推动力，不断丰富数字市政的内涵，构建动态的生态数字市政系统。

5. 标准体系

根据当前数字市政信息化系统建设的总体要求和本项目建设的具体要求，有关标准体系的设计是项目建设的基础和必须先行的重要工作。近年来，由国家标准化管理委员会、国务院信息化工作办公室等机构牵头，制定了一系列信息化方面的国家标准、行业标准和地方标准。但总体而言，相关标准和规范的针对性、实用性、完整性等方面还有待进一步完善。

数字市政的系统建设在参照国家、行业有关标准基础上，结合行业实际情况，积极构建数字市政建设的标准体系，从而保障市政管理的规范性以及各层级政府单位进行业务往来与数据共享的可行性。标准体系须涵盖数据资源、信息安全、信息共享、系统应用、系统维护等方面。

9.4 数字市政的探索与实践

1. 济南市数字市政工程

济南市市政公用局自 2010 年 3 月开始，全面启动数字市政工程建设。重点开展市政公用数字化指挥调度中心，市政公用设施资源管理、安全、服务等相关信息系统建设，涉及城市供水、供气、供热、排水、路灯等八大业务板块，覆盖市政公用局和各下属单位。

1）总体框架

根据济南市市政公用事业局的业务现状，从实际需求出发，数字市政总体框架如图 9-4 所示：

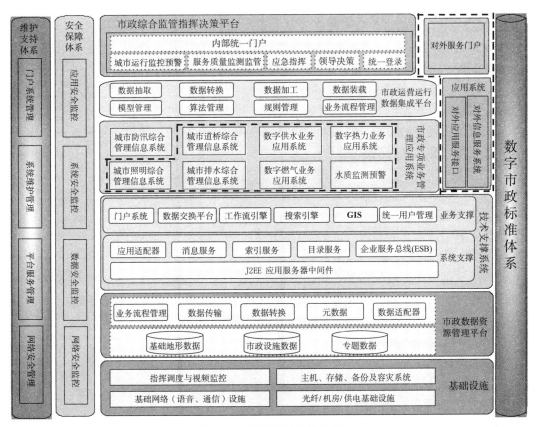

图 9-4 数字市政总体框架

2）建设内容

数字市政建设内容概括起来为"118 工程"，即建设一个市政公用数字化指挥调度中心、一个资源管理平台和八大业务应用系统。

（1）数字化指挥调度中心

数字化指挥调度中心作为数字市政核心枢纽，包括中心软硬件环境和中心管理平台建设。中心主要功能是作为数字市政的网络中心、数据集成和指挥调度中心。

（2）资源管理平台

建设供水管网管理系统、供气管网管理系统、供热管网管理系统、排水管网管理系统、照明设施管理系统、道桥设施管理系统，作为日常管理、运行维护工具，为设施的规划、设计、建设、养护、应急抢险和辅助决策等全生命周期管理提供支持。

（3）行业业务应用系统群

① 城市防汛综合管理信息系统

建立气象预警、雨量遥测、水位监测、视频监控和指挥调度五大系统，全方位收集气象、水位、水文、雨量、汛情、视频监控信息，为视频会商和指挥调度，提供直观的决策依据。

② 城市照明综合管理信息系统

采用单灯控制等技术，在根据交通流量和行人对路灯照明的需要，合理的设定路灯开/关、降功率、调光等亮灯模式，满足人们夜晚出行安全的前提下，调节路灯照明亮度，实现按需照明。

③ 城市道桥综合管理信息系统

实现桥梁管理、视频监控和桥梁健康监测等功能，感知市政道桥状态，有效预防桥梁安全事故的发生。

④ 城市排水综合管理信息系统

加强对城市排水设施安全运行和防汛排涝、污水处理的监管。建设排水管网、河道及中水站、泵站在线监测监控，实现对城市排水设施安全运行和防汛排涝、污水处理排放的监管，优化排水和泵站防汛调度。

⑤ 数字供水系统

实时地对供水系统进行数据采集与控制，实现对水厂制水、生产调度、供水监测、供水营销、客户服务、应急处置、综合办公等供水业务的科学化管理，达到城市供水行业管理精细化、服务标准化的要求。

⑥ 数字燃气业务应用系统

实现燃气设施全生命周期的管理，建立燃气运行监测监控网络，实时掌握燃气设施运行状况。通过对供气设施、密闭空间和重要区域采用红外及浓度监测等手段，实现安全供气。

⑦ 数字热力业务应用系统

实时监测调整供热运行参数及负荷。逐步实现分户计量，实时监测管网末端用户温度，打造供热生产运营及服务体系，增强供热管理能力。

⑧ 水质监测业务应用系统

建设集实验室监测、在线监测和流动监测三位一体的监测体系和应急处置信息化网络平台。建设多层次网络化在线预警监控平台，涵盖水源水、出厂水和管网水水质预警监测，提升政府监管部门对突发性水质污染事件的预警预报和应急处理能力。

3）项目创新

（1）设施数据的普查与数字化管理

（2）市政设施海量空间数据挖掘与决策支持

（3）应用物联网技术有效预警和智能监控管网运行状态

（4）通过技术手段在市政行业深入贯彻和体现民生与服务

（5）打造全国数字市政建设标准和模板

2. 长春市市政公用综合监管系统

在市领导的大力支持下，长春市市政公用局迅速着手立项招标，经积极筹建，市政公用综合监管信息系统于 2010 年 10 月 23 日正式启动。

1）总体框架

构建市政公用综合监管信息系统框架结构图如下，整个信息化建设分期进行，其中核心是一期工程的总体框架及集成设计以及市政公用基础平台开发建设。

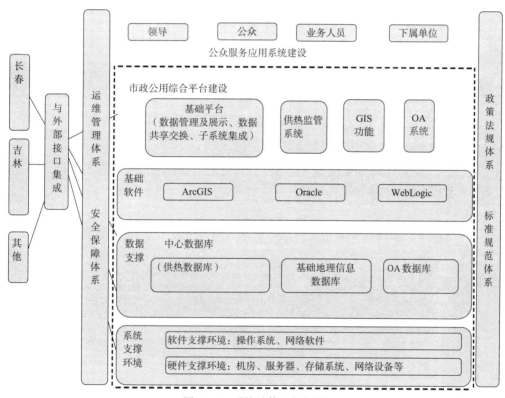

图 9 - 5　系统总体逻辑架构

2）建设内容

可分为软硬件平台建设、规范标准体系建设、信息系统建设、数据整理入库四大部分。

软硬件平台建设主要包括核心机房、指挥调度中心及软硬件平台集成建设。

规范标准体系建设主要包括技术标准规范设计、基础地形数据标准设计、综合管线数据标准设计、道路桥梁及其附属设施数据标准设计、专业管线数据标准设计、市政部件及网格化管理规范设计、目录及元数据标准规范设计。

信息系统建设主要包括市政管线综合信息管理系统、供热在线监控系统、办公业务OA 系统三大部分。

数据整理入库主要包括供热在线监控数据的整理入库处理、基础地形数据的整理入库处理、市政综合管线的整理入库处理、办公业务 OA 数据的整理入库处理四部分。

市政公用基础平台主要包括五个部分，分别是运维管理子系统、数据库管理子系统、数据共享交换子系统、数据综合展示子系统和信息服务管理子系统。

系统依托基础数据、指挥调度、综合监管三大平台，建设了八大专业、十四个应用子系统，包括：供热监管系统、综合管线系统、12319 呼叫系统、办公 OA 系统、视频会商系统、照明监控系统、城区防汛指挥调度系统、供气管理系统、供水管理系统、道桥管理系统、静态交通系统、应急指挥系统、网格化巡查系统和电子政务系统。

通过建设此系统，可以对城市地上基础设施部件实行网格化管理，建立地下管网数据库，对城市地上、地下实行一体化数字化管理，对突发事件预警预报、监控指挥、现场处置及评估，将市政公用系统的监管、服务、预警预报及应急抢险纳入平台实施统一调度指挥，建立长春市地理信息系统数据库，为领导科学决策提供基础数据。

3）项目创新

（1）整合的监管系统

（2）高效的调度指挥

（3）资源的共享利用

（4）智能化的功能设计

3. 北川县数字市政工程

北川县数字市政工程建设具有重大的现实性，是北川县灾后重建的重要项目，是顺应国际国内信息化发展总体趋势，推进信息化建设的客观需要，具有较强的政治、民生意义。

1）总体框架

根据需求调研情况和数字北川总体规划，从北川县市政管理业务的实际出发，数字市政总体框架如图 9-6 所示：

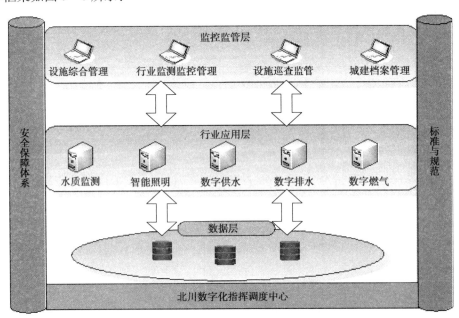

图 9-6 北川数字市政总体框架图

2）建设内容

（1）市政资源综合管理系统

① 市政公用基础资源数据整理和入库

数据整理是数据应用的集中体现，是数据入库的前提。其包含的内容主要有数据检查、管网成图、数据上传、数据更新。

② 市政设施综合管理系统

根据当前北川市政管理要求，市政设施综合管理系统由基础信息管理模块、安全生产管理模块、市政工程管理模块、综合业务审批模块、监督巡查管理模块、12319 派单处置模块等多个业务模块组成。

③ 综合管网管理系统

系统中包括数据入库更新、基础信息管理、查询统计、管网分析、管网编辑、数据输出、三维展示、系统配置等八个功能模块。

（2）基于物联网的城市市政设施监测监控专项应用系统

① 市政设施巡查监管终端

通过 PDA 终端内嵌的巡查系统将发现问题记录并反馈到系统中。北川县政府相关工作人员根据巡查人员发回的现场情况，通过工单派发方式及时派发设施维护部门和其他相关部门人员进行问题处理或应急抢险。

② 城市照明及景观灯监测监控管理系统

系统全面实现对城区路灯照明设施的遥控、遥测、遥信、单灯节能等功能，通过实时的遥测、遥信、遥控对各处景观灯进行有效的管理和维护，通过灵活的控制手段，应对一些重要场合对即时开关景灯的要求。

③ 市政给水公用产品质量监管系统

根据建设目标和原则，将系统划分为数据层、数据访问层、业务逻辑层、表示层四个层次。根据系统设计和功能需求，系统的建设分为水质监测、在线监控、供水调度监控、水厂制水管理四部分展开。

④ 市政燃气公用产品质量监管系统

自动完成各项信息的联网传输和分析处理，实现政府管理单位对燃气公用产品的监测监控。

⑤ 市政排水监测监控管理系统

系统主要由排水管线设施数据的管理、设施数据查询统计分析管理、排水业务空间分析管理、数据报表输出管理、设施巡查养护监管等功能模块组成。

（3）城建档案资源管理系统

利用 GIS 系统集成城建档案 OA、MIS 系统，使不同规模和不同信息化程度的市政管理部门实现以图文一体化为核心的档案登记、档案编目、档案保管、档案利用、档案查询、档案统计等业务流程自动化、可视化和规范化。

3）建设效益

（1）经济效益分析

有利于提升北川整体的经济运作和资源优化配置，提高经济增长的质量、效益和可持续发展。有利于改善北川的投资环境，有利于实现城市生活和管理的数字化、网络化服务，提高市民的生活质量。

（2）社会效益分析

有利于北川人民灾后心理创伤的恢复，推动人们思想观念、工作方式、学习途径、生活方式的改变。可以有效地提高城市规划、建设与管理的决策科学化、管理现代化和服务社会化，保障国家投入巨资建设的市政基础设施发挥最大的社会经济效益，密切党和政府与人民群众之间的联系，维护社会稳定。

4. 数字市政行业示范

行业应用系统群，既是各行业提升自身管理水平的保障，也是局统一监管、统一指挥的需要。

1）数字供水

实现对供水设施的全面、动态化管理，实时监控管网关键点，自动预警，辅助爆管事故处理。由几个主要部分组成，包括供水压力监测、流量监测、水质监测、应急指挥及营销管理等。

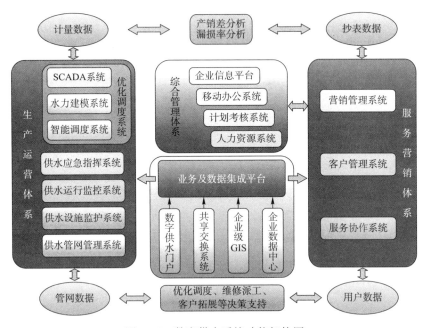

图 9-7 数字供水系统功能架构图

2）数字排水

提高城市排水设施规划、建设、管理、服务水平和安全运行保障能力的重要手段，是实现城市防汛、水环境改善和生态建设目标的重要抓手。由管网流量监测、排水液位监测、低洼及重要地点监测及清淤及管网养护等组成。

3）城市防汛

实现城市防汛指挥调度的信息化，提高城市防汛抢险救灾指挥决策和调度水平，增强城市防汛工作的快速反应能力，最大限度减少洪灾损失。由气象预警、雨量遥测、水位监测、视频监控和指挥调度等组成。

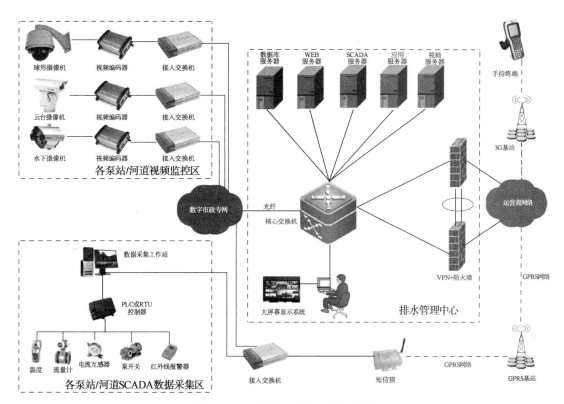

图 9-8　数字排水系统功能架构图

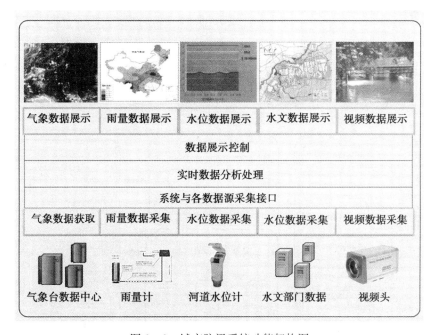

图 9-9　城市防汛系统功能架构图

4）智能照明

以节能和提供按需照明服务为目标，建立连接整个城市照明设备网络的无线通信平台、资源管理平台与控制管理平台。由城市照明控制系统、监控终端、智能服务器、单灯节能控制器等组成。

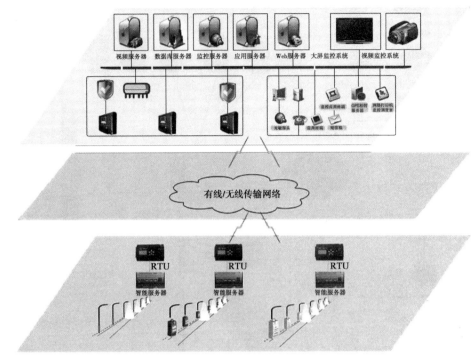

图 9-10 智能照明系统功能架构图

5）数字供气

通过燃气管网设施数字化手段，实现燃气设施全生命周期的管理，建立燃气运行监测监控网络，实时掌握燃气设施运行状况，实现对燃气设施可持续、动态化管理。由燃气压力监测、泄露分析、设施养护、应急指挥调度、统一客户管理等组成。

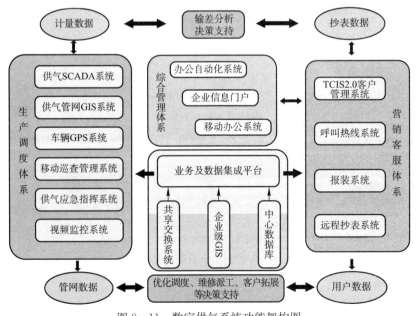

图 9-11 数字供气系统功能架构图

6）其他

数字道桥系统：实现桥梁管理、视频监控和桥梁健康监测等功能，感知市政道桥状态，有效预防桥梁安全事故的发生。

水质监测系统：建设多层次网络化在线预警监控平台，涵盖水源水、出厂水和管网水水质预警监测，提升政府监管部门对突发性水质污染事件的预警预报和应急处理能力。

数字供热系统：打造供热生产运营及服务体系，增强供热管理能力，保证热网安全稳定运行，提升供热质量和客户服务水平。

市容监测系统：动态监测市政市容环境情况，提取城中村拆迁和改造的建设进展情况、大型乱倒垃圾堆放点分布及其改造清除情况和铁路周边环境状况及其整治情况，形成监测成果以及监测专题图。

9.5 数字市政的展望

1. 近期任务

从数字市政的长期建设需求来看，将重点完成以下发展任务：建立健全有助于市政公用事业健康发展的监测监管体系；提升市政薄弱环节的科技含量，以数字化手段感知与服务民生；健全市政公用设施防灾标准，建立突发事件的快速反应机制；促进科技进步，提高市政公用事业现代化水平；以供热体制改革为突破口，全面推进节能减排工作。

2. 下步展望

随着物联网、云计算等高新技术的普及，智慧的应用将是数字市政的发展趋势。创新的智慧模式将市政公用行业管理由"P2P 的无限沟通"带入"M2M 物联时代"，实现政府职能从"管理主导型"向"服务主导型"转变。智慧市政将以智慧的网络、智慧的基础设施、智慧的应用体系和智慧产业不断发展为特征。

3. 结语

中国数字市政专业学组是在中国城市科学研究会下设分支机构数字城市专业委员会领导下的市政公用信息化专业学术交流与研究机构，是通过联合产、学、研、企、商各单位与政府部门，共同研究、探索符合我国国情的数字市政信息系统建设模式、工作机制、技术支撑等，提升各城市市政公用管理工作现代化、信息化水平，促进行业健康发展的非营利性学术团体。

第10章　数字投资专业发展报告

10.1　中国数字城市投资概况

1. 数字城市投资概况

随着数字化城市进程的加速推进，数字化城市发展中巨大的投入需求与现有投融资体制矛盾日益显现。稳定可靠的资金来源是增强城市发展可持续性的关键，稳定可靠的资金主要来源于财政资金和社会资金。社会资金来源的多样性，决定了投融资方式的多样化。目前各地政府都在寻求改革与创新投融资体系，打破融资难的瓶颈，为数字城市建设筹集更多的资金。

目前数字城市建设投融资方式有财政投资、直接融资、间接融资等。

2. 国外数字城市投资现状

国际上数字城市发展走过的道路，大体经历四个阶段。第一阶段：网络基础设施的建设阶段。第二阶段：市政府和企业内部信息系统建设。第三阶段：市政府、企业上下游、相互之间借助互联网实现互通互联。第四阶段：是网络社会、网络社区、数字城市的形成。

美国、加拿大、欧洲、澳大利亚等国家和地区，已经完成第一到第三阶段的基本任务。

在国外数字城市建设过程中，通常使用的投资模式包括：

1）BOT 模式

BOT（Build－Operate－Transfer）模式，即建设—经营—转让方式。

2）TOT 模式

TOT（Transfer－Operate－Transfer）模式，即移交—经营—移交模式。

3）ABS 模式

ABS（Asset－Backed－Security）模式，即资产证券化。

4）PPP 模式

PPP（Private build－Public leasing－Private operate）模式，即私人建设—政府租赁—私人经营的方式。

5）债券融资

从发达国家的经验看，市政债券可为城市建设融资提供一条稳定的渠道，使城市能通过市场的方式，低成本、长期地筹集建设资金。

6）股权融资

股权融资采取多种形式，对一部分基础设施进行股份制改造，提高基础设施领域的民营化程度。

7）投资基金

发展基础设施投资基金，可引导社会储蓄有效转化为投资，为民间投资者开辟一条收益稳定、风险适中的投资渠道。

目前在数字城市建设投融资方面，欧洲的融资主要是依靠银行信贷来进行，而美国则更多地依靠面向资本市场发行的市政债券来融资。

3. 国内投资领域现状

数字城市所涉及的行业很多，但绝大多数在信息行业，从产业结构上看，属于第三产业和第四产业，数字城市产业的发展是推动我国产业结构调整，加快服务产业发展的重要力量。与此同时，我国数字城市刚刚起步，通过统筹规划使其与绿色 GDP、绿色城市、生态城市、节能环保等概念进行有机的结合，可以使我国经济发展之路更加健康、更加绿色、更加环保。

在国家的大力提倡和政策引导下，各级政府也积极响应，在城市建设中把数字城市建设作为重中之重。2011 年 6 月 28 日，中国数字城市专业委员会投资专业学组在扬州成立，并陆续考察了辽宁铁岭市、四川都江堰市、海南三亚市、江苏昆山市张浦镇等城市（镇）等，与市政府领导共同积极商讨了关于投融资体系对数字城市发展的作用，以及资本运作的目标和运作流程，商谈成立"数字城市产业股权基金"设立事宜。

4. 中国数字城市投资的预测

从国内外发展模式来看，我国数字城市发展必须经历一个政府管理转变到市场经营的发展过程。数字城市内含的规模性与系统性要求其实现产业化。

目前国家发展与改革委员会出台了启动民间投资的具体办法，各地、各部门积极贯彻落实，积极探索数字城市建设项目产业化、市场化运作模式，广泛吸引社会资本。按照市场经济规律，培育数字城市建设主体。

随着政府推动力量的加强，预计将会有针对中国数字城市投资相关支持政策出台，同时，民间资本将更多地参与到数字建设投资领域中来，产业基金、股权投资等利用资本市场的投融资模式在数字城市投资中所占的比重将不断提高，并最终成为除政府投资之外的主要投资形式。

10.2　中国数字城市投资业务分析

1. 中国数字城市投资新特点

1）政府推动与市场配置资源相结合

目前，政府仍是数字城市建设的重要推动力量，但并不排斥市场配置资源的作用，通过完善市场体系，进一步扩大对内、对外开放，鼓励和引导多渠道融资、多元化投入、多形式运营。如建立风险投资基金，逐步形成国际化、市场化的投融资机制，支持多种经济成分对数字城市项目进行商业性开发，积极探索专业化、市场化、企业化的运作模式。

2）资本市场助力数字城市建设

随着相关工作推广力度的加大，国内与数字城市建设相关的企业正在谋求上市及从资本市场上募集更多的资金用于相关建设。数字政通于 2010 年在创业板上市，募集资金超过 7 亿元。超图软件、软控股份、辉煌科技、银江股份等上市公司也通过资本市场募集资金，进行行业项目的建设。同时还有一批技术先进、产品优良、增长潜力大的数字城市相关行业公司正在谋求上市或通过资本市场购并扩大市场占有率，以期借助证券市场的力量造福社会，也回报投资者。

2. 中国数字城市投资需求

建设数字城市需要投入的资金，将以十万亿、百万亿计，远远大于其他产业的投入。而且数字城市涉及的经济领域中不同的层面和不同的领域，能带动的连锁效应是惊人的。以地下管线的统一规划、统一改造施工、集中监控、统一服务为例，其所需要的投资、其所产生的效益将远远高于高铁产业，而这仅仅是数字城市的一个项目而已。物联网、三网合一、公用事业服务统一平台等项目所能产生的巨大能量将给我国经济注入新的活力。

10.3　中国数字城市投资发展目标和任务

1. 中国数字城市投资发展目标

1）保证数字城市建设工程顺利开展

保证各项工程的顺利开展是数字城市建设投资的最基本目标，没有资金，建设无从谈起。目前各级政府都在配合国家建设布局，在财政和投融资方面给予大力支持。

2）通过投资调配，合理布局数字城市建设重点项目建设

各项工程的建设有先后，经过国家住建部统筹规划，按合理布局展开。有些方面的建设是后续建设的前提，而还有一些建设则可同时开展，这就要求投资有先后、有重点。

3）探索新的投融资方式，多方拓展投资渠道

积极拓宽融资渠道，多方筹措建设资金。一是着力改善投资环境。二是大力推进银政企合作。三是切实加大对国家和省补助扶持资金的争取工作力度。四是创新资金筹措办法。五是各地加大招商引资工作力度。

4）汇集资金的同时，为出资人创造更好的投资回报

在利用资本市场筹措资金时，产业基金、股权投资基金等方式都是资本与专业管理的有力结合。通过专业的资本管理团队，可以将资金投入精心筛选的项目，这些项目需要在规模、技术、产能、利润、法律结构、经营规范等方面达到一定的标准，通过资本运作，最终通过企业上市实现项目退出，从而为投资人谋取较好的资金回报。这可以打造一种双赢局面，形成投资的良性循环。

2. 中国数字城市投资发展任务

1）大力促进民间投资，稳固投资增长的内生基础

尽快出台促进民间投资的实施细则。由发改委牵头研究促进民间投资的实施细则，报批印发实施。

深化信息化投融资体制改革，制定有利于数字城市建设的投融资政策。按市场经济的规律筹措资金，采取与国际接轨的运作机制，形成有多种投融资渠道、多元化投资主体和多类投资政策构成的新的投融资体制。

2）抓紧建立产业基金和股权投资基金

通过建立数字城市产业基金和股权投资基金，针对重点项目、优良公司进行投资，推进行业发展，协助公司扩大规模、占领市场，并最终完成公司上市。基金通过资本运作获得较大收益，拉动当地经济的发展。

加快发展风险投资。信息产业尤其是软件产业的发展，需要以风险投资为依托。要开

辟风险投资资本的多元化、多层次投入渠道，制定优惠政策，鼓励和吸纳国内大型企业、企业集团投资发展信息产业，积极引入国际风险投资。建立风险投资机制，鼓励中小企业创新发展。

3）利用资本市场，培育一批上市公司

数字产业大多属于新兴产业，规模小，资产规模不大，比较符合中小板、创业板、新三板的要求。可以对所有数字产业的项目进行归类，把它们分为已基本具备上市条件的、需要培育的和不准备上市的企业，在政策上给予适当的倾斜和支持，重点扶持一批企业进入资本市场，并让这些企业作为细分市场的领军企业，它们的示范效应也会推动数字城市建设的进一步发展。

10.4　中国数字城市投资发展思路和路线

1. 中国数字城市投资发展思路

1）中国数字城市产业的特点

分析数字城市建设过程中的投资项目，我们发现其中具有较好盈利前景的项目不足20%。显而易见，这数万亿的投资寄希望全部由财政（包括国家与地方）开支，这不现实，也不可能。直接让企业去投资，效果也不会好。

由于数字产业本身的特点及外部融资环境与投资环境发生的根本变化，传统的投融资模式无法满足数字产业的投融资需求。

从数字产业本身的特点来看：

首先，数字城市产业的产业链不像其他产业那么清晰，它的服务对象有政府、企业，也有家庭及个人。

其次是盈利模式的不同。数字产业是一个新兴产业，其盈利模式需要在运营中经过不断摸索、不断调整，逐渐成形。只有一小部分项目投入不久即可获利，大多数项目需要有一个市场培育期，能否盈利，前景并不明确。

2）目前我们的外部投融资环境

我国传统的融资渠道除企业原始积累外，主要有三个方面：银行贷款、财政投入、引进外资。现在看起来，目前这三个方面都有相当大的困难。

为了对付通胀压力，国家收紧银根，提高准备金率和提高银行贷款利率，在此形势下，大量依靠财政拨款和银行贷款几乎是不可能的。引进外资也遇到类似的情况。

但另一方面，社会游资（也称热钱）却很多，有关报道预测的数字约有 10 万亿，这些钱到处在找投资机会，但缺乏合适的投资渠道。从总体上看，必须有合适的渠道引导这些资金，减缓通胀的压力。

3）主要思路

国家级"科技型中小企业创业投资引导基金"的正式出台给国有资本进行风险投资提供了全新的思路，通过几个不同国有资本出资人组合成立创业投资引导基金，从制度上采取间接管理的方式，通过投资主体之间的不同层面和系统的不同利益要求制衡各方权限，切实解决投资主体缺位的问题。同时引入第三重委托代理关系，将人力资本与信用资本的组合交由专业的投资管理团队，可以有效弥补国有资本、人力资本与管理能力的先天缺陷。从而我们可以确定这样的思路,利用基金这一媒介,将数字产业的融资问题与资本市场联系起来,采用直接融资为主的方式。

2. 中国数字城市投资发展路线

政府引导、企业为主、社会参与、市场化运作、制度创新、模式创新。

要有效体现政府引导职能,首先需要建立项目数据库,以确定引导资金的流向。一方面应当按规范要求收集和整理所有的数字城市项目,同时对这些项目进行分类。

其次,应该利用一定的引导手段,建立政府引导基金,有条件的地方政府也可以设立地方政府的引导基金,引导资金一般不直接投入项目而是作为产业基金的种子基金、地方政府基金的配套基金、关键技术和重点工程的专用基金和实施优惠政策时的专用基金。

在此基础上,通过制定标准、规范以及优惠政策,包括土地、税收、人才引进、技术攻关、资源配置、许可制度等手段来影响资金的流向和流量。

制度创新和模式创新有很多问题值得研究和探讨,充分利用专业团队和资本市场的中介机构,我们完全有可能从资本市场上解决大部分数字城市建设发展所需的资金。

10.5 中国数字城市投资的探索与实践

1. 引入企业投资

在数字城市基础设施建设中,各地都进行了创新投资方式的实践,如 2006 年上海嘉定在无线数字城市的建设过程中引入了企业的投资,投资商可以通过广告收回投资;再如 2007 年 6 月开始的成都温江金马河区域无线数字城市建设也吸引了房地产商的投资。

2. 吸引各类社会化投资

根据《郑州市"十二五"数字城市建设发展规划》,"十二五"期间郑州市数字城市规划建设项目初步匡算总投资为 318 亿元。其中政府投资 18 亿元,吸引各类社会化投资 300 亿元。

2003 年以来,重庆市组建市属国有建设性投资集团,把原来由政府直接举债为主的投资方式,转变为由投资集团向社会融资为主的市场化方式。

3. 建立市场运作机制

为尽快建立市场运作机制,实现数字城市建设投资多元化,天津拟组建信息化投融资主体即数字城市投资发展股份有限公司,由政府控股或参股,广为吸纳社会和海外资金参与建设,实行政府投资和市场融资相互结合,充分发挥市场融资功能。

4. 政府投资引导、社会投资跟进

在数字城市重大项目上采取"政府投资引导、社会投资跟进"等方式。数字城市建设初期需要大规模的投资,政府设立引导资金十分必要,市政府通过设立城市信息产业发展专项资金、数字城市示范工程引导资金、公益性信息化基础设施项目建设资金、重点信息化工程的贴息资金等,引导社会投资积极参与数字城市建设。

10.6 中国数字城市投资的评价体系

1. 评价体系的建立原则和评价基准

指标体系是由一系列相互联系、相互制约的指标组成的科学的、完整的总体。中国数字城市投资评价指标体系的设计遵循以下原则：

1）系统性：指标体系的设计要综合、全面，但又要尽量避免指标之间的复杂及交叉重复；

2）科学性：指标体系的设计既要科学、合理，又要客观、务实；

3）可测性：评价指标的含义应该明确，数据资料收集方便，计算简单，易于掌握；

4）可操作性：指标体系的设计不仅要在理论上有依据，在实际操作上也要简单易行；

5）前瞻性：评价指标的设计既要立足于现在，能为目前的数字城市投资服务，也要能保持一定的超前性，能为未来发展变化了的数字城市投资服务。

2. 中国数字城市投资评价指标体系的框架

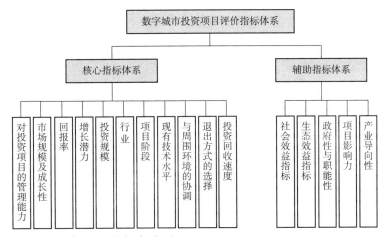

3. 中国数字城市投资评价指标与方法

1）中国数字城市投资评价指标

在评价中国数字城市投资时，以下指标是投资项目评估的关键因素：对投资项目的管理能力、市场规模及成长性、回报率、增长潜力、投资规模、行业、项目阶段、现有的技术水平、与周围环境的协调等。由于数字城市建设中的许多基础设施建设项目为公共产品，因而项目评价的核心指标还应该包括：

社会效益指标：核心指标应该包括人民生活水平指标、生活条件及基础设施指标，经济增长指标；附加指标应根据具体的项目进行选择，项目的建立必然带来就业的增加，相应会带来各个方面的改变，对于不同性质的项目要根据其自身的特点进行指标的选择，如就业指标、经济结构指标等。

生态效益指标：数字城市注重生态环境效益，注重节约自然资源和环境的改善程度。这也是项目能够可持续发展的重要前提。因此，有必要设置节约自然资源指标和环境效果指标。

政府投入的政府性与职能性：政府投入作为政府宏观调控的触角，肩负着引导社会资金流向的责任。这就要求其在进行投资时除了注重投资收益，还必须将投资重点和方向放在政府着力引导的产业上，选择投资对地域经济发展有着较大影响的项目。

项目影响力：数字城市产业很多项目属于公共项目，甚至有的项目盈利性并不强，但却可能因为能给公众带来较为便捷的生活而具备较大的影响力。因而在对项目进行评估时，有时需要撇开项目的盈利情况考察其影响力。

产业导向性：数字城市产业可划分至诸多细分领域，评价某一项目时需看它对整个整个产业的导向性及在整个产业中所处的位置。

数字城市建设中的公共产品项目所带来的效益一般都很难量化，对以上建立的评价指标体系进行评价，主要是从项目的社会效益和生态效益进行的。通过核心指标和附加指标的建立，争取较客观地对数字城市投资进行评价。

2）中国数字城市投资评价方法

鉴于数字城市投资中所涉及的相关因素较多，投资方式不同，因而针对不同的项目投资需要采用不同的评价方法。政府投资采用综合分析方法，除考虑投入与收益因素外，还需更多考虑以上列出的指标。

而针对产业基金或是股权投资基金的投资评价则需采用专业的基金投资评价方法，从净现值、获利指数和内含报酬率方面进行评价。

10.7　中国数字城市投资的展望

1. 数字城市投融资体制改革将不断深入

我国数字城市建设与运营需要社会化持续资金保障，数字城市建设投资将会是一个长期的过程。在这个过程中，我们将目睹投资领域的一系列变化。数字城市产业的兴起将是我们深化信息化投融资体制改革的良好契机，随着政府支持力度的加大和数字化城市产业发展的深化，国家将制定有利于数字城市建设的投融资政策，按市场经济的规律筹措资金，采取与国际接轨的运作机制，形成有多种投融资渠道、多元化投资主体和多类投资政策构成的新的投融资体制。

2. 数字城市投融资将越来越市场化

国家将放宽市场化的投融资领域，拓宽投融资渠道，鼓励投融资方式创新，逐步形成"以政府投入作引导，企业投入为主体，银行贷款支撑，广泛吸引社会投资和境外投资"的数字城市建设多元化投融资机制。数字城市建设与运营管理的投资渠道将不断得到拓展，投资模式多元化，城市政府与国家及社会化资金得到对接。

3. 资本市场将成为数字城市投资的不可或缺的部分

国内资本市场的发展将不可避免与数字城市建设相融合。通过建立产业基金和数字城市股权投资基金，专业的管理团队可以在政府资金引导的前提下，募集更多的民间资本，投资于数字城市产业中优质的项目公司，并协助这类公司制定发展战略、理顺业务链、扩大市场份额、规范财务体系、建立现代企业制度，并最终协助企业完成上市，从而实现投资的退出。企业与投资人达到双赢。通过示范性企业的树立及投资人可观回报的获取，整个数字城市产业乃至投资产业都将得到进一步的发展。

第11章 智能电网专业发展报告

11.1 智能电网概况

智能电网分为三个发展阶段：

2009～2011 年为第一阶段，即规划试点阶段。完成智能电网的整体规划，形成顶层设计；制定智能电网建设标准；加强各级电网建设，开展关键性、基础性、共用性技术研究工作，进行技术和应用试点。到 2011 年，智能电网关键技术设备研究和建设试点全面开展。"两纵两横"特高压网络架构基本形成；可再生能源发电运行控制和功率预测技术取得突破，电网接入风电规模达 3500 万千瓦、光伏发电 200 万千瓦、抽水蓄能 1900 万千瓦；110 千伏及以上线路超过 70 万公里、变电容量 28 亿千伏安，其中特高压交流线路 1.1 万公里、变电容量 1.2 亿千伏安；特高压直流输电核心技术达到国际领先水平；电网优化配置资源能力超过 1.2 亿千瓦，其中特高压电网超过 4000 万千瓦；制定智能变电站、智能设备技术标准规范体系，完成智能变电站建设及改造试点；完成智能配电网示范性工程建设，电动汽车充电站达到千座规模；建设双向互动服务及分布式电源接入试点，在北京、上海等中心城市建设 1～2 个智能用电示范小区或工业园区，智能电表覆盖率超过 30%，用户超过 6000 万户，智能电表全面覆盖 10 千伏电压等级的大用户、工商业用户；完成智能调度技术支持系统开发，在国调、"三华"网调和部分省调投入运行，500 千伏及以上厂站的相量测量装置覆盖率达到 95% 以上；建设四个通信枢纽中心，建成"SG186"工程。

2012～2015 年为第二阶段，即全面建设阶段。跟踪发展需要、技术进步并进行建设评估，滚动完善修订智能电网发展规划和建设标准，智能电网建设全面铺开。到 2015 年，基本建成坚强智能电网，关键技术和装备达到国际领先水平。基本建成以特高压电网为骨干网架、各级电网协调发展的国家电网；风电、太阳能等可再生能源发电运行控制和功率预测技术全面推广，电网接入风电规模超过 6000 万千瓦、光伏发电 480 万千瓦、抽水蓄能 2900 万千瓦；110 千伏及以上线路超过 100 万公里、变电容量 47 亿千伏安，其中特高压交流线路 3.9 万公里、变电容量 3 亿千伏安；电网优化配置资源能力超过 2.4 亿千瓦，其中特高压电网超过 1.5 亿千瓦；灵活输电技术全面推广应用，关键技术和装备达到国际领先水平；开展枢纽变电站智能化建设和改造，加强智能化设备对电网优化调度和运行管理的信息支撑功能；完成省会城市实用型配电自动化系统建设，电动汽车充电站超过 4000 座；双向互动服务在部分城市得到应用，基本建成用电信息采集系统，智能电表覆盖率超过 80%，用户超过 1.4 亿户；公司系统省级以上调度机构建成智能调度技术支持系统，500 千伏及以上厂站的相量测量覆盖率达到 100%；建成规范、统一、全覆盖的输配电通信传输网、接入网、管理网、同步网，基本建成国家电网资源计划系统。

2016～2020 年为第三阶段，即引领提升阶段。在全面建设的基础上，评估建设绩效，结合应用需求和技术发展，进一步完善和提升智能电网的综合水平，引领国际智能电网的技术发展。到 2020 年，全面建成坚强智能电网，技术和装备全面达到国际领先水平。全面建成以特高压电网为骨干网架、各级电网协调发展的坚强国家电网；新能源有序并网发电，并与电力系统协调经济运行，电网接入风电规模超过 1 亿千瓦、光伏发电 1000 万千瓦、抽水蓄能 3200 万千瓦；110 千伏及以上线路超过 130 万公里、变电容量 79 亿千伏安，其中特高压交流线路超过 4.7 万公里、变电容量 5.7 亿千伏安；电网优化配置资源能力超过 4 亿千瓦，其中特高压电网超过 3 亿千瓦；特高压及 FACTS 技术和装备全面达到国际领先水平；枢纽及中心变电站完成智能化建设和改造；建立面向智能电网和智能化设备的设备运行管理体系；在重点城市建成具有自愈、灵活、可调能力的智能配电网，电动汽车充电站达到万座规模；双向互动服务得到推广，全面建成并完善用户用电信息采集系统，智能电表覆盖率达 100%；全面建成公司系统省级以上一体化智能调度体系；进一步强化和优化通信网络，全面建成 SG－ERP 系统，信息化平台整体达到国际领先水平。

11.2 中国智能电网业务分析

1. 中国智能电网业务特点

中国智能电网涵盖了从发电到用户各应用环节和通信信息平台的各个领域，是以特高压电网为骨干网架、各级电网协调发展的坚强电网，运用了各种先进的通信、信息和控制技术。中国智能电网具有信息化、自动化、互动化的基本特征。

在智能电网模式下，业务从传统电网模式下的隔离分散向协同创新方向发展，在技术引领与业务融合的双重推动下，将产生诸如大规模可再生能源并网、电动汽车充电站/桩管理、互动营销等新的业务领域，整个电网业务将呈现出显著的融合创新特征。

2. 中国智能电网业务需求分析

智能电网业务的变革和创新对信息技术的应用提出更高的要求，信息技术不仅需要为电网企业发展战略和各业务领域提供支撑，更需要作为企业业务创新的重要引擎，引领电网传统业务向智能化、信息化方向迈进。

现阶段，我国智能电网还存在着许多不足，需要有针对性地开展满足智能电网发展需求相应业务。

1）发电环节

我国电源结构以火电为主，水电、抽水蓄能、燃气发电等快速调节电源不足。随着可再生能源的加快发展，电网调峰调频的矛盾愈加突出；抑制电力系统低频振荡、发电机次同步振荡及谐振的技术需要进一步研究；风电运行控制技术尚不能满足大规模接入电网要求；光伏发电控制及并网技术处于起步阶段；抽水蓄能规模总量偏小。

2）输电环节

与国外先进水平相比，我国输电线路规划、设计、建设、运行等全过程技术和管理标准化存在差异；运行维护与装备管理较为粗放，线路巡视检测、评估诊断与辅助决策的技术手段和模型不够完善；对线路运行状态、气象与环境监测面不够；750 千伏及以上电压等级的灵活交流输电技术有待突破。

3）变电环节

按照坚强智能电网要求，目前变电站自动化系统信息共享程度较低，综合利用效能还未充分发挥；设备检修模式较为落后，需要加快由定期检修向状态检修过渡；一次装备的智能化技术水平有待提高。

4）配电环节

与国外相比，我国配电网网架结构相对薄弱；配电自动化覆盖范围不到 9%，远远低于发达国家水平，实用化水平较低；由于技术不成熟、网架结构调整频繁、运行维护力量不足等原因，大部分配电自动化设备处于闲置状态；配电网相关技术和管理制度欠缺，亟待完善；储能电池制造与大规模应用等技术方面落后于发达国家。

5）用电环节

目前双向互动服务内容的深度和广度有待进一步拓展，用电信息采集系统建设标准化程度较低，电能表及采集终端形式多样、智能化水平不高；支撑用电信息采集系统和营销信息系统等营销核心业务运行的通信网络和信息网络，尚不能达到实用化要求，面向用户侧的通信网络资源不足。

6）调度环节

相对于特高压大电网和大型能源基地的建设发展，电网调度技术水平还不能完全满足未来电网运行的需要，主要表现在：电网在线安全分析、控制手段需要进一步完善提高；对大容量风电、太阳能等间歇性电源的预测和调控能力不足；次日和实时电力市场相关调度技术尚处在起步阶段；调度技术支持系统建设不规范、技术标准不统一；电力通信网络结构仍需强化和完善。

7）通信信息支撑平台

目前通信信息支撑体系还存在以下问题：信息化发展不平衡，信息资源的集成和整合需进一步加强，信息系统的应用深度和实用化水平有待提高，配电侧和面向用户侧的通信网络资源不足，电力通信传输网络结构需要进一步优化，通信信息资源需要优化整合。

3. 中国智能电网业务发展方向

为满足智能电网的自动化、互动化、信息化需求，在以特高压电网为骨干网架，各级电网协调发展的中国智能电网模式下，需要开展涵盖发、输、变、配、用、调度以及通信信息平台各个方面的，满足各类需求的智能电网业务。

1）大容量储能设备和技术的研发和应用

随着风电、太阳能发电等间歇性、不确定性可再生能源发电装机比例的提高，将给电网的安全稳定运行造成越来越大的影响。一方面，有功、无功出力变化对电网而言是一个扰动；另一方面，有功出力的大幅频繁波动也会对电网的调频调峰能力提出更高的要求。为风电场和太阳能电站配套大规模储能设施，可以在一定程度上缓解上述问题。

2）输电线路状态评估和状态检修

输电设备的检修是确保电力系统安全可靠运行的重要环节。在我国一直沿用定期检修和事后检修相结合的模式，已不符合我国电网规模迅速发展、电网设备数量急剧增加的发展现状，呈现出定期检修工作量剧增，检修人员紧缺等突出问题。开展评估诊断与决策技术研究，实现输电线路状态评估的智能化，加强输电线路状态检修、全寿命周期管理和智能防灾技术研究应用，对于提高电网运行可靠性、提高企业运行效率的要求具有重要意义。将全寿命周期管理与输电线路设备监测和检修的工程实践相结合，有效指导输电线路的设计、施工和运行维护过程，可以获得良好的经济效益和社会效益。

3）配电自动化及配网调控一体化

配电自动化系统是实现配电网运行监视和控制的基础，应具备配电 SCADA、馈线自动化、电网分析应用及与相关应用系统互连等功能。通过采用先进的自动化、通信、信息技术，分阶段、分层次地规划和实施，逐步提高配电自动化系统与配网调控一体化智能技术支持系统的覆盖范围，有利于充分发挥坚强配电网架的潜力，实现配电网的全面监测、灵活控制、优化运行以及运维管理集约化，从而大幅度提升电网整体可靠性和运行效率。通过与其他应用系统互联，还能扩展诸如事故紧急处理等功能，进一步提高配电网供电可靠性与运行管理效率。

4）分布式发电/储能与微电网的接入与协调控制

新型的分布式发电/储能及微电网技术具有能源利用效率高、节能减排效益明显、电热冷三联产综合效益好等优点，同时还有助于促进清洁能源的大规模开发利用、提高系统的供电可靠性以及解决边远地区供电困难问题。分布式发电/储能与微电网系统有望成为未来大型电网的有力补充和有效支撑。因此，研究和推广分布式发电/储能及微电网的接入与协调控制技术，是配电环节智能化的一项重要内容，对于坚强智能电网的建设具有重要意义。

5）用电信息采集

实现对所有电力用户和关口的全面覆盖，实现计量装置在线监测和用户负荷、电量、电压等重要信息的实时采集，及时、完整、准确地为有关系统提供基础数据，为企业经营管理各环节的分析、决策提供支撑，为实现智能双向互动服务提供信息基础。

6）电力光纤到户

电力光纤到户是智能电网的内在发展要求与必然趋势。低压通信网在技术和功能层面需要支撑电动汽车信息管理和充电站业务运作；支持风电、太阳能等分布式能源接入；提供准确的负荷需求预测，支持多种能源形式的优化和综合利用；通过用电信息采集，实现用电信息的实时分析控制，支持需求侧管理；为用户侧分布式能源的接入和协调提供信息支撑，实现从刚性、单向传统电力供应向灵活、双向的电网互动转变。电力光纤到户从技术和应用上高度契合智能电网发展的技术路线，电网智能化和互动化要求智能电网与低压光纤宽带网络建设同时同步。

7）智能小区/楼宇

智能小区/楼宇是指综合运用现代信息、通信、计算机、高级量测、高效控制等先进技术，满足客户日趋多样化的用电服务需求，满足电动汽车充电、分布式电源、储能装置等新型用户设备接入与推广应用需要，实现小区/楼宇供电智能可靠、服务智能互动、能效智能管理，提升供电质量和服务品质，提高电网资产利用率、终端用能效率和电能占终端能源消费的比重，创建安全、舒适、便捷、节能、环保、智能、可持续发展的现代小区/楼宇示范区。智能小区/楼宇建设对于公司探索新的用电服务与运营模式，拓宽营销服务市场，提升供电服务能力和水平具有重要意义，将有效促进我国资源节约型、环境友好型社会建设。

8）智能园区

建设智能园区，实现对园区用户用能设备的实时在线监控，结合电网运行和企业生产的情况，通过智能用能系统开展企业能效分析，有助于实现电网对用户负荷的全面协调与综合控制，降低用户生产能耗，提高电网设备利用效率，实现电网与用户的双向互动。

　　9）电动汽车充换电站和充电桩建设

　　全面开展电动汽车充换电站和充电桩建设，形成电动汽车充电网络，既是满足电动汽车充电需求，推动电动汽车产业快速发展的重要前提和基础，也是拓展公司用电服务业务领域，促进节能减排的重要战略举措；未来随着电池技术进步，有望实现电动汽车智能充放电管理，发挥电动汽车作为分布式储能的"削峰填谷"效益，部分大型充换电站还可能作为储能电站和应急电源。

　　10）智能变电站辅助控制系统

　　智能变电站辅助控制系统是智能变电站的重要组成部分，是变电站智能化的重要体现。系统采用了先进的传感技术、可视化技术、现代通信技术、控制技术等技术，通过各种设施实现对变电站环境、动力、设备热点等的实时智能监测、数据智能分析、报警智能联动及综合可视化展示，并实现与 ERP 基建管控模块、PMS、综自系统的信息接入。为变电站的运行、检修、信息化提供重要的支撑，为智能电网的资产全寿命周期管理、大运行、大检修提供服务。

　　11）一体化平台建设

　　研究建立适合中国国情的智能电网一体化信息体系架构，制定相关标准和规范。研究制定智能电网一体化信息模型及信息交换模型，包括统一信息编码、公用服务、公共信息模型、通用信息接口等相关标准和规范，完成典型设计并实施，从基础上支撑智能电网各环节各层次电力流、信息流、业务流的高度融合和互动。

11.3　中国智能电网发展的目标和任务

　　1. 中国智能电网发展的目标

　　1）总体发展目标

　　以"统一规划、统一标准、统一建设"为原则，建设以特高压电网为骨干网架，各级电网协调发展，具有信息化、自动化、互动化特征，自主创新、国际领先的坚强智能电网。

　　坚强智能电网应具备坚强的网架结构，各类电源接入、送出的适应能力，大范围资源优化配置能力和用户多样化服务能力，以实现安全、可靠、优质、清洁、高效、互动的电力供应，推动电力行业及相关产业的技术升级，满足我国经济社会全面、协调、可持续发展要求。

　　2）各环节和通信信息支撑平台发展目标

　　智能电网建设涉及电力系统的发电、输电、变电、配电、用电、调度六个环节和通信信息支撑平台等，其发展目标为：

　　发电环节：以"一特四大"发展战略为导向，引导电源集约化发展，协调推进大煤电、大水电、大核电和大可再生能源基地的开发；强化机网协调，提高电力系统安全运行水平；实施节能发电调度，提高常规电源的利用效率；优化电源结构和电网结构，促进大规模风电、光伏等新能源的科学合理利用。

　　输电环节：以国家电网规划为指导，加快建设以特高压电网为骨干网架、各级电网协调发展的坚强国家电网；集成应用新技术、新材料、新工艺；实现勘测数字化、设计可视化、移交电子化、运行状态化、信息标准化和应用网络化；全面实施输电线路状态检修和全寿命周期管理；广泛采用灵活交流输电技术，提高线路输送能力和电压、潮流控制的灵活性，技术和装备全面达到国际领先水平。

变电环节：设备信息和运行维护策略与电力调度全面互动，实现基于状态的全寿命周期综合优化管理；枢纽及中心变电站全面建成或改造成为智能化变电站；实现电网运行数据的全面采集和实时共享，支撑电网实时控制、智能调节和各类高级应用，保障各级电网安全稳定运行。

配电环节：建成高效、灵活、合理的配电网络，配电网具备灵活重构、潮流优化能力和可再生能源接纳能力，在发生紧急状况时支撑主网安全稳定运行；实现集中/分散储能装置及分布式电源的兼容接入与统一控制；供电可靠性和电能质量显著提高；完成实用型配电自动化系统的全面建设，全面推广智能配电网示范工程应用成果，主要技术装备达到国际领先水平。

用电环节：构建智能营销组织模式和标准化业务体系，实现营销管理的现代化运行和营销业务的智能化应用；全面开展智能用电服务，在全国范围推广应用智能电表；构建智能化双向互动体系，实现电网与用户的双向互动，提升用户服务质量，满足用户多元化需求，进一步提高供电可靠率；推动智能楼宇、智能家电、智能交通等领域技术创新，改变终端用户用能模式，提高用电效率，电能在终端能源消费中的比重超过26％。

调度环节：以服务特高压大电网安全运行为目标，开发建设新一代智能调度技术支持系统，实现运行信息全景化、数据传输网络化、安全评估动态化、调度决策精细化、运行控制自动化、机网协调最优化，形成一体化的智能调度体系，确保电网运行的安全可靠、灵活协调、优质高效、经济环保。

通信信息平台：全面落实科学发展观，建设信息高度共享、业务深度互动、覆盖面更广、集成度更高、实用性更强、安全性更好、国际领先的国家电网资源计划系统（SG－ERP），构建坚强的智能通信信息平台，贯通发电、输电、变电、配电、用户、调度六个环节，实现生产与控制、企业经营管理、营销与市场交易三大领域的业务与信息化的融合，打造经营决策智能分析、管理控制智能处理、业务操作智能作业三层智能应用，实现电力流、信息流、业务流三流合一，全面支撑坚强智能电网发展。

2. 中国智能电网发展的任务

智能电网是世界电力工业的发展方向，加快发展智能电网是我国全面建设小康社会、应对国际挑战和实施新形势下能源战略的必然选择。

智能电网发展的主要任务包括：

1）加快我国能源布局结构调整

建设以交直流特高压输电网络为主干网架，形成具有特高压大区强联电网、先进配电网自动化及微电网等功能的坚强柔性智能电网，大幅度提高电网供电能力、供电可靠性和安全性，实现电力大规模、远距离、低损耗传输，变输煤为输电，最大限度地发挥电网优化资源配置的作用，有力支撑我国能源布局结构优化调整。

2）加快我国新能源发展

通过特高压远距离输电、大区强联电网、智能调度及控制和利用储能系统等手段，提高电网接纳可再生能源发电能力，加快风电、太阳能发电和分布式能源快速发展，也为在负荷地区加快冷热联供天然气发电等分布式能源发展创造条件。

3）提高人民群众生活品质

凭借先进的电力通信网络，为供水、供气、供热系统提供通信网络及信息化服务，为智能水表、智能气表、智能热力表的远程抄收、管线在线监测、智能调度以及与用户的双向互动提供经济、可靠和灵活的支持。

普及各种智能终端，如家庭及企业智能用电终端、智能电器、智能家居等，最终形成覆盖所有用电终端的"物联网"，使用电终端网络进一步扩展和延伸，使电网信息化沿着用电网络渗透到人民生活各个角落，显著提升人民群众生活水平。

4）加快电动汽车、三网融合等新兴产业发展

建设电动汽车充电设施，直接推动电动汽车的规划布局和规模化推广应用；在智能电网合理控制和调度下，电动汽车可以通过电池充放电为电网提供削峰填谷等服务，增强电力保障能力。

充分发挥电力网络覆盖广、管线资源丰富、建网排管费用小的优势，通过电力光纤到户工程，将有线电视网、通信网、互联网与电力网集成铺设，构建覆盖居民小区的通信网络，为"三网融合"提供技术和传输通道支持，实现用电信息采集业务、智能家居业务、双向互动服务业务等，建立智能用电模式，实现安全舒适、便利快捷的优质供用电服务。

5）增强我国经济竞争力

发展智能电网装备产业及核心技术，包括特高压装备、智能配电网装备、智能用电装备、分布式电源、智能家居及多网融合装备，促进我国先进装备制造和信息通信等相关行业的技术升级，带动经济发展；促进新产品开发和新服务市场的形成，拉动就业；在全球形成智能电网技术、产品、装备制造能力等方面的新的竞争优势，在未来竞争中赢得主动。

11.4　中国智能电网的发展思路和模式

1. 中国智能电网的发展思路

从中国国情出发，以社会用户服务需求为导向，以先进信息、通信和控制技术为手段，以满足经济社会可持续发展为目标，以坚强网架为基础，以信息平台为支撑，实现"电力流、信息流、业务流"的高度一体化融合，构建贯穿发电、输电、变电、配电、用电和调度全部环节和全电压等级的电网可持续发展体系。

2. 推进中国智能电网发展的新模式

近年来，我国电力行业紧密跟踪欧美发达国家电网智能化的发展趋势，在推进中国智能电网发展的模式上也开展了卓有成效的研究和探索。

1）产业科研携手，共同推动智能电网发展

智能电网建设是一项长期的、复杂的系统工程，它涵盖了政府、装备和服务供应商、科研机构等多个方面，只有各个利益相关方凝聚共识，增强合力，建立起协调互动、和谐共赢的合作机制，才能共同推进智能电网的良好发展。

2）光纤复合，中、低压并行

作为一种新型的集成了传统电缆和传统光缆技术的复合电缆，光纤复合中压电缆的应用也将成为一种趋势。根据国家电网公司对于电力光纤到户智能小区的建设的要求，光纤复合

低压电缆将会大量应用于智能小区的光纤接入，为用户提供智能抄表和宽带接入的服务。

3）一二次设备集成发展

智能电网建设即将进入全面建设阶段，按照国家电网提出的一、二次设备终将"合二为一"的理念，推动一次设备商向智能化领域延伸，集合一二次设备商双方优势力量，提升研发制造实力。

11.5 中国智能电网的发展路线

1. 智能电网建设的框架体系

2009 年 5 月 21 日，"2009 特高压输电技术国际会议"在北京隆重开幕。国家电网公司发布统一坚强智能电网前期研究成果。大会倡议，各国同行进一步加强在特高压输电技术和智能电网建设方面的交流与合作，促进经济、社会、环境的和谐发展。

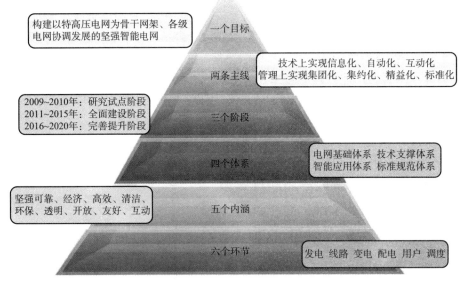

图 11-1 坚强智能电网框架体系图

1）本质内涵

坚强可靠、经济高效、清洁环保、透明开放、友好互动是统一坚强智能电网的基本内涵。坚强可靠，具有坚强的网架结构、强大的电力输送能力和安全可靠的电力供应；经济高效，提高电网运行和输送效率，降低运营成本，促进能源资源和电力资产的高效利用；清洁环保，促进可再生能源发展与利用，降低能源消耗和污染物排放，提高清洁电能在终端能源消费中的比重；透明开放，电网、电源和用户的信息透明共享，电网无歧视开放；友好互动，实现电网运行方式的灵活调整，友好兼容各类电源和用户接入与退出，促进发电企业和用户主动参与电网运行调节。

2）基本构架

电网基础体系、技术支撑体系、智能应用体系、标准规范体系是统一坚强智能电网的四大体系，如图 11-2 所示。电网基础体系是统一坚强智能电网的物质载体，是实现"坚强"的重要基础；技术支撑体系是指先进的通信、信息、控制等应用技术，是实现"智能"的基础；智能应用体系是保障电网安全、经济、高效运行，充分利用能源和社会资源，提供用户增值服务的具体体现；标准规范体系是指技术、管理方面的标准、规范以及试验、认证、评估体系，是建设统一坚强智能电网的制度保障。

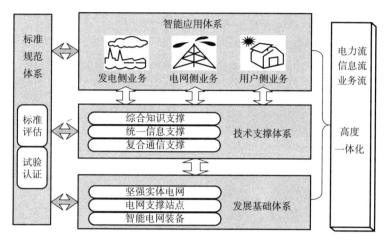

图 11 - 2　坚强智能电网体系架构

3）关键技术

从技术上来看，智能电网包含许多技术领域，从发电到输电、配电，再到各类电力消费者，如图 11 - 3 所示。有些技术是主动配置的，其开发和应用均已成熟；而有些技术则需要进一步的开发和论证。完全优化的电力系统将配置图 11 - 3 中的所有技术领域。但是，提高电网智能性并不涉及全部技术领域。

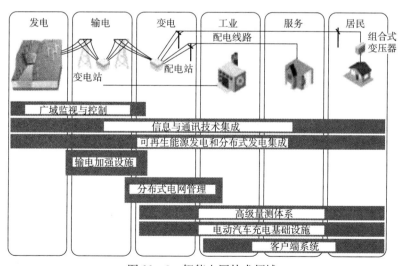

图 11 - 3　智能电网技术领域

4）政策标准

建立有助于智能电网发展的投资环境，最重要的就是平衡各方费用、利益和风险，这就需要制定相关法律法规。

发电、输电和配电

（1）制定相关规章制度，使得发电布局形成这样一种形式，即大规模发电站与小的分布式发电方式并存，制定有助于可再生能源接入的相关政策机制，鼓励可再生能源发展。

（2）制定地区输电系统评估制度，找出与智能电网差距，指出存在问题，规划近期和中期投资。

（3）制定相关政策法规，使得智能电网发展能够推动分布式发电领域投资，并获取收益，发展用户信息实施监控系统，推动分布式发电系统计划、设计和运作。

智能电网、智能用户政策

（1）将智能电网示范项目运行中好的实践经验予以制度化，提高对用户行为等问题的分析能力。

（2）加强服务业和居民用电领域支持力度，增加智能电网示范项目。

（3）制定电力使用设备和价格监测工具的发展政策，推动用户对于电力市场变化和制度的制定作出适时的反应。

（4）对于用户用电信息采集，制定相关政策和保护机制。

（5）发展社会安全网络，为那些不能从智能电网布局中获利的用户提供电力保障机制。

建立协商一致的智能电网布局方案

（1）随着智能电网的布局，电力系统会越加以用户为中心，但是用户行为难以预测，这就需要通过对电力系统用户的培训，加强其对智能电网的理解，并增强其与智能电网互动的能力。

（2）研究智能电网技术解决方案，优化电力系统结构。

2. 智能电网的发展路线

1）发展原则

统一坚强智能电网发展思路是，从中国国情出发，以社会用户服务需求为导向，以先进信息、通信和控制技术为手段，以满足经济社会可持续发展为目标，以坚强网架为基础，以信息平台为支撑，实现"电力流、信息流、业务流"的高度一体化融合，构建贯穿发电、输电、变电、配电、用电和调度全部环节和全电压等级的电网可持续发展体系。

建设统一坚强智能电网，必须把握以下基本原则：一是坚持统筹规划、统一标准、试点先行、整体推进；二是坚持以发展为主线，加快建设以特高压为骨干网架、各级电网协调发展的坚强电网；三是坚持突出体系建设，以通信信息为平台，以调度为协调运作中心，各环节相互衔接、整体推进。

2）技术路线

（1）发电环节

以国家能源发展战略为导向，自主创新与引进吸收相结合，深入研究火电、水电、核电、燃气机组等电源的运行控制特性和机网协调技术；依托国家风电技术与检测研究中心、太阳能发电技术与检测研究中心建设等重点工程，加快新能源发电及其并网运行控制技术研究，重点开展风电机组功率预测和动态建模、低电压穿越和有功无功控制、常规机组快速调节等技术研究；开展发电机组深度调峰技术研究；适应间歇式电源快速发展需要，推动大容量储能技术研究；加快抽水蓄能电站建设，以300MW抽水蓄能机组国产化为契机，进一步提升蓄能机组调节速度和能力。

（2）输电环节

全面掌握特高压交直流输电技术，形成特高压建设标准体系，加快特高压和各级电网建设；开展分析评估诊断与决策技术研究，实现输电线路状态评估的智能化；建立输电线路建设与运行的一体化信息平台，加强线路状态检修、全寿命周期管理和智能防灾技术研究应用；加强灵活交流输电技术研究。

（3）变电环节

制定智能变电站和智能装备的技术标准和规范；实现电网运行信息完整准确和及时一致的可靠采集，开展基础信息统一信息建模及工程实施技术研究，构建就地、区域、广域综合测控保护体系；研究各类电源规范接纳技术，满足各类用户的多样化服务需求；完善智能设备的自诊断和状态预警能力；完善设备检修模式，开展资产全寿命周期管理。

（4）配电环节

以国网公司 SG186 平台为基础，扩充生产管理信息系统 PMS 中配电模块管理功能，开展 GIS 平台建设，强化配电网基础信息管理；构建智能配电技术架构体系，加强技术评估与标准化建设；在分布式电源接入、集中/分散式储能、电动汽车充电站、智能调度和通信、实用型配电自动化等方面开展关键技术研究并全面推广应用。

（5）用电环节

构建智能用电体系架构，建立相应标准规范；研究智能电表等高级量测装置关键技术和功能规范，形成智能用电标准规范体系；广泛推动智能电表应用，建设高级计量管理体系，开展用户能效诊断等增值服务；加快建设智能用电技术支持平台和双向互动平台，研制客户分布式电源及储能元件接入监控系统；推动智能用电技术研发和广泛应用；推动智能示范小区建设。

（6）调度环节

大力推动调度技术进步，重点研究应用可视化技术、在线并行计算技术、同步相量测量技术、机网协调技术、安全防护技术和新一代通信技术，统一开发建设具有自主知识产权的智能调度技术支持系统。注重提高实用化水平，夯实厂站自动化、调度自动化、电力通信网络等三大基础，实现电网调度安全防御、运行优化、管理高效等实用功能，切实提升调度驾驭大电网能力、资源优化配置能力、科学决策管理能力和灵活高效调控能力。积极开展前瞻性研究，研究适应交直混合大电网的运行控制关键技术和基础理论，研究大电网连锁事件条件下的智能预警技术，研究各类新型发输电设备的高效调控技术，研究适应大规模新能源接入的运行控制技术和大范围水电、火电、风电等的联合优化调度技术。

11.6　中国智能电网的展望

智能电网的发展不仅仅是一个技术问题，它还涉及电力系统的整体变革，涉及巨额投资，涉及国家的能源战略、技术标准、电力市场和电价政策、电力监管、多行业协同等诸多问题。

我国智能电网产业还处在起步阶段，在产业发展初期，需要通过系统、配套的政策引导扶持，特别是在相关重大科技项目投入、项目核准、标准制定、电价机制及财政税收等方面，需要必要的政策支持和激励导向，来促进整个产业发展。

到 2015 年，初步形成坚强智能电网运行控制和双向互动服务体系，基本实现风电、太阳能发电等可再生能源的友好接入和协调控制，电网优化配置资源能力、安全运行水平和用户多样化服务能力显著提升，供电可靠性和资产利用率明显提高，智能电网技术标准体系基本建成，关键技术和关键设备实现重大突破和广泛应用。

到 2020 年，基本建成坚强智能电网。新能源发电与电网协调经济运行，电网优化配置资源能力和电网资产管理水平全面提升；面向智能电网的运行管理体系进一步完善，智能电网双向互动服务全面推广；商业运营模式趋于成熟，电网智能化达到国际领先水平。

第 12 章　数字城市规划专业发展报告

12.1　中国数字城市规划专业领域概况和业务分析

1. 国内外规划专业领域发展动态

1）数字城市规划领域发展阶段

从 20 世纪 80 年代中期开始，信息化技术逐步应用在各个领域。城市规划领域是较早的应用领域之一，规划管理、规划编制和城市勘测工作对信息化技术的应用需求十分迫切。随着信息技术的发展和城乡规划工作的不断深入，信息化建设也得到不断的深化和完善，在城乡规划中发挥了越来越重要的作用，极大地促进了工作效率、工作质量和依法行政水平的提高，成为城乡规划日常工作不可或缺的工具和手段。规划信息化行业专家认为，我国数字规划建设工作分为如下几个阶段：

（1）探索和应用新技术阶段（1987～1994 年）

规划行业新技术应用开始于计算机与遥感技术，1983 年"北京航空遥感综合调查"成果引人瞩目，许多城市相继跟进，都收到了良好的应用效果。北京市城市规划设计研究院与北京大学合作开发的应用软件 PURSIS 应用在县域规划。武汉测绘科技大学和湖北省规划院在黄石、襄樊两市总体规划编制中应用遥感和计算机技术也取得了良好的效果。同济大学和苏州合作研制的"苏州城市建设信息系统"是国内规划同行研制和应用城市信息系统的先行者。同济大学与上海建设部门制定了《上海城市建设信息系统发展（十年）规划》更多地为兄弟城市树立了有目标、有计划进行信息化建设的榜样。

到 1991 年郑州会议、1992 年广州会议的时候，新技术应用成果已初具规模。在这个时期已有影像图的应用、建立和应用地理信息系统（GIS）的策略与实践、计算机辅助设计（CAD）等成功用例的介绍。办公自动化建设在一些规划局已陆续启动，郑州市城市规划局在会上所做的业务办公自动化演示，由规划局局长亲自操作，与会同行亲眼看到在计算机辅助之下，规划管理条理清晰，流程有序，自动打印输出一书两证并自动存储办案结果的成功实践。浙江大学在城市规划设计中引入人工智能的应用理念也使人耳目一新，还出现了具有空间分析、定量分析的信息系统以及信息分类方法和体系研究等。在此期间，广州城市规划局城市规划自动化中心在 CAD 基础上自主开发成功了"居住区详细规划 CAD 系统（CARDS）"，因为比较适合中国国情，实用性强，提高了工作效率，获得建设部科技进步二等奖，成为次年建设部科技成果重点推广项目。

（2）建设数据库、信息系统和开展业务办公自动化阶段（1994～2000 年）

在这一阶段，各地规划局对计算机技术的效用已深信不疑，关键是如何利用这一新技术建立适合自己单位的业务办公自动化系统的实际问题。各地城市规划局在应用新技术方面热情高涨，带来了信息化建设和发展的大好机遇，新技术应用学术委员会和办公自动化专业组连续几年都主持召开一系列的办公自动化建设研讨会和系统实施交流会，每年都要经过竞选才能确定主办会议的城市。1994年以来先后在天津、广州、海口、上海、常州、青岛、南宁、乌鲁木齐、拉萨等城市举办过业务交流会，这种把会议送上门的方式对信息化建设起到了很好的帮助和推动作用，集中各地的智慧和经验去解决一个当地出现的问题，这种方法行之有效，随后国内多个城市的城市规划局办公自动化系统顺利诞生，又好又快地推进了办公自动化建设。值得一提的是在这一阶段由于新技术应用的成功，许多城市进一步认识到也可以用计算机技术对地下管线进行普查和管理，纷纷投入开发。广州从1995年起建设了城市规划办公自动化系统、地下管线信息系统、总体规划信息系统、分区规划信息系统、公共设施规划支持系统、勘测信息系统、城建档案信息系统等项目，并构成了满足实际应用，具有一定决策支持能力的GUPIS体系。1996年后，随着地下管线信息管理系统开发成功，城市最基础的地下设施实现了现代化数字管理，大大丰富了城市规划管理信息化的内容。1998年成立的广州城市信息研究所，开展了一系列前瞻性的课题研究，并积极参与"数字广州"的策划和实验工程，使GUPIS的建设思想和实施应用全方位渗透，为广州市信息化工作的推进起到先导作用。1999年5月，武汉市将"数字武汉空间数据基础设施建设研究"列入武汉市跨世纪学术与技术带头人的培养计划，在武汉市规划局开始了武汉市城市空间数据基础设施建设研究工作。

南京市规划管理信息系统根据各层次规划管理人员在规划审批管理工作中的职责及要求，合理划分与确定各类用户的系统使用权限，客观模拟实际规划审批管理过程，将各层次规划审批管理数据全面纳入计算机运行，并为各层次的规划审批管理提供有效的工具。

上海市把握住城市建设和管理信息化的重点，成功建设了一个畅通、高效的信息网络通信环境，建立了政务及公众服务、城市建设和管理两大主干信息网络，开拓决策咨询、业务管理和社会服务三个层次的服务领域，并在现有基础上，使用了适合城市管理的3S（GIS、RS、GPS）技术，进一步推进"上海城市建设信息系统"的建设和实施。

（3）建设行业信息化和实现政务公开阶段（2001～2007年）

党的十五大、十六大都向政府部门提出"政务公开"的号召，政务公开要成为各级政府施政的一项基本制度。各级行政机关及其工作人员的行政行为公开，是发扬民主、接受人民群众监督的具体表现，有利于促进行政机关改进作风、转变职能，真正实现科学执政、民主执政、依法执政。而在城市规划行业和部门实施政务公开就一定要做到公众参与，老百姓要参政议政。

在现阶段，应用互联网是实现政务公开和利于公众参与的一项崭新技术，在网上能够做到施政和行政很大程度的公开，公众通过互联网也方便和政府交流。在学会和协会的带动下，每年的技术年会都要设立一些这方面的实用的主题，如重庆会议（2001年）上的电子报批和网上空间信息系统（WEB-GIS）应用；在贵阳、哈尔滨年会上的三维仿真、规划公示和网上办公系统；南京、太原、武汉、海口会议上有信息整合、公众参与、政务公开、城市总体规划实施的动态监测和城市规划智能化信息系统的建设与应用等大家感兴趣的议题，以及重庆会议（2004年）上的数据更新和整合、信息平台建设经验交流和广州会议（2005年）上的信息共享统一平台（GIS）、会议系统、建筑报批、用地红线划拨系统等。这一系列的活动和交流，反映出在学会和协会的引领之下，各地区规划行业都在为自身信息化建设的目标而努力。

（4）资源整合和深化应用阶段（2008 年至今）

这一阶段，各个城市的网络和办公自动化系统建设已经进入了全面推进和深化应用的阶段。随着应用的深入，各地规划局提出了更多的改进建议和更高的应用要求，以全面实现规划信息化、集成化和智能化，强调资源整合和图文一体化为主要诉求，对已有的办公自动化系统升级改造、建设"一张图"成为这一阶段城市规划信息化工作的主题。在 2009 中国城市规划信息化年会上，石家庄、天津、南京等地共同交流了信息化技术在我国城市规划领域里的应用，资源整合、系统整合、扩大应用成为会议探讨的重点。随着计算机技术的发展和规划领域行业应用的深入，如云计算、智能分析等，规划信息化已经向更深的层次转变。一方面是对支撑整个规划信息系统的数据基础进行完善，另一方面在拥有大量城市规划数据库和先进的分析手段智慧的基础上，各城市在城市规划信息系统方面进行了大量研究，力图通过数据挖掘和充分整合，探索智慧规划建设，为城市规划管理与决策提供准确的信息支撑和辅助决策的建议。

2）数字城市规划领域的发展特征

规划信息化在其不同的发展阶段，呈现出不同的阶段特点。在其初始阶段，由于以 AutoCAD 为代表的制图软件在规划行业的广泛应用，数字化技术主要应用于计算机辅助规划设计与制图。随着 20 世纪 90 年代后期 GIS 技术和办公自动化的发展，信息技术的应用深入到规划管理领域，规划信息化进入"规划电子政务"阶段，以信息技术应用于规划管理审批、推动行政审批效能为主要特点。在行业信息化建设不断深入、应用需求越来越多样的当今环境下，尤其是在"物联网"、"云计算"等新兴技术飞速发展的形势下，图文一体化、信息整合、智能决策成为本阶段信息技术应用的显著特点。

回顾二十多年来数字城市规划领域信息化建设所走的道路，可以归纳为："在政府部门目标明确的主导和推动下，利用高等院校和设计部门的研究力量，通过高新技术企事业单位的开发和集成，获得城市规划部门委托的行业学术机构组织鉴定和评价，然后推广应用这样一条合理的、可持续发展的道路。"全国各地积极开展规划信息化建设，已有 200 多个城市建成了空间数据基础设施，近 300 个城市建成了规划审批管理系统，大多数城市政府规划部门通过网站实施政务公开和公众参与，新思路、新技术层出不穷，信息技术已成为带动体制和机制创新，转变行政管理模式、提高行政审批效率和服务水平的重要手段，为实现规划管理的信息网络化、办公自动化、决策智能化、政务公开化和服务社会化发挥着重要的基础作用。

3）存在的问题

虽然我国规划信息化工作取得了很大进展，在城市地理空间信息平台、政务公开与公众服务系统、电子化协同办公等方面处于国内领先水平，但还存在着一些不足，比如信息技术作用认识不足、信息化标准滞后信息化、信息资源孤立共享艰难、区域发展和应用不平衡等。

2. 国内外规划专业领域发展现状

城市规划信息化在我国政府部门信息化开展应用最早、技术种类最多、构建难度最大、普及程度最高、发展速度最快。自 20 世纪 80 年代末以来，城市规划管理、设计和监督部门在国内最先引入地理信息系统、计算机辅助设计、全球定位、工作流、物理探测、卫星遥感和航空遥感等先进信息化技术，构建出基于上述多种技术的城市空间基础设施系统、城市规划管理系统、城市规划设计系统、城市遥感监测系统、规划公众参与系统等实用化业务运行系统，率先全面实现了城市规划设计、审批管理、实施监督等主要工作环节人机互动作业的信息化工作方式变革。

1）基础设施信息化

全国已经有 200 多个城市建设了城市空间信息基础设施系统，主要承担城市规划设计、管理、监管等业务系统需要的基础地形数据、基础遥感数据、规划设计专题数据、规划审批专题数据、规划监管专题数据管理、更新与服务的信息化任务。"十一五"期间城市空间基础设施系统承担了巨大的数据生产、维护和更新任务。据估算，在"十一五"期间城市地理空间信息生产与需求的图纸总量约为 2337.7 万张，数据量为 23.4T。其中，城市基础地理空间信息图纸量 665.3 万张，数据量 6.6T。城市基础地理空间信息图纸量和数据量分别占"十一五"期间城市地理空间信息生产与需求总量的 28.4% 和 28.2%。城市各行业专题地理空间数据图纸 1672.4 万张，数据量 16.8T。城市各行业专题地理空间信息图纸量和数据量分别占"十一五"期间城市地理空间信息生产与需求总量的 71.5% 和 71.7%。由此可见，不仅城市地理空间数据的生产与需求总量在增加，而且城市各行业专题应用所需的地理空间专题数据，占总量的三分之二强。因此，要继续加强城市空间基础设施系统的推广与应用，不断提升城市空间基础设施的信息化水平和服务能力，是实现城市规划信息化的最重要基础工作。

2）规划设计信息化

全国近千个取得资质的城市规划设计院全面采用地理信息系统、计算机辅助设计、虚拟现实技术和数据库技术手段，初步实现规划基础数据管理数字化，规划设计网络化，方案展示虚拟化，整体提高规划设计行业基础数据管理、规划方案设计、规划成果展现等方面的能力与规范化水平。

3）规划管理信息化

全国有近 300 个城市建设和运行了以工作流技术为核心，集成地理信息系统、全球定位系统、卫星航空遥感技术、虚拟现实技术的城市规划管理信息系统，基本覆盖直辖市、省会、计划单列市和经济发达地区城市规划管理部门，已经成为我国城市规划管理中不可或缺的日常办公技术手段，每年系统处理的审批案卷数以数十万计，一定程度上减缓了城镇化快速发展带来的规划项目审批压力。很多城市完成了规划电子政务的建设，并启动了"一张图"工程，实现规划编制、审批和监督的"一张图"管理。

4）规划监管信息化

近年来，结合我国城市城市规划、历史文化名城规划、国家重点风景名胜区规划、城市优秀近现代建筑规划、国家土地保护规划迫切需要加强实施监管的现实需要，在全国首批 20 个城市和 178 个国家级风景名胜区建设基于地理信息技术、全球定位技术和卫星遥感技术的规划实施遥感监测系统。通过遥感监测技术的初步应用，已经证明这项技术是规划实施真实情况的有效监督工具，能够解决传统手段无法监管许多规划实施问题，这个系统将与规划督察员的工作体系有机对接，以建立立体式互补的监管系统。届时，遥感技术与监督制度改革相结合，将会开拓一个有效实时的规划实施结果监管工作新局面。

5）规划参与信息化

不少城市在规划项目审批前期咨询和规划方案成果社会参与阶段，构建了基于地理信息系统、卫星和航空遥感、计算机辅助设计以及虚拟现实技术基础的规划方案和规划成果咨询与评议信息系统，为前期咨询专家和后期公众参与，提供了可视化、数量化、网络化和图文一体化的交互式信息平台，为我国城市规划决策民主化、人性化奠定了技术基础。

6）业务联动信息化

城市规划信息化的长足发展，不仅改善了城市规划、设计和监管的技术环境，同时正在展现越来越明显的业务联动的发展趋势。

在城市规划行业内，测绘数据生产、规划编制与设计、规划审批管理和批后监管构成了规划信息化的总体框架，各工作环节已经串联形成了业务协同。

在城市空间基础设施方面，在线数据生产、维护和服务已经走出城市规划管理和设计领域，已经为城市土地、房产、城管、执法、供水、排水、环卫、园林、市政、公交、供暖、燃气、电力、电信、公安、应急、救灾、地质、航空、测绘等各个行业提供更为广泛的服务。

在城市规划管理系统方面，正在日益与数字城管、工程监管、土地监管、数字房产、数字执法、数字市政、数字管网等信息化系统整合应用，显示出条条系统整合应用在城市规划建设管理与服务中的巨大优势。

3. 中国数字城市规划专业领域发展趋势

我国的数字规划虽然起步较晚，但发展势头迅猛。目前，全国已经有 200 多个城市建设了城市空间信息基础设施系统，近 300 个城市建成了规划审批管理系统。据有关部门预测，到 2020 年我国城市化水平将达到 50％～52％。而这些城市的规划、建设、管理和公众服务系统必将对数字规划技术的应用提出广泛而又迫切的需求。未来数字规划将向定量分析、应用集成、规划信息标准化、规划参与公开化的方向发展。

1）从定性分析向定量分析发展

充分利用城市规划积累的宝贵数据资源，开展节约土地、保护环境、节能降耗和传承文化等方面的数据分析，从过去的定性分析转变到定量分析，量化调控方面的研究与应用成果，并由此建立新的城市发展评价体系，这是城市规划信息化发展的一个方向。

2）从单一技术应用向多元应用集成发展

要进一步与规划行业现存的地理信息技术、全球定位技术、工作流技术有机整合成城市规划信息化的新型技术，并形成新的应用基础。

3）规划信息向规范化、标准化发展

在构建城市信息化标准体系的同时，重视和促进规划信息标准化的基础研究与标准执行工作，清楚信息和技术共享障碍，扩展信息化成果覆盖范围。

4）由服务管理向公众公开化发展

规划代表城市发展的方向，与民生密切相关，"科学规划"、"规划的公众性与参与性"等口号已经响彻全国。在现有 IT 技术的支持下，已经可以实现规划信息的全面公开，通过市民的互动参与，更能鼓励市民去支持政府，维持社会的安定团结，保持经济社会的可持续发展。

12.2　中国数字城市规划专业领域发展目标和任务

1. 中国数字城市规划专业领域发展目标

数字城市规划领域 2011 年度发展的总体目标是：依托覆盖全国的统一的电子政务网

络，以城乡规划"一张图"、电子政务平台、综合监管平台为基础，努力构建覆盖全国的集数字化、网络化、智能化为一体的"智慧规划"，全面实现规划编制与设计、规划管理与实施、规划批后监管的数字化和智能化，促进管理方式的根本转变，增强全程监管能力，提高管理决策的科学化水平，推动服务型政府建设。

2. 中国数字城市规划专业领域发展任务

1）加强城乡规划信息化顶层设计。完善城乡规划信息化总体框架，优化城乡规划应用系统建设布局，全面支撑城市规划设计、审批管理、实施监督。

2）优化完善城乡规划信息化工作体系。理顺信息资源汇集和搜集渠道，丰富信息资源，维护好信息资源目录体系，建立信息资源交换体系。

3）加强城乡规划数据中心建设。强化全局信息资源的总体设计，大力推进基础信息资源建设，完善基础信息资源体系，梳理、规整已有的各类规划数据库，进一步优化数据组织和数据库部署方式，形成相互支撑、相互关联的一套底层数据库系统。

4）加强规划信息化应用平台建设。不断扩大应用规模，探索以云计算为基础的电子政务应用平台顶层设计，逐步实现城市规划全业务、全流程和全覆盖，推动政务与技术深度融合。

5）强化政务公开和应用服务建设。加强政府网站建设和管理，促进政府信息公开，推动网上办事服务，加强政民互动。

6）完善标准化体系建设。加强城市规划信息化相关行政法规研究，积极推进相关法规制度建设，实施依法行政，完善监督措施和办法。

12.3 中国数字城市规划专业领域发展思路和路线

1. 中国数字城市规划专业领域发展思路与模式

1）发展思路

数字城市规划是利用数字化的手段来实现对城市土地利用和物质空间环境的有效配置与合理安排，是一种低碳的、生态的、可持续的，且能适应城市社会经济发展的有效手段，它覆盖城市规划工作的全过程。总而言之，数字城市规划发展思路就是要实现规划编制、规划审批、规划实施、规划监督和规划评估五个规划阶段的数字化，最终实现城市规划的数字化全过程。

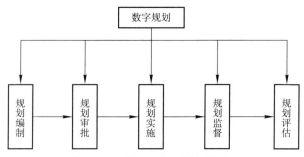

图 12-1 数字城市规划发展思路

2）新模式

中国数字城市规划作为数字城市建设的重要组成部分，发展必然伴随信息化技术的渗透，当前城市规划工作的各阶段基本实现信息技术的运用，但各过程之间的信息技术通用性较差，数字城市规划应建立"分析＋决策＋执行＋监督＋反馈"的循环性、系统化模式。

（1）数字化的现状调查与资料收集

现状调研与资料收集是城市规划的前期基础性工作，所获得的基础资料是城市规划定性、定量分析的主要依据。当前，资料收集以现场调查和部门访谈方式为主，工作量巨大，工作效率低并且有许多数据采集不全面。随着信息化技术得逐渐发展，以地 GIS 为中心，结合当前最新的 GPSRS 技术，解决了城市规划中空间地理信息的采集问题。利用航空遥感和摄影技术，可以及时获取丰富的城市地表信息；利用城市地理信息系统可以快速获得规划区域的社会、经济、人文等信息以及法定规划和专业规划等规划资源。在建立完整的城市规划信息库和基础地理信息库的前提下，借助于 GIS 提供的空间分析功能，可以完成对基础资料的分析工作，如对相关数据的分类、汇总、统计、比例计算等，必要时生成各种统计图表和专题地图。

（2）数字化的规划设计

当前，城市规划设计以 CAD、3DMAX、PS 技术应用为主，数字化的规划设计应将信息技术运用到设计的每一个过程当中，可广泛使用 GIS 技术、虚拟现实技术和其他技术。利用 GIS 与 CAD 技术可以构造与现实地理空间对应的虚拟地理信息空间，并可以用数字模型对现实地理空间的现象和过程进行模拟和仿真，进行预测。虚拟现实技术将数字城市的可视化和计算机仿真技术结合在一起，可以根据规划设计方案展现设计所要表达的效果，并可获得城市规划结构调整、道路网规划、绿地及景观设计等诸方面的科学依据，从而保证规划的合理性。

（3）数字化的建设项目规划报审

对当前建设项目的规划报审，部分城市还停留在纸制资料与图纸的层面上。数字化的规划方案报建与审批实现的是一种全新的电子报批规划报审模式，具体做法是要求设计单位在报审规划项目时，改变原来提交图纸形式为提交计算机图形文件形式，同时要求计算机文件必须符合规定的技术规范标准，审批部门使用审批软件对图形文件进行校核。它不仅有效地改善了传统审批中存在的计算精度差、审批周期长、图纸保存易污损等缺陷，而且有利于提高规划成果的科学性和可靠性，提高规划审批的准确性和科学性，保证规范信息的时效性，为城市建设的研究与工程项目的策划提供有价值的参考。

（4）数字化的规划实施管理

在数字化的规划实施管理运作过程中，为保证规划方案的科学合理性和规划实施效果的适宜性，可广泛应用网络技术、数据库技术、地理信息系统、虚拟现实技术、日照分析技术和电子报批审查技术，实现规划实施管理的自动化和规范化。利用网络技术和数据库技术实现数字化办公，利用地理信息系统和数据库技术整合各类规划资源，利用虚拟现实技术和日照分析技术科学论证用地条件并高效优化规划方案，利用虚拟现实技术配合规划验收，利用网络技术实现政务信息公开。

（5）数字化的规划监督

规划监督是数字城市的理论和技术在城市规划执法工作中的具体应用。它是利用 3S（GPS、GIS 和 RS）技术，在整合基础地理、规划设计和管理审批等信息的基础上，建立数字执法工作平台和工作机制，实现规划批后管理工作的管理手段现代化、执法对象空间可视化、监督管理常态化、违法处置程序化、处置结果公开化。

（6）数字化的规划实施评价

在《城乡规划法》的强制要求下，各城市需要定期对城市规划实施情况进行总结，规划实施评价工作正处在不断探索规范化与客观性的进程当中。规划实施评价的数字化就是通过构建规划管理信息平台，对规划管理"一书三证"行政许可情况进行数理统计与线性分析，对规划审批建设项目进行专题分析与空间分析，实现对近年或年度规划情况进行总结与评估，起到辅助规划决策作用。

2. 中国数字城市规划专业领域发展路线

1）总体框架体系

结合数字城市思想和国家对电子政务系统建设的总体要求，"1个中心、2项工程、4个系统平台、6个支撑体系"的数字城市规划总体框架应运而生，1个中心即数据中心，建立涵盖城市规划全部业务和覆盖全市域范围的规划管理基础和业务数据库；2项工程即数字规划工程和数字城市工程，分别涵盖城乡规划信息化的内涵与外延两个领域；4个平台即规划管理信息系统平台、规划编制信息系统平台、勘测生产信息系统平台、数字城市信息系统平台，对应信息化的4个服务方向；6个支撑体系是指组织机构、规章制度、技术、人才、经费、标准等支撑体系。

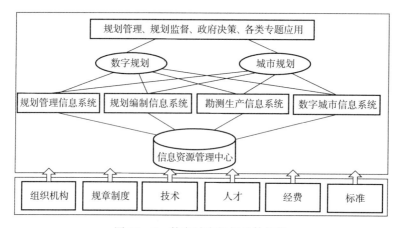

图 12-2 数字城市规划总体框架

（1）数据中心

数据中心是电子政务建设的基础构架与核心，由覆盖全市规划系统数据库、数据库运行环境和相应的运行管理机制组成。数据中心是数据存储、管理和交换中心，对各类规划数据进行有效存储、管理、运行和维护，为规划电子政务平台和各类政务管理信息应用系统提供运行环境，与上级政府、同级政府及相关部门实现数据交换。

（2）数字城市与数字规划工程

2项工程即数字规划工程和数字城市工程。数字规划和数字城市分别代表城乡规划信息化的内涵和外延。

① 数字城市工程

数字城市是对城市发展方向的一种描述，是指数字技术、信息技术、网络技术要渗透到城市生活的各个方面。数字城市的核心思想是最大限度地利用信息资源。数字城市由设备、技术、政策、标准和人力资源构成，从技术的角度看，可以分成基础层、应用层和决策层 3 部分。数字城市的理念为城乡规划信息化指明了方向。

②　数字规划工程

数字规划是数字城市的重要组成部分，它是以地理信息应用为核心，以改进城市规划编制、城市规划管理在日常工作中的作用、效果和局限性为目标，建立从规划编制到规划管理的一系列规划支持体系，是一项涉及土地适宜性评价、景观仿真、规划管理审批、执法监察、日常行政管理、空间相互作用模型、设施区位选择和优化配置、元胞自动演化、大尺度城市模型等多个领域的系统工程。

（3）4 个系统平台

4 个平台即规划管理信息系统平台、规划编制信息系统平台、勘测生产信息系统平台、数字城市信息系统平台，对应信息化的 4 个服务方向。

（4）6 个体系

6 个体系，即组织机构、规章制度、技术、人才、经费、标准 6 个支撑体系。

2）发展路线

（1）基础数据生产与更新

数字城市规划需要全面性、数字化、空间化、专业化的各类规划信息资源作为支撑。资源库涵盖基础地理数据（影像图、地形图、管线图）和与空间位置相对应的社会经济和城市建设数据，包括规划区域内的人口、交通设施、公共服务设施、动态的规划建设项目等现状信息。整个资源库可分为空间数据与属性数据，除保证属性数据和空间数据的对应关系外，属性数据要逐步实现"空间化"，并增加相应的规划属性。建立数据生产制度与动态更新机制，实现数据库的适时、全面、准确动态更新。

（2）数字规划过程的标准化

数字规划需要标准化的资源数据库、各类规划编研和审批成果、规划管理过程。当前我国在标准化体系建设方面有些滞后，各个地方的发展水平也不尽相同。各城市需在满足已有国家或行业标准的基础上，结合各地实际情况，在数据格式标准化、项目报建标准化、审查内容标准化、规划审批流程标准化、相关技术审查结果标准化、审批结果标准化等方面进行积极探索，形成标准化体系，稳固支撑数字城市规划的良性运作。

（3）数字规划运作的可操作性

建立一个网络化、系统化、可视化的线性应用平台，应让规划设计人员充分分析现状，掌握各类上位规划资料，从平面到立体角度论证规划方案，得出科学合理的规划成果；可方便规划管理人员使用，对海量数据和复杂模型可以叠加分析、对城市未来进行虚拟表现，对城市实施情况进行总结；可实现公众参与，采取听证会、论证会、网络等方式针对建设项目的实施情况征求专家和公众的意见，并对规划成果进行公告与公示。

（4）数字规划成果的服务性

数字规划的实施将大大提高城乡规划的效率和质量，特别是数字规划条件下所建立的法定规划成果、各类专题数据和规划应用平台，对城市的规划决策甚至城市建设和各类民生工程建设起到至关重要的作用。数字规划成果应与各级政府部门共建共享，发挥各类信息资源的价值，为各部门提供有关的参考信息，同时可考虑纵横向的统筹关系，将各部门应用平台进行综合，构建城市管理的决策支持系统。

12.4 中国数字城市规划专业领域的探索与实践

1. 中国数字城市规划专业领域的探索

1）制度与数据的基础性

要实现数字规划首先应建立基础数据库，包括（1）城市地理空间信息与社会经济数据（如：各种比例尺地形图、多种分辨率影像图、地下管线资料、DEM 模型、人口、建筑及各类设施等）；（2）规划管理依据（如：城镇体系规划数据、总体规划数据、分区规划数据、专项规划数据、控规数据、详规数据、近期建设规划数据、城市设计数据、六线数据等）；（3）规划审批过程数据（如：各种表单、必备材料、审批过程材料、规划条件、审批指标）；（4）规划审批结果数据（"一书三证"数据）。保证空间数据与办文信息的有效关联，地块信息与建设项目所有相关信息相对应，包括用地现状、地籍现状、历史办文信息、发证情况甚至上位规划的要求。同时，应建立相应的标准、机制与制度，保证数字规划工作的有序开展。

2）平台与技术的前沿性

作为数字规划的工作平台，需要各类技术的分工与融合，最终需实现以展示平台，可建立数字规划综合平台，集成各类应用专业子系统。建立起性能优越的数据库管理系统，实现对数据的统一管理、统一交换、分布式存储、分布式应用；采用国际主流核心服务器支撑整个应用环境，并基于城域网宽带网络环境，利用分布式的数据管理技术和网络技术，实现全市范围内协同办工；开发多种 GIS 数据格式的转换接口，实现各数据类型之间高效的数据转换；建立三维数字地图系统，实现三维实景环境下的规划设计与规划管理等。

3）工作环境与方法的实用性

规划编制成果是否科学、规划设计过程与规划管理过程是否科学是实现科学规划的重点。数字规划充分考虑了科学规划的要求，集成大量的定量分析模型与分析手段，可以尽可能地增加规划审批成果的合理性、可靠性和科学性。在规划设计过程中，可对城市现状情况进行客观分析，从规划方案二维到三维多视角进行量化分析与论证，并适时调整，达到科学设计的效果；在规划管理过程中，可以城市为视角，处理好整体与局部的关系，全面把握城市各类规划的控制要求，前瞻性地把握城市整体未来建设效果。

4）服务领域与对象的公益性

数字规划可实现高效规划、科学规划、有序建设，服务于城市规划与建设领域，除此之外，数字规划成果可广泛运用于辅助城市综合管理、招商宣传展示、数字旅游、城市环境监察、防灾减灾和应急指挥等领域与公共部门。服务对象可包括城市政府、规划部门、测绘部门、设计单位、研究机构、咨询服务机构以及社会公众等人群，为民主化、人性化城市管理奠定基础。

2. 中国数字城市规划专业领域的实践

中国数字城市规划专业领域的发展是一项规划与技术、设计与管理相结合的跨行业、跨领域的探索路径，经历了从纸质到电子化、从分散到集成、从二维到三维、从定性到定量的探索过程。武汉市规划管理部门进行了大量且深入的数字城市规划的探索与实践，取得了一些在行业内较为领先的成果与应用。

1）规划编制一张图

武汉市在规划编制领域，广泛应用了数字化技术。通过对所有的规划成果信息、各项规划成果数据，包括总体规划图、分区规划图、"六线"控制数据、土地利用规划图、道路交通规划图、控制性详细规划图、修建性详细规划等数据加以整理、归类，建立规划成果管理数据库，并对城市规划设计成果的数据进行整理与再利用，建立数据的更新机制，保障规划成果的更新，形成了规划编制成果的"一张图"，建成了法定库、现状库、参考库，构建了规划编制"一张图"系统，实现从总体规划到控制性详细规划的全尺度的统一规划成果管理。

2）三维数字地图

武汉市完成了全国首个特大城市级三维模型建设工程，建立了覆盖全市的三维数字地图系统框架和中心城区 500 平方公里的精细模型建设，完成覆盖武汉市全市约 8494 平方公里的基础模型建设，研制开发三维数字地图软件系统，实现了全市域三维城市景观的网络发布展示，形成了"一套标准、两个平台、三项研究、四张图"的建设成果，在城市规划设计和管理工作中实现了常态化应用，增强了规划管理审批的科学性，同时已推广应用到城市综合管理、招商宣传展示、数字旅游、城市环境监察、防灾减灾和应急指挥等多领域。并受建设部委托，主持制定了全国行业标准《城市三维建模技术规范》。

3）办公自动化系统

武汉市按照"并联审批、标准化审批、分级审批、电子化审批、下放权力、限时办结、信息共享"的建设思路，构建了支撑全局系统日常办公的国土规划行政审批信息系统，实施各类业务、许可、审批和综合事务管理的网上电子化协同办公。系统覆盖了国土规划管理部门所有业务处室、各分局、开发区局和新城区局，提供多种信息查询通道，实现网络化、电子化、规范化、一体化的网上审批和工作协同，极大地简化了国土规划审批流程，并缩短了管理时限。

4）政务公开

武汉市国土规划政务公开的力度越来越大，服务的范围越来越广，门户网站成为密切联系服务社会的桥梁。建立健全了网站信息公开的一系列规章制度，实现了内外网信息的同步更新，满足了政务公开、网上办事和在线互动的要求。该局网站创建了一批精品栏目，"在建项目查询"最早公布了建设项目红线图信息、"局长信箱"做到了每信必复，在网上开展了 QQ 在线交流。通过网站开展规划编制和建设项目批前公示，收集群众意见，受到市民欢迎。

5）量化分析应用研究

武汉市在规划信息化和数字城市建设基础上，结合建成的中心城区各年龄段人口数据库，以及养老设施、中小学、医院等公共服务设施数据库，采用空间量化分析方法，开展了人口与公共设施对比分析研究，分析了各类公共服务设施的交通可达性和服务可达性。这种方法还将应用于居住用地、公共服务设施的空间分布研究，从规模控制、空间的分布密度和可达性等方面，为居住用地和公共服务设施的规划布局提供技术支撑和科学保障。

12.5 中国数字城市规划专业领域的评价指标体系

1. 建立原则

城市规划的发展涉及城市经济和社会发展的各个方面。因此，对中国数字城市规划专业需要建立一个权威、系统、连续的评价指标体系。

2. 评价基准的选定与建立

按照科学研究中实证与规范相统一的原则和要求，建立数字城市规划专业领域评价指标体系，有两个总的指导原则，一个是科学性，另一个是实用性。为了满足这两个指导原则的要求，在建立评价指标体系的过程中，应当遵循以下具体原则：要有明晰而深厚的理论基础；广泛而有说服力的经验证据；较强的可操作性。

3. 评价指标体系的框架

数字城市规划专业领域评价指标体系的总体框架按照组织管理、设施建设、基础应用、信息资源、信息化创新等5个方面16个子项设定。借鉴国际上流行的绩效参考模型，参考了国家信息化评估指标体系及相关行业的考核评估标准，力求基于我国当前信息化发展水平，体现全国规划行业信息化的整体要求。

4. 评价指标与方法

1) 评价指标

序号	项目	比例	详细指标
一	组织管理	20%	
1	机构人员	3	1. 设立信息化工作联系人 2. 工作联系人定期通报信息化工作进展
2	工作机制	4	1. 年度工作计划中对信息化工作有明确要求 2. 定期通报信息化进展 3. 对信息化应用、数据录入有明确要求和检查机制
3	制度建设	4	1. 贯彻执行信息化管理办法 2. 贯彻执行网络管理制度、设备管理制度、信息安全管理制度、电子化办公工作制度、网站维护制度、应急预案
4	管理措施	5	1. 信息资源实行电子化集中统一管理 2. 对主体信息化工作进行有效监督、指导 3. 积极组织参加信息化会议、项目及培训活动
二	设施建设	10%	
5	计算机设备	2	1. 计算机设备专人管理 2. 计算机设备日常清洁状况良好
6	防护措施	2	落实计算机设备的防火、防盗、防高温、防潮、防尘、防雷、防鼠、防病毒措施
7	网络连接	6	1. 连接计算机业务专用网络 2. 不私自改变网络设置 3. 不私自连接互联网
三	基础应用	40%	
8	普及水平	3	工作人员熟悉管理软件

续表

序号	项目	比例	详细指标
9	业务办公	19	1. 使用协同办公平台办理收件 2. 接收项目资料全电子化 3. 将项目位置标示在电子图上 4. 使用协同办公平台办理项目 5. 行政许可采用协同办公平台打印 6. 录入项目信息完整准确 7. 按要求开展电子效能监察 8. 按时办结率达 100%，项目挂起率低于 10%
10	行政办公	12	1. 使用协同办公平台制发公文 2. 使用协同办公平台回告公文督办，按时回告率 100% 3. 使用协同办公平台报送信息 4. 使用协同办公平台开展会议管理
11	信息公开与服务	6	1、按要求及时提供网站责任栏目的更新内容 2. 主体单位信箱转办回复率 100%
四	信息资源	20%	
12	数据建库	10	1. 数据库内容完整 2. 数据库数据准确 3. 数据库信息全面 4. 空间数据库按要求汇交 5. 电子数据管理符合信息安全及保密规定
13	信息更新	10	1. 有信息更新的工作机制和技术要求 2. 安排专人负责信息更新检查落实 3. 各类数据库更新及时、完整、准确
五	信息化创新	10%	
14	管理创新	8	1. 开展数字化会议决策支持 2. 开展数字化项目辅助技术分析
15	科技创新	2	1、信息化项目获得各级科技奖励 2. 被列信息化专项试点或取得具有推广价值的信息化成果

2）评价方法

评价采用自查自评、评价汇报、信息平台统计、查阅资料及检查评分的方式进行。

自评自查。各主体对照评价指标，自查、自评，形成信息化工作报告。

评价汇报。主体单位进行考评汇报。

考评系统统计。通过考评系统数据统计，考核各主体信息化应用情况。

查阅资料。查阅主体单位信息化工作有关报告和档案。

评估评级。根据考核评价对象的工作情况，对照相应评价指标逐一评估定级。

12.6　中国数字城市规划专业领域的展望

空间地理数据的采集手段和频率不断提升，以 GIS 为核心的空间信息处理技术也不断发展，这些都将影响未来城市空间地理信息技术的应用。本报告主要对未来一段时间，特别是"十二五"期间中国数字城市规划专业领域的技术和手段进行展望，主要包括规划支持系统、公众参与实现技术、三维可视化与仿真、基于 GIS 的规划设计技术以及云计算技术等。

1. 规划支持系统

规划支持系统由规划相关理论、数据、信息、知识、方法与工具综合组成，是对城市规划的一种有效的工具或思维模式。许多人把规划支持系统看做一个良好的支持工具，它可以使规划工作者更好地处理规划过程，让规划结果质量更高，同时节省时间与花销。

2. 公众参与实现技术

地理信息系统和社会科学及 WebGIS 技术、协同式空间决策技术、分布式数据库技术、地理信息互操作技术、系统可视化及仿真技术相结合产生了公众参与地理信息系统即 PPGIS（public participatory geographic information system）。公众参与地理信息科学被定义为：一种对地理信息或者地理信息系统技术的研究，由个体或最基层的普通公众使用，参与影响他们生活的过程（数据获取、制图、分析以及决策）。公众参与地理信息系统是跨社会科学和自然科学的研究，是社会行为与 GIS，技术在某一地理空间上的结合，公众具有获取、交换有关数据或信息并参与或共享 GIS，进而参与决策的权利和机会，体现个人、社会、非政府组织、学术机构、宗教组织、政府和私人机构之间的合作伙伴关系，其目的是提升社会民主和生态的可持续发展等。

3. 三维可视化与仿真

随着三维 GIS 的深入发展和广泛应用，人们越来越关注三维模型数据的准确性、逼真性和有用性。三维仿真技术在国内外迅速发展，在数字城市的建设中，三维仿真技术为城市的管理提供了一个虚拟的管理平台，对海量城市数据实施一体化管理和无缝三维实时漫游，以三维可视化形式，提供信息的查询、表示、分析和决策。三维设计与 GIS 结合，可对设计成果进行地理参照，从而与其他地理空间要素进行融合，实现基于 GIS 的城市建筑环境的显示和漫游，大大提升规划方案的可视化程度，提高规划管理效率和决策水平。

4. 基于 GIS 的规划设计技术

地理设计是一种把设计提案的形成和地理环境影响因素模拟紧密结合在一起的设计和规划方法。其重点在于支持"人为参与"的设计理念，对设计的多个层面不断提供反馈，在设计的过程中改善设计而不是对设计做事后评估。VRML 是在互联网上表达三维模型的标准，它是一种跨平台的语言，主要包括几何造型、变换、属性、光线、阴影和表面纹理描述。与传统的三维模型的表达方法不同，浏览由 VRML 构造的三维模型不需要专用的软件，用户通过一个在普通 Web 浏览器安装的标准 VRML 插件就可以浏览三维模型数据。采用 VRML 建立的模型文件小，对于网络带宽要求不高，适合网络传输。对 VRML 数据的浏览又是一种互动的方式，用户可以自由变化视点、角度，从任意视点和路线观察由设计形成的虚拟城市空间。

5. 云计算技术

云计算及运行支撑环境正迅速发展成为主流 IT 厂商倾力投入和打造的对象，这必将深刻改变信息服务和相关技术应用的模式。城乡规划和地理空间信息资源日益丰富，导致数据量呈几何级数剧增，开发难度和资源投入也急剧上升，面临海量城乡规划信息、地理空间信息存储调用和分析计算所带来的压力和应用服务挑战。针对这些问题，目前主要是通过增加硬件投入，采用服务器集群、分布式存储等技术进行提升，提升空间有限且耗费巨大，云计算技术则提供了一种崭新的解决思路，它综合了虚拟化、网络存储、分布式计算等多项最新技术，通过网络将大量的计算资源进行连接并统一管理和调度，构成一个计算资源池向用户提供按需服务，用户可以随时获取，按需使用，随时扩展，这成为当前重要的发展方向。

第四篇
数字城市"十二五"展望

在国家"十二五"发展大环境下，我国的数字城市建设将迎来空前的利好形势，同时，也面临着来自各层次高要求高标准的挑战。一方面，国家信息化的深入，城镇发展的需求，科学技术的发展，基础设施建设提速，社会公众的关注等，都从各个角度带动推动着数字城市建设发展。另一方面，我国数字城市建设起步晚、发展快，各地数字城市信息化基础参差不齐，过去数字城市建设发展过程遗留的问题和未来对数字城市的高标准高要求，都对我国现有的数字城市的组织制度、技术支撑、推广应用、产业形成和保障机制等各环节提出挑战。总体而言，未来"十二五"期间，数字城市发展的目标更为明确，未来的发展也将因势利导、因势而动、乘势而上、顺势而为。数字城市发展趋势主要体现在：从原先单纯的技术驱动机制转为应用需求驱动；从形成"信息孤岛"的各自为政的思维方式转向统筹规划的综合考量；从政府包揽的建设模式转为政府、企业和公众共同参与的模式；注重数字城市各组织机构横向协调机制的建立；关注网络信息技术、物联网、云计算、地理信息技术等关键技术的创新发展；重视"政－产－学－研－用"联盟体系的建立。针对未来的形势与变化，我们也提出了我国数字城市在"十二五"时期的发展思路和目标，并指出此期间数字城市建设的主要任务及发展重点。

第13章 "十二五"数字城市的形势分析及发展趋势

13.1 面临的新形势与挑战

13.1.1 "十二五"数字城市建设的有利形势

1. 国家信息化的引导

我国党和政府历来十分重视国家信息化建设。1984年9月，邓小平同志为《经济参考》创刊题词"开发信息资源，服务四化建设"。1991年，国家主席江泽民同志就明确指出："四个现代化，哪一化都离不开信息化。"党的十四届五中全会提出了加快国民经济信息化进程。十五届五中全会和第九届人大四次会议明确提出："大力推进国民经济和社会信息化，是覆盖现代化建设全局的战略举措。"国家"十二五"规划建议指出："在全面提高信息化水平方面，要推动信息化和工业化深度融合，加快经济社会各领域信息化；积极发展电子商务；加强重要信息系统建设，强化地理、人口、金融、税收、统计等基础信息资源开发利用；实现电信网、广播电视网、互联网'三网融合'，构建宽带、融合、安全的下一代国家信息基础设施；推进物联网研发应用；以信息共享、互联互通为重点，大力推进国家电子政务网络建设，整合提升政府公共服务和管理能力；确保基础信息网络和重要信息系统安全。"

信息化是充分利用信息技术，开发利用信息资源，促进信息交流和知识共享，提高经济增长质量，推动经济社会发展转型的历史进程。20世纪90年代以来，信息技术不断创新，信息产业持续发展，信息网络广泛普及，信息化成为全球经济社会发展的显著特征，并逐步向一场全方位的社会变革演进。

"十五"以来，国家相继出台了一系列信息化相关政策，实施了系列"金字工程"、"电子政务"等重大信息化工程，为我国城市数字化管理奠定了基础，大大推进了数字城市的发展。随着"电子政务"工程建设的稳步开展，我国各级政府信息公开意识大大提高，政府网站建设速度明显加快，截至2009年1月，全国已开通4.5万多个政府门户网站，中央部委政府网站普及率已达到96.1%，省市政府网站普及率高达100%，地市级政府网站普及率也达到了99.1%。各级政务部门利用信息技术，扩大信息公开，促进信息资源共享，推进政务协同，提高了行政效率，改善了公共服务，有效推动了政府职能转变。同时，能源、交通运输、冶金、机械和化工等行业的信息化水平逐步提高；电子商务发展势头良好，科技、教育、文化、医疗卫生、社会保障、环境保护等领域信息化步伐明显加快。

面对我国"十二五"期间产业的转型升级，传统大规模、粗放式的生产模式已不适应国家社会经济发展，集约化、精细化的制造模式迫在眉睫。数字城市与制造生产产业转型升级相融合，将信息技术、现代管理技术和制造技术相结合，并应用到企业产品生产周期全过程和企业运行管理的各个环节，实现产品设计、经营管理、生产制造等数字化和集成化运行，提升企业产品开发能力、经营管理水平和生产制造能力，从而提高企业综合竞争力和综合效益。工业和信息化部电子科学技术情报研究所发布的调查数据显示，我国工业制造企业信息化投资稳中有升，2011 年大型工业制造企业信息化平均投资额同比增长9.80%，信息化投资额占销售总额的比重为 0.16%，较上年下降 0.02 个百分点，占固定资产投资总额比重为 2.21%，较上年上升 0.15 个百分点。

2. 城镇化发展的内在需求

数字化与城镇化融合，能增强城市集聚辐射功能和综合竞争力，提高城市经济社会发展的质量和速度，数字城市已成为衡量城市综合实力和文明程度的重要标志。

数字城市强调城市发展的系统性。城镇化是一个复杂的、综合性的社会经济现象，作为社会经济的转型过程，包括人口、地域、经济、社会文化等诸多方面结构转变的内容。数字城市以公共平台为基础，强调信息的共享，服务的全面。数字城市涉及城市管理和生活的方方面面，包括城镇规划、城镇基础设施、城镇生态环境、城镇管理和便民服务等，涉及教育、文化、科技、民主、法制等多领域，重视城镇环境物质与文化的共同发展。同时又将城市管理和生活的各个零散系统有机组织成一个完整的城市系统。在数字城市中，政府、企业和市民的各项管理服务都不再是独立的存在，数据信息是流通在各个子系统之间的活跃血液，供给城市长足健康发展。

数字城市强调城镇发展的可持续性。城市聚集了各种社会经济要素，在不断创造各种物质财富和精神财富，使人们享受城市文明所带来的舒适和便利的同时，也集中了各种矛盾。当今城市发展越来越受到各种资源、环境、经济和社会问题的困扰，推进城市可持续发展显得尤为重要。因此，在未来的城镇化过程中，要重视城镇化与经济、社会、人口、空间、资源、环境等方面的相互适应。数字城市促进城镇发展过程中各种关系的协调，有助于实现我国城镇化建设低碳、环保、人与自然和谐的目标。数字城市以信息化、数字化、智慧化的手段服务于社会经济发展，尽可能地减少使用自然资源和环境成本；同时数字城市可以科学地辅助城镇规划和建设，大大推动节约和合理利用土地、水、能源等各种资源，保护和改善城镇生态环境，使城镇经济建设和社会发展与城镇生态承载能力相协调。

3. 相关技术发展的推动

信息化每个新阶段的到来，总是与新技术的出现和普及紧密相关。如遥感对地观测技术和物联网技术改进了人们认知、感知和观察城市的视角和方式；云计算技术大大降低了基础设施建设和人们获取信息服务的成本，有助于加速信息生态系统的构建；城市各类业务数据的融合挖掘提高了城市决策的智能程度；3D 建模和仿真技术实现了虚拟城市的可视化，使人们与城市之间的交流互动更为直观，它们构成了城市数字化管理建设的核心技术。

进入 21 世纪以来，我国的信息网络实现了跨域式发展，成为支撑经济社会发展重要的基础设施。电话用户、网络规模已经位居世界第一，互联网用户和宽带接入用户均位居世界第二，广播电视网络基本覆盖了全国的行政村。信息化技术也得到长足发展，掌握了一批具有自主知识产权的关键技术。IPv6 作为支撑物联网、云计算等新兴互联网产业的发展基础，也已得到国家的高度重视。我国已开始部署 IPv6 建设工作。2012 年 2 月，

IPv6 获得了政府 80 亿专项投资,在政府推动下,电信运营商、设备制造商等都加大投入力度,在芯片设计、基础网络改造、终端设备入网接口等多个环节进行改造升级,为 IPv6 的大规模商用打下坚实基础。未来,还将继续关注关键信息技术自主创新,如集成电路(特别是中央处理器芯片)、系统软件、关键应用软件、自主可控关键装备、移动通信、射频识别等领域。信息网络的建设发展和信息化技术的自主创新都为数字城市的发展提供了强大有力的技术支撑,推动数字城市向广度和深度发展。

我国云计算在 2011 年从起步阶段逐步迈进实质性发展阶段。2010 年已确定在北京、上海、杭州、深圳、无锡 5 个城市先行开展云计算服务创新发展试点示范工作。各地政府纷纷制定云计算发展计划,并将其作为新兴产业的重要组成部分。如上海市发布"云海计划";北京市启动"祥云工程";深圳"十二五"规划中计划建设"智慧深圳"等。地方政府通过为当地云计算服务提供税收、土地、资源等多方面政策支持,鼓励发展云计算。2011 年,发改委设立了云计算专项基金,首批资金已陆续下拨到北京、上海、深圳、杭州、无锡 5 个试点城市的 15 个示范项目,包括百度、联想、华东电脑、华胜天成等 15 家牵头企业已陆续获得资金扶持。

"十二五"期间,中国物联网将得到多方面的有力支持与推动。目前,全国已有 28 个省市将物联网作为新兴产业发展重点之一。在交通、电力、卫生、物流等物联网重点应用领域,相关行业部门也都相继出台了有关规划,积极推动物联网等新一代信息技术的发展。2011 年,中国物联网产业总产值超过 2600 亿人民币,其中支持层、感知层、传输层、平台层和应用层分别贡献了 2.7%、22.0%、33.1%、37.5% 和 4.7%。2011 年,物联网的主要应用领域是智能工业、智能物流、智能交通、智能电网、智能医疗、智能农业和智能环保。随着智能手机的推广应用,以及中国电信、移动、联通三大运营商的物联网布局加速,智能手机正成为物联网核心终端。运营商一方面进一步加快基础设施建设,使信号覆盖广度及强度增加,另一方面加速对手机智能化应用的开发,开展了多个行业的物联网应用解决方案的研究。智能手机正在成为最有效、最便捷、最强大的物联网应用客户端,成为物联网感知与服务的重要终端载体。

4. 网络基础设施建设提速

基础网络是信息时代经济社会发展关键基础设施,网络与服务已逐步渗入到经济、社会、生活的各个领域,成为提升国家竞争力,加快转变经济发展方式、支撑互联网创新应用的关键因素。

温家宝总理在 2012 年的《政府工作报告》中强调,"加强网络基础设施建设"。十一届人大五次会议审议通过的年度《国民经济和社会发展计划报告》提出,"实施宽带中国战略,启动宽带上网提速工程"。2012 年 3 月,工业和信息化部还联合国家发改委、科技部、财政部、住房与城乡建设部、国资委、国家税务总局、国务院扶贫办公室等七部门印发了《关于实施宽带普及提速工程的意见》,明确了总体目标、思路和措施,制定了工程的实施方案。

按照我国《通信业"十二五"规划》,到"十二五"末期,要实现宽带接入用户超过 2.5 亿户,接入带宽能力城市家庭平均达到 20M 以上,农村家庭平均达到 4M 以上。按照这一原则,有关部门同通信运营企业一起,制定了宽带普及提速工程 2012 年的主要阶段性目标。其中第一条就是增强宽带接入能力,新增 FTTH 覆盖家庭超过 3500 万户。其次是总体上提升我国固定宽带用户的接入速率,使用 4M 及以上宽带接入产品的用户超过 50%。第三是提高固定宽带家庭普及率,新增固定宽带接入互联网家庭超过 2000 万户。第四是扩大公共热点区域无线局域网覆盖规模。第五是进一步推广和普及宽带应用,并推动单位带宽价格的降低。

在国家启动"宽带普及提速工程"之际,国内三大运营商纷纷出台宽带发展规划,并明确了 2012 年目标。其中,FTTH 与 WLAN 成为运营商宽带发展最重要的部分。

中国电信提出,将在 2012 年新增 FTTH 覆盖家庭 2500 万户,达到 5500 万户以上。新增固定宽带用户 1600 万,用户规模突破 1 亿,其中,新增固定宽带接入互联网家庭 1300 万户,达到 8300 万户以上,促进全国家庭宽带普及率提升 3.25 个百分点。与此同时,中国电信计划进一步提升上网速率,使用 4M 及以上宽带产品的用户比例超过 50%,力争达到 60%;持续扩大公共热点区域无线局域网覆盖,全年新增 Wi-Fi 热点 30 万个,达到 90 万个。

同时,中国联通也提出,将在 2012 年新增 FTTH 覆盖家庭超过 1000 万户。同时,在城市热点地区进一步加快部署 Wi-Fi 网络,扩大 Wi-Fi 覆盖规模,全年新增 30 万 AP 热点覆盖。此外,中国联通计划重点开展 4M 及以上接入速率产品普及,全年预计新增家庭宽带用户超过 900 万户,年内实现 4M 及以上接入速率的用户占比超过 50%,力争达到 60%。

而在宽带发展上比较落后的中国移动,也表示将继续推进无线、有线宽带建设。中国移动授权铁通公司进行宽带运营,目前拥有互联网端口 1130 万,宽带用户 900 万。2012 年,将新增 320 万个互联网端口,FTTH 用户新增 180 万户,实现 120 万个 ADSL 互联网端口升级。同时,2012 年将继续规模推进 TD-SCDMA 连续覆盖,提高网络质量和网络利用率,加大 Wi-Fi 热点建设,新增热点 140 万个,继续推进 TD-LTE 第二阶段规模试验。

5. 社会公众的投入关注

2000 年 5 月,随着"二十一世纪数字城市论坛"的召开,中国数字城市进入到实质性阶段,到如今全国从中央到地方省市各级相关政府部门和企业单位都付诸了极大的资金和力量。

胡锦涛、温家宝、李克强等中央领导同志多次作出重要批示指示,明确要求加快推进数字中国建设,积极促进国民经济和社会信息化。国家地理信息局与住房和城乡建设部通力合作,同时积极组织、管理和监督本部门下属各个地方部门开展数字城市建设工作。同时还对数字城市建设进行大力宣传报道。2010 年 8 月,第 18 个全国测绘法宣传日的主题即是"推进数字城市建设提升测绘公共服务水平",向社会大众展示数字城市建设给城市带来的巨大变化。2010 年 11 月 10 日中国城市科学研究会数字城市专业委员在北京正式成立,是住房和城乡建设部推动和引导中国数字城市发展的重要力量。

各省市级领导和部门重视,积极开展数字城市立项和研建工作,扎实打牢数字城市根基,还频繁进行数字城市技术和成果交流。全国参与数字城市建设的城市数量一直在增长,数字城市建设的技术也越来越成熟。例如从 2001 年 9 月在广州举办了第一届数字城市建设技术研讨会暨中国国际数字城市建设技术与设备博览会(简称"数字城市大会")开始,到 2011 年 11 月举办第六届数字城市大会,得到了越来越多的政府机构和企业的关注。

不少大专院校也在多方合作之下建立了数字城市研究院或者研究团队，研究建设数字城市的管理、实施流程和相关技术体系。例如 2010 年 7 月，南京信息工程大学与苏州联合共建苏州数字城市研究院，以南京信息工程大学为依托、以南京信息工程大学遥感学院、中美遥感中心等相关院系为技术支撑，联合苏州市吴中区人民政府共同组建。研究院的成功运营、新兴技术的成功研发和市场转化，将为提升苏州地区在国家新兴产业发展战略中的区域地位，带来良好的社会效应。

13.1.2 "十二五"数字城市建设的严峻挑战

1. 制度上的挑战

现在，我国数字城市发展绝大多数都是自下而上，而不是自上而下，由于一开始就缺乏总体的顶层设计，后面的问题就暴露出来了。由于缺乏总体规划，我国数字城市没有形成基本的技术标准和考核体系。所以，目前数字城市的建设模式是千差万别的，在管理组织体系上也是各行其是。

管理层面上，数字城市的建设需要政府主导做好总体规划，同时，建立合理的协作机制，进行数字城市建设的统一管理。

宏观的数字城市科学规划是关键。城市最高领导者应该意识到城市信息化是一个系统工程，统一规范、统一部署，抓好顶层设计。由政府指导来做数字城市的顶层设计，通过强有力的领导，统一思想，总体设计，分步实施，才能实现数字城市的综合效应。数字城市顶层设计是对所建设的各个方面、各个层次、各种参与力量、各种正负面的因素进行统筹考虑，理解和分析影响数字城市建设的各种关系，从全局角度出发，对数字城市的基本问题进行总体的、全面的设计，确定长期的建设目标，制定实现目标的路径和战略战术，并建立数字城市建设发展的保障措施，将建设的风险降至最小。顶层设计是在宏观上对数字城市的方方面面进行统筹规划，是将数字城市发展战略的具体化，关系到数字城市建设的全局乃至成败。

数字城市的建设涉及国家多个部门，而各部门因各自职责的不同而有所侧重，因此，需要制定相应的政策，建立合理的协作机制，进行数字城市建设的统一管理，形成各部门之间良好的工作机制。我国现行的行政管理体制很难实现部门之间和部门内部之间资源的共享和业务的协同。我国的数字城市管理体系还处在探索和起步阶段，致使数字城市建设过程中频繁出现信息采集难、存放难、重复采集、信息利用率低下等突出问题。重视城市政府各职能部门之间的协作与共享是关键。在数字城市建设中，成立全国性的领导机构进行统一协调，有利于推动各部门的协调与合作。同时，为了避免同一信息的重复采集和存放，政府建立跨部门的信息交换和分析系统，建立一体化的政府信息分享系统，方便不同部门使用共同的数据库，实现信息共享，大大降低数据保存和维护的费用，避免重复申请和重复认识。

技术层面上，如何统筹规范各地的数字城市建设工作，需要制定一个适合我国数字城市建设特点的基本的技术标准和考核评价体系。

数字城市信息共享的必要前提是标准化，其中包括信息的标准化和信息共享的标准化。其中，信息标准化包括数据的分类、编码、语义、结构、格式、空间定位基础（含空间参照系），元数据等方面的规范化、标准化；信息共享标准化涵盖政府业务管理规范化、企业运作规范化、网络建设标准化、信息交换标准化。数字城市建设离不开标准化和规范化。

数字城市建设的衡量需要统一的评价指标体系。一方面，现有数字城市的评价体系对评价对象全面性考虑不足。数字城市指标应包括家庭数字信息化、科技教育信息化、政府信息化、社会信息化、金融信息化、医疗卫生信息化、城市管理信息化等多方面。有的城市信息化考核指标体系主要集中在网络资源等某个要素规模扩张上，对于管理软件及其更新，对于普通市民的服务质量和整体绩效的评估等方面内容严重缺乏。另一方面，现在还尚未形成成熟可行的数字城市评价体系。我国数字城市建设虽还处于起步阶段，但各地建设进展程度有差异。我国的数字城市建设是一边建设，一边研究，建设与研究并行，甚至是建设占多，因而数字城市的评价指标体系一直处于研究阶段，并没有得到进一步的广泛推广应用。

2. 技术上的挑战

数字城市是典型的高技术产业，数字城市建设的关键技术具有多源异构的特性，涉及多方面的技术（物联网、云计算、网络信息及空间信息技术等），各项技术都需要达到成熟的水平，才能够将数字城市建设理念变为现实。目前，我国数字城市建设已在逐步推广开展，形成了"百花齐放"的景象。但是，由于各地数字城市建设各行其是，至今我国的数字城市都不具备标准化推广的成熟技术。

尽管政府已经积极采取措施，推动中国物联网核心技术的发展。但是，2011年物联网核心技术研发步伐依然缓慢、创新产品依旧匮乏，没有取得突破性进展。国内物联网公司大部分还是主要以应用集成为主，在芯片、高端设备制造、系统软件等物联网核心技术研发方面投入力度明显不足，整个产业呈现出比较浮躁，急功近利，缺乏扎实、持续的技术创新能力的特点。要想彻底改变这一发展困境，需要政府、企业的共同努力，系统性建设鼓励核心技术及创新产品研发的产业发展环境和资金支持政策是迫切急需，只有在物联网关键核心技术上有所突破和发展，才能有助于将数字城市建设从理念变为现实。

城市空间信息在获取、更新和运用上还存在一定的瓶颈。城市基础地理空间信息是区域自然、社会、经济、人文、环境等信息的载体，是数据城市的基础。现在80%以上的城市信息都与空间位置有关系，信息与空间的结合，可以使信息激活或更有效。城市的空间信息与相关的信息关联已经成为一个发展很迅猛的产业，也是城市政府管理城市与实现百姓之间互动、沟通最重要的环节之一。经过最近若干年的努力，我国城市空间数据的生产取得了显著的成绩。大多数城市完成了基本的地形测绘，少数城市甚至进行了几轮修测，地形图件基本上覆盖了城市的建成区、规划市区和主要市郊，但城市管线、遥感技术数据的生产和采集、提供方面远远不能满足城市日常管理的现场应用需求。

我国网络基础建设经过多年的努力，已经取得了很大的成绩，但是还存在很大的发展提升空间。首先，互联网建设是网络的基础。截至2011年底，我国网民数量达5.13亿，互联网普及率为38.3%。政府门户网站的建设率也已普及到地级市层次，但与发达国家相比还存在较大差距。在国外，有的村庄都有数字化服务，而我国80%的城镇都没有门户网站。其次，手机是未来无线网络信息化的重要终端，势必成为数字城市民生应用推广的关键因素。然而，以中国的总人口13亿计算，中国的手机普及率仅在77%左右，而根据市场研究公司Gartner和美国普查统计局（Census Bureau）的统计数据，目前全球将近有

80％的人拥有手机。截至 2011 年 12 月底，中国手机网民规模已经达到 3.56 亿人，占总体网民中的比例达到 69.4％。再次，除了互联网网络的广泛普及外，网络的链接速度是网民能否顺畅使用的关键。在世界范围内，中国大陆平均网速为 1.4Mbps，世界排名第 90 位。目前，我国固定宽带接入主要采用以 ADSL 为代表的铜线宽带技术，可提供 512K 起步的带宽，但要升级到 4M 及以上更高的带宽就会面临技术、成本方面的瓶颈。而宽带水平较发达的国家主要采用以 FTTH 为主的光纤宽带技术，可以根据用户需求灵活提供十兆、百兆、1G 乃至更高的带宽。因此，我国要加快宽带发展，获得宽带用户普遍满意的速率和体验，必须推动"光进铜退"，即在宽带接入的"最后一公里"进行光纤化改造。现阶段，我国正处于光纤宽带推广的初期，还需要日后继续铺设安装应用。

我国与发达国家在数字城市方面的差距都要求我们加速发展、加速创新、加速推广。只有加快研发和推广更多高性能、高效率、低成本、易使用的新技术、新产品和新系统，才能使数字城市实现"快、准、全、廉"获取、更新、分析和应用成熟各种信息，实现在任何时间、任何地方，以任何方式服务于任何人的目标。

3. 应用上的挑战

各个部门、单位都自建了行业相关的应用信息系统，但缺乏协同和共享，产生了一系列的信息孤岛。信息资源不同于其他消耗性资源，用得多却没有任何损耗。因此，它最大的优势应是共享。但是，我国却走了一条计划经济和自然经济相结合的发展数字城市的道路，就形成了一个个信息孤岛，共享、共联没有实现。各个部门都强调自己的特殊性，信息资源条状分散严重。信息越广泛得到应用，它的价值越高。然而，我国一些部门还是有独占信息的习惯，"重新建，轻整合"，违背了数字城市"统一标准，统一接口，同一平台，整体推进"的原则。如果继续条状分割、各自为政，势必影响数字城市效益的发挥，造成重复投资，资源配置严重错位，以及使用效率低和难以推广普及的后果。

我国城市建设信息资源共享状况。各个城市有强烈的城建信息资源共享的需求，但是目前处在比较低级的发展阶段。从城市建设领域看，我国城市基础地理信息的管理体系与国外具有本质的区别。在国外，只要国家和省级地理信息资源建设到位，全国的市、县、镇政府都可以免费得到地理信息的服务，无需自行建设本地的地理信息资源。而我国的城市必须各自独立地建设基础地理信息资源，并且在国家现行的保密制度下，不能实现全国共享，甚至不能实现本市各行业之间的共享，特别是大比例尺的信息资源，只能依靠市政府自建。国家、省可共享的地理信息不是现时性差，就是比例尺过小。少数专业地理信息网站的信息资源无法达到城市的要求。仅就城市地理信息而言，我国各个城市处在一个个信息孤岛状态。

我国社会文化经济信息共享状况。相对于城市建设信息的状况，社会文化经济信息的共享状况要好得多，在此不详细介绍。需重点说明的是，"八五"、"九五"期间，我国信息化的重要成果是计划、金融、工商、通信、统计、财务、海关、公安、财政、工业、商业、物价、劳动、社保等行业建设了大量的面向行业主管部门的纵向信息系统。这些系统相互独立、相互屏蔽。各城市共享这些纵向系统信息时，缺乏基本的共享机制和信息交换平台。随着数字城市的逐步建设应用，国家全面发展的需求逐步提升，解决我国特有的纵向信息系统资源孤岛问题，是我国发展数字城市进程中的重大课题。

重视数据平台共享和共建，并加快数据平台的推广应用。尽快研究如何构建数字城市建设运行和公共基础平台，建好基础数据库、业务数据和服务数据库。建设数字城市公共信息平台，实现系统的整合，有效解决城市信息孤岛的问题，使信息在各部门多系统间共享和流转，为城市综合决策和复杂问题的解决提供支撑。如何积极有效地实现各种行业应用系统之间的信息数据共享，将数字城市真正整合为一个城市进行统一规划管理等工作，还需要日后的继续推进。

4. 产业上的挑战

我国数字城市市场化发展模式发展滞后。数字城市是一个复杂的局系统，其产业链条很长，上下有关联产业很多，现阶段，由政府作为投资主体推动数字城市建设仍然是数字城市建设的主要发展模式。政府负责投资，提供公益性服务，存在政府财政压力重、产业化持续发展动力不足等问题。有些城市也依据"谁投资、谁受益"的原则，积极引入社会资金参与数字城市项目，但一般都是依托某项技术或服务的行业龙头企业，按照一个个项目的方式进行，很难从产业规划与布局、政府投资的合理利用、技术发展趋势、行业应用、市场推广等整体上进行清晰的分析和把握，短期行为必然造成"小、散、乱"的局面，不利于数字城市产业持续、良性发展。此外，我国参与数字城市建设的企业产业链也不健全，除了几个大的电讯运营商以外，其他的数字城市企业，一般都是小企业，两者之间缺乏中间过渡层次。我国的数字技术企业规模都还非常小，这方面产业的发展其实是几个巨大的齿轮直接带动一些芝麻大小的小齿轮，中间没有传递的齿轮，这不是一个高效的新技术推广应用传递系统。

数字城市的社会绩效和经济效益的研究工作要尽快跟进。数字城市目前的效益如何评价，怎么样做到优质、高效，现在还处于探索阶段，还没有一套有效指标体系来衡量数字城市的效益。我国已建了许许多多的数字城市，但是不少数字城市项目都是封闭的。一旦把数字城市项目推广到普通民众看得见、摸得着、能享受的项目上去了，其影响是巨大的。所以，要尽快强化数字城市的效率，要贴近人民群众，要完全为了社会的需求出发，从市民的第一愿望第一需求出发，来实现信息的服务、数据的共享、业务的协同。同时，要在强化数字城市收益财务分析基础上，突出数字城市的投入产出效益，考虑产业的发展、项目的投资等。特别注意谁投资、谁受益以及承担投资风险问题等。

5. 保障上的挑战

城市领导特别是主要领导应对数字城市建设和应用给予高度重视，需要不断完善相关的政策、管理、资金、技术和人才上的保障体系。

信息要共享共建、共建共赢。首先应该采取有力的政策措施，促使城市政府（而不是某个部门）真正主导数字城市建设，并要求信息化基础好、信息资源丰富的部门（如城市规划、国土资源、测绘等）承担更多的责任和义务，将现有的信息化资源和成果先共享出来，让城市各部门在共享这些成果的同时实现共享程度越高，得到奖励越大的正面激励。只有这样，才有可能打破目前数字城市发展的僵局，营造出数字城市纵横交错、条块融合、共享其建、不断发展的新局面。2012年3月，国家测绘地理信息局发出通知，就进一步加快数字城市建设、推广、应用工作作出全面部署。通知分别从加快建设进程、提高推广应用水平及相关保障措施等方面提出了15条具体措施。

其次，应科学地进行数字城市建设的规划设计并有效地监控规划的实施。各地的数字城市建设存在着非常严重的建设力量分散，组织体系协调效率低下的问题，有的在理念上还未清晰数字城市的建设意义。因此，今后数字城市建设的工作中需要在管理组织体系上注意统筹管理，保证建设工作的顺利开展。

再次，应有较充分的持续的资金保障，特别是落实后续运行维护、数据更新、硬软件升级和应用服务支持等资金；应该采用现代的金融服务体系和资本市场来持续地保障资金的需求。数字城市的建设需要庞大的资金为后盾，而我国目前的经济实力还难以承担起这笔巨额开支；再者，单纯地依靠政府的投入，由于各地方的财政情况不一，势必造成数字城市建设的地区差异拉大，这不符合我国目前构建和谐社会的总体方向。

最后，应大力培养和使用高素质、多层次、多专业的人才队伍。无论是国家层面还是地方政府都缺乏高层次的管理和技术人才，使得我国的数字城市建设的管理、技术研究的推广和创新的认定、评价都举步维艰。数字城市的高级人才需要是一个"T"字形知识结构：一方面要熟悉数字技术最新进展、掌握国内外最新数字产品的性能及其集成技术的发展；另一方面，在应用方面要非常敏感，应成为城市规划、建设、管理方面的行家里手。

13.2　"十二五"数字城市的发展趋势

13.2.1　驱动机制转变：技术驱动转为需求驱动

目前，数字城市的建设大多是以某一项数字化技术作为支撑，以此为原点铺开数字城市的建设道路。物联网、云计算和网络信息通信技术是最主要的三大技术支撑。智慧南京的发展主要依托于南京物联网产业的五大平台。重庆在"十二五"规划中表示将继续加强信息通信技术产业的发展，并以信息通信技术驱动数字化城市发展。广东佛山的云计算产业链支撑着当地及其周边地区城市的数字城市建设。

数字城市建设要从业务需求和问题角度出发，而不应该纯粹地开发软件、系统或数据库；信息系统必须与业务系统相融合，是为了解决实际问题服务；关键是打造业务能力，不是简单地打造信息系统。

以人为本，需求驱动，要以广大人民群众的切身利益为出发点，根据城市特点和发展需要，因地制宜，在统一标准的前提下建设有特色的数字城市。数字城市建设从技术驱动为主向需求和服务驱动为主转变，需要充分关注国家和城市两个层面的需求。

国家层面的需求，是要通过部、省两级有效的联动监督来促进我国数字城市健康可持续发展。随着经济社会的不断发展，社会公众对公共服务范围和质量的要求不断提高，这要求政府不断创新公共服务的手段和模式。在未来，数字城市的建设将以服务市民为中心，提升公共服务能力为重中之重，公共服务信息化的体制基础和发展水平将得到稳步提升。另一方面，数字城市建设将大规模、动态变化的基础资料转换为数字化、可操作、可共享的信息资源，政府及其所属各部门可以在这种由城市自然、社会、经济等要素构成的一体化、网络化数字集成体系上，通过功能强大的系统软件和数学模型，以可视化方式再现真实城市的各种资源分布状态，实现城市规划、建设和运行管理的综合分析与模拟预测，从而大大提高政府决策的科学化水平和服务水平，推动政府管理创新、推动政府职能由管理型向管理服务型转变。

数字城市的可持续发展是为了城市生活质量的提高和可持续发展。服务创造是推动城市创新发展的动力之一。人类正在从工业社会向服务社会过渡，服务经济将成为 21 世纪经济的主导。高效的服务效率也是体现城市经济运转，提高国内生产总值的一个重要要素。服务在整个经济中占比的加重，更体现出服务对城市发展的主导作用，城市要发展，服务需要创新，创新型的服务城市将在未来城市发展与竞争中立于不败之地。未来城市发展，服务供应将代替产品供应成为主要的经济活动，占据几乎全部贸易额的3/4，服务经济发展的基础是更深入广泛的信息获取与交互的服务化，信息能更及时地配置，而信息交互的更深入化也将更便捷地促进服务的高效运转。在全球一体化中，以服务为基础的世界经济的商业活动处于资本积聚的区域，服务经济在整体经济发展中的比例与日俱增，当前，特别是发达国家、发达城市的服务业占国民经济的比重已经超过三分之二，经济重心正在从制造业向服务业转变。服务化是下一代经济中国际产业转移和发展的必然趋势。真正以实际的城市管理和民生应用需求为出发点，开展相关的研究，开发等工作。数字城市是城市服务业的重要基础，数字城市的建设与其他产业之间存在着高度的交织关系。数字城市以其信息服务为基石，为城市产业中的各个方面都能够提供服务，并将城市产业集中在一个公共服务平台，又进一步地促进了城市的健康可持续发展。

13.2.2　思维方式转变：综合统筹规划消除"信息孤岛"

城市的管理者和运营者应把城市本身看成一个生命体。城市本身不是若干功能的简单叠加，而是一个系统，城市中的人、交通、能源、商业、通信、水这些过去被分别考虑、分别建设的领域，实际上是普遍联系、相互促进、彼此影响的整体。只不过由于科技手段的不足，这些领域之间的关系一直是隐形存在且无紧密关联。数字城市借助新一代的物联网、云计算、决策分析优化等信息技术，通过感知化、互联化、智能化的方式，可以将城市中的物理基础设施、信息基础设施、社会基础设施和商业基础设施连接起来，成为新一代的智慧化基础设施，使城市中各领域、各子系统之间的关系可视化、互动化。

数字城市战略的实施与城市发展密切相关，涉及政府的各个部门，涉及企业和广大人民群众，是一个长期、复杂的系统工程，不可能一蹴而就，因此，要建设数字城市，必须进行科学的总体规划，并按照实际情况制定分步实施的方案。以综合统筹为出发点，政府通过顶层设计，利用信息化、智能化手段，对城市管理的各个领域实施智能化管理，同时全面整合各类城市信息资源，促进城市不同部门、不同层次之间的信息共享、交流和运用，减少城市资源浪费和功能重叠，加强对城市发展的宏观管理，实现城市资源的共享性、交换性、协同性、系统性、控制性、智能性。

数字城市的统筹规划与城市政府的主导作用密切相关。通过政府的领导协调机构，可以从机制和政策上保证数字城市的同意建设和充分利用，有利于打破部门之间的隔膜和封闭，减少并杜绝部门"信息孤岛"的产生。政府主导数字城市建设工作能够做到统一规划、统一标准、统一规范，保障数字城市建设的权威性，杜绝随意建设。同时，数字城市建设的目标与内容，都能够紧紧围绕城市系统的实际情况，因地制宜，符合当地的需求。

13.2.3　建设模式演变：政府包揽转为政府引导、企业运营、公众参与

以往，数字城市的规划、建设、投资和运行都由政府包揽，将来会更多地吸引企业参与数字城市的投资建设运营，鼓励社会公众参与使用并监督评价。数字城市的建设需要庞

大的资金作为后盾，这就造成了我国数字城市建设发展的不平衡：有经济实力的地方政府在数字城市建设上投资大，贫困地区的数字城市建设远远落后于有经济实力的地区，形成了巨大的数字鸿沟。而且，即使是数字城市建设投入较大的城市，其数字城市运行效率也不是很好，投入远远高于产出。况且，数字城市并不仅仅是政府的电子政务，更多的是电子商务、电子社区，受益的是包括政府、企业、公众在内的整个城市，数字城市中包含巨大的产业空间，本身就是一个巨大的投资市场，具有很大的投资价值。

同时，数字城市内含的规模性（技术运用与资本投入的规模要求）与系统性（数字城市是以物理介质为基础的一个庞大信息与制度系统）也要求其实现产业化，以确定数字城市与其他关联产业之间的投入产出关系，便于制定该产业的市场准入标准，以及评估其最终产生的效益。通过市场手段吸引社会资源投入到数字城市产业化经营行为之中，并进一步扩大其向其他产业的辐射效应。

我国数字城市的建设和发展决不能依靠政府包打天下，还必须着眼长远、创新机制、鼓励社会各界力量参与，营造良好的产业环境，促进产业健康、快速发展。为了保证数字城市建设的顺利进行，充分调动社会各界的积极性，发挥各方优势，数字城市发展战略必须坚持以政府为主导，积极调动社会各界力量，实现多方参与，多方互动，相互支持、相互交流、相互监督，最大程度地推进数字城市建设进程。

13.2.4 系统组织方式：注重横向协调决策机制的建立

数字城市涉及多个政府部门，部门间横向关系复杂，鉴于城市系统的特殊性，各主体只有相互合作才能更好地实现城市健康可持续发展的目标。部门彼此间存在不同的利益诉求，导致了我国数字城市建设产生了一系列的"信息孤岛"。利益协调便在很大程度上决定着合作的成败，因此，良好的横向协调机制至关重要。

数字城市涉及面广，基本涵盖了城市生活的各个领域，与政府部门、企业和人民群众都有密切联系，同时又包含保障体系、网路基础设施、基础平台和应用等多个方面，因此在进行数字城市建设时，既要保持各方面的协调发展，又要突出重点，根据城市发展的需要和数字城市自身各部分的建设顺序，分优先级、分阶段开展建设工作。如城市空间信息是数字城市的平台建设的基础，数字城市对城市物理空间的模拟可视化工作是基础项目；同时，城市的空间信息也有测绘相关部门的基础数据，有利于城市的三维可视化模拟。因此，在一定程度上，遥感测绘工作就可以得到优先发展。目前，国家测绘地理信息局就已完成了"天地图"的上线应用，高分辨率遥感技术也逐步开始应用到现代城市的精细化管理当中。

具体实施时，要协调保障措施、网络基础设施、基础服务平台和应用系统的关系，由政府主管部门重点进行保障设施、网络基础设施和基础服务平台的建设，由业务部门和企业根据自身业务的需求进行应用系统建设；要协调好各个应用领域的关系，优先建设城市规划与管理、环境保护、能源、交通、物流、人口等与城市发展以及人民群众生活密切相关行业和领域的应用，并兼顾其他领域。因此，必须加强数字城市相关的各个部门间的横向协调，使得分散的管理力量能够拧成一股绳，这是当前我国数字城市建设取得最终成功的根本之道。

13.2.5 关键创新发展：网络信息技术、物联网、云计算、地理信息技术等

新技术、新产品的不断创新和涌现，使得数字城市建设的成本不断降低，性能不断优化，这是将数字城市从理想变为现实的强大支撑。

宽带网络，是国家信息基础设施的重要组成部分，实施"宽带中国"战略，加快网络基础设施建设已经成为当前全社会的共识。如今，这一战略迈出了关键一步。宽带网络是信息时代经济社会发展的关键基础设施，宽带网络和服务已逐步渗入到经济、社会和生活的各个领域。《国民经济和社会发展"十二五"规划纲要》提出，要"加快建设宽带、融合、安全、泛在的下一代国家信息基础设施"，温家宝总理在 2011 年的《政府工作报告》中强调，"加快网络基础设施建设"，十一届人大五次会议审议通过的年度《国民经济和社会发展计划报告》提出，"实施宽带中国战略，启动宽带上网提速工程"。可见，国家对于宽带发展高度重视。目前，工业和信息化部联合国家发改委、科技部、财政部、住房与城乡建设部、国资委、国家税务总局、国务院扶贫办公室等七部门印发了《关于实施宽带普及提速工程的意见》。按照《意见》，宽带普及提速工程的总目标是：以"建光网、提速度、促普及、扩应用、降资费、惠民生"为总体目标，通过加强组织领导，创造政策环境，发挥部省联动优势（微博）和市场机制，促进政企协同和产业链合作，强化信息发布和公众参与，推动我国宽带基础设施水平的提升，更好地发挥宽带在支撑国家信息化水平全面提升和经济社会发展中的关键作用。

此外，数字城市相关的五大关键技术：数字图像合成技术、多光谱遥感技术、数字建模技术、基于云计算的数据库构建技术、物联网技术等，将在今后的研究发展中更注重技术集成。

数字的图像合成技术，是一项具有高度实用性的基础性的技术。由于其直观性易获得领导决策者的青睐，如能将其精密度提高就可虚拟城镇的形态进行规划和建设的模拟评价，前景极为广阔。多光谱遥感技术，它可以从空中获得数据对整个城市的可持续发展现状与趋势作出初步分析，对水质、森林、人地矛盾等进行直接的分析。数字建模技术通过建模，可以用最少的参量、最客观的数据来预测社区、城市将来的发展，提前预警，把未来不确定的东西变得比较确定。

基于云计算的数据库构建技术要将云计算和前端计算结合进来。当前，云计算系统应用还有一个误区，即片面追求越全越好。现在联想等大公司希望通过构建云计算服务能很便宜地给用户使用。例如在枣庄市，技术服务公司给出了 30％的价格优惠来建立国家云计算中心应用窗口，大量的复杂计算就可以在枣庄实现。但除了有强大的云计算中心，还必须拥有一个前端计算系统，比如利用一个很小的芯片就能在前端作初步的信息分析，把复杂的运算留给云计算中心去算，这样构成的系统才有灵活性和低成本。

物联网应用技术。物联网虽然被炒得这么热，但在城市规划、建设、管理等领域中并没有得到很好的应用。物联网技术和其他任何新潮流技术一样必须基于应用。物联网其实就是传感器加网络再加模型计算三者结合起来的新系统，数据可以来自于高分辨率对地观测系统生产的遥感数据，这相当于天空上有一个大的传感器，同时地下、地面、建筑中还有许多小的传感器，这些传感器之间的联合协调非常重要。

13.2.6 "政—产—学—研—用"联盟体系建立

"政—产—学—研—用"体系是在政府积极引导下，企业、高等院校、科研机构和消费者用户等积极参与，以技术创新为载体形成的一种新型战略合作形式。通过创建"政—产—学—研—用"体系，在政府、企业、高等院校、科研机构和消费者之间搭建起创新合作平台，将企业对技术的需求、科研机构的科研资源、高等院校人才资源、消费者需求以及政府对产业的规划，进行最佳对接，将目标用户的需求分析贯彻到产业规划设计中，把高等院校和科研机构的科研资源、研发能力、人才及成果等优势资源系统地、集成地融入产业生产，达成短、中、长期的战略合作层面合作，能够极大地推动数字城市建设进程发展、全面提升数字城市产业整体的自主创新能力和综合竞争力。

政府在整个数字城市产业中发挥引导作用。一方面，政府是"政—产—学—研—用"合作的积极倡导者和推动者。首先，在促进数字城市规划建设的过程中，政府责无旁贷地要担负起相应的职责，制定数字城市的总体规划，推动企业与科研机构及高校之间的合作，加速科技成果转化为现实生产力，从而从总体上提高数字城市的建设水平。另一方面，政府有能力通过制定各种科技政策、法规和措施来引导、鼓励、支持和保障数字城市产业的多方合作。

企业将技术理论付诸实际应用。企业作为数字城市产品的生产者和经营者，始终以经济效益作为其追求目标。企业更多的是将现有的技术和产品付诸实际的应用当中，以获得直接的经济产值，未必能有富裕的资金投入在相关技术理论研发事业上。同时，企业在生产制造产品的同时，也必定要参与激烈的市场竞争，提高企业本身的技术开发能力已成为企业的当务之急。而在我国大多数企业自身技术开发水平还比较落后的情况下，企业与科研机构、高校合作已成为迅速提高企业开发能力的有效途径。

科研机构、高等院校提供理论技术支撑及人才培养。随着科技体制和教育体制改革的深入，高校和科研院所的科研水平得到了极大的提高。面对国家数字城市建设对创新科技的极度需求，高校和科研院所的科研成果并不能只仅仅局限于象牙塔之内，只有将其转化为实际的应用，才能使科研成果得到充分利用，为数字城市创造经济效益和社会效益。此外，科研机构和高等院校还是高素质人才的主要来源，为数字城市建设培养储备人才队伍。"政—产—学—研—用"体系的建立，正是为高校和科研院校的科技人才提供了既能服务于经济建设，又能实现自我发展的有效途径。

消费者用户直接参与，明确建设目标。数字城市应"以人为本"，在今后的建设规划，要从业务需求和问题角度出发。因此，应用方和目标用户直接参与数字城市的建设当中，强调用户的直接需求，不但能够减少技术创新的盲目性，缩短创新产品从研发到市场应用的周期，还能够有效降低技术创新的风险和成本。再者，只有具有实际应用价值的产品，才能够得到消费者用户的关注，数字城市才能够得到广泛的推广应用。

13.2.7 发展愿景

数字城市以面向政务、商务和事务各领域的智慧应用为导向，坚持现代城市精细化管理理念，围绕完善的信息机制和业务职责规范，通过建立一体化的城市管理运行中心整体架构和信息服务平台，推进信息基础设施体系、应用体系、产业体系、信息资源管理体系、技术支撑体系和政策保障体系的建设，实现城市管理更有序、城市发展更健康。未来，数字城市将逐步具有自身的智能，城市的规划、决策、管理等工作更具有可预见性、精准性、宏观统筹性。数字城市可以实现实时的城市管理，实现城市管理的信息化、标准化、精细化和动态化，使管理效率大大提升。同时，电子政务系统的网上办公，能够实现一站式市政服务，不仅精简了业务流程，降低了服务成本，还让市民和企事业单位足不出户就能快速办理行政手续和享受政府服务。

数字城市实现城市全方位的智能化民生服务。在公共服务、城市交通、公共安全、医疗卫生、社会保障、文化教育、环境保护、食品溯源等方面引入物联网技术应用，对城市公共管理的各个领域实施智能化管理，打造高效城市、低碳城市、和谐城市。智能交通体系将成为城市应对高密度、高流动城市交通特征的重要武器。据专家研究，采用智能交通技术提高道路管理水平后，每年仅交通事故死亡人数就可减少30%以上，并且交通工具的使用效率能提高50%以上。医疗卫生的信息化建设，将使医疗信息和资源得到有效整合，医疗服务的支出得到精简，医生可以随时查阅每位患者的历史病历，从中发现病症规律，确保患者在不同医院得到快速、一致而准确的治疗。食品溯源充分利用物联网和信息化技术，建立追踪系统、生产评估系统和应急系统，帮助生产、流通和监管部门优化管理。总而言之，数字城市的建设应涵盖市民生活的方方面面，提供充满智慧的公共服务，从而保证市民生活安居乐业。

数字城市实现城市综合信息的共建共享。首先是信息汇聚。建立统一的信息平台，通过对来自城市多个部门、多个单位的各类信息进行全面整合与共享，以最有效的方式了解城市运行的方方面面。包括：1) 智慧的电子政务体系。建成跨部门、信息资源共享的智慧政务体系，信息化全面支撑政府行政管理工作，使政府运行、服务和管理更加高效和智慧。2) 智慧的基础知识库。重点加快建设和完善城乡一体化的宏观经济、实有人口、企业法人基础数据库，整合共建城市空间基础地理信息系统，将规划、国土部门掌握的基础地理空间数据，与城建、公安、城管、安监、环保、民政等部门提供的大量城市部件坐标进行整合，大力推进城市规划、土地资源、城市建设、园林绿化、环境保护等领域信息资源共享，形成全面、准确的基础地理空间数据库。其次，信息管理。在海量信息积累的基础上，通过分析城市运行的状态是否正常，预测可能发生的问题和事件。对城市运行中的不良情况作出智能判断和预测，有效预防并主动应对，使事件对城市运行产生的负面影响降至最低，实现对城市的有效管理。

第14章　数字城市"十二五"发展思路和目标

14.1　指导思想与发展思路

14.1.1　指导思想

坚持以邓小平理论和"三个代表"重要思想为指导，认真贯彻落实科学发展观构建社会主义和谐社会的战略举措，根据我国经济社会发展水平和国家"十二五"总体规划，以移动互联、空间信息、云计算、物联网等新技术应用为支撑，打造数字城市公共平台基础设施，围绕数字城市建设事业的发展重点，创新社会管理与公共便民服务模式，为公众提供宜居、安全、便捷的城市环境，提升城市核心竞争力，统筹规划、分步实施，有步骤地推进我国数字城市建设，推动我国城镇化建设跨入新阶段。

14.1.2　发展思路

面对现有的机遇与挑战，数字城市的建设要以政府为主导进行统筹规划、分步实施，实现城镇环境内的资源共享、业务协同，保障和改善民生，提升民生品质。

1. 发展新兴产业，促进经济发展转型

数字城市的建设需要投入大量的信息化技术和资源，尤其是基础网络、云计算、物联网和地理信息系统等新一代信息技术，带动以信息产业为龙头的高科技产业群，创造新的经济增长点，促进经济跨越式发展。再者，数字城市促进传统产业转型升级，利用科技元素实现经济发展方式由粗放型向集约型转变，推动传统产业向价值链高端进发。

2. 构建城市信息平台，消除"信息孤岛"

通过打造数字城市，构建城市信息平台，将不同部门、不同行业的信息进行整合，实现资源共享、业务协同，减少资源浪费和重复建设，打破社会管理条块分割、各自为政的格局，最大限度地消除"信息孤岛"，促进政府各职能部门、商业机构之间的信息交流与运用，促进决策科学高效，实现社会管理由被动式向主动式转变，提高社会管理效率。

3. 民生优先，开拓数字城市创新应用

国家"十二五"规划坚持民生优先的原则，把保障和改善民生放在更加突出的位置。数字城市借助物联网、云计算、人工智能等新兴的技术与概念，让城市中的信息与人的生活互动起来，真正地让城市生活变得更加美好、智能。智能交通、智能电力、智能社区、智能住宅、智能医疗、智能教育等都是数字城市所涵盖的内容，涉及城镇民生的方方面面。只有本着以人为本、民生优先的原则，进行数字城市的创新发展，才能够使数字城市得到广泛推广，得到社会公众的真切实际应用。

4. 引入智能化城市管理，创新社会管理机制

随着我国城镇化进程的日益加快，城市规模的进一步扩大，新兴产业的引进，社会格

局将发生根本性的变化，人口结构的改变、社会需求的提高等一系列问题必将对社会管理提出更高的创新要求。数字城市在以数字城管为代表的电子政务领域，围绕规划、国土、城管、公安、工商、税务、环保、房产、卫生、药监等内容，加强政务信息的共享及业务协同，创新社会管理机制，提高对领导的决策支持能力，促进管理型政府向服务型政府的转变。

14.2 发展目标：规模目标与创新目标

14.2.1 规模目标

随着我国城镇化的飞速推进，进入新世纪以来，国家层面已开始重视大中小城市与小城镇的协调发展。中国"十一五"规划提出要"坚持大中小城市和小城镇协调发展，积极稳妥地推进城镇化"。"十二五"规划又提出，"促进大中小城市和小城镇协调发展"、"有重点地发展小城镇"。"十一五"期间，全国已有29个省、自治区、直辖市的120个城市开展了数字城市建设，其中40个城市已经完成数字城市基础框架的搭建工作。未来，要实现大中小城市和小城镇的协调发展，数字城市不能仅局限于大中小城市，更要注重在小城镇的推广。"十二五"末，全国地级市和部分县级市应搭建形成数字城市基础框架，有能力的城镇逐步引入物联网、云计算等新技术，进一步丰富数字城市的功能实效性。

14.2.2 创新目标

1. 数字城市标准规范体系

全面探索数字城市标准规范体系，理论研究与建设实践相结合，逐步完善确定适合国情现状的数字城市标准规范体系。数字城市标准规范体系应包括数字城市标准规范框架、技术标准规范、平台标准规范、应用标准规范、管理标准规范、运维标准规范等。鼓励各地方根据当地数字城市建设现状和信息技术的应用现状，制定一些迫切需要的地方性标准，并在此基础上，国家逐步结合国内外数字城市发展现状探索出一套合适的数字城市国家标准。

2. 数字城市评价考核体系

深入研究数字城市评价考核体系。结合我国数字城市发展的独有特点以及相关领域标准体系的研究与整理，从数字城市的技术适用、应用实效、投资收益和政策标准四个层面进行深入研究工作。在已有的初步评价考核体系基础上，进一步结合国内外数字城市发展现状，以及电信运营商、系统集成商、核心软件厂商及服务商进行数字城市建设分项评估，形成更加完整的标准体系。同时，将数字城市的评价考核纳入政府绩效考核，切实有力保障数字城市的科学发展。

3. 数字城市投融资体制

逐步完善推进数字城市建设的投融资体制，强调政府与社会资本的共同参与，形成以政府投入为引导、企业投入为主题、其他投入为补充的长效投融资体制。各地政府逐步加大数字城市建设的财政投入，支持城市共同信息平台建设，引导重点项目建设的资本投入。采取政府投入为启动资金、承建企业自筹为主的方式，为城市基础性开发建设项目提供建设资本保障，待项目完成后，承建企业通过对社会提供有偿服务，回收资金并实现自我成长发展。对数字城市基础设施建设项目，通过市场化手段引导企业与社会资金的积极参与。

4. 数字城市保障体系

建立健全数字城市保障体系，保障数字城市科学健康发展。制定完善数字城市政策法规，形成系统性的数字城市政策法规体系，将推动数字城市在科技投入、创业风险投资、高新企业孵化、税收激励、投融资体系、政府采购、知识产权保护、技术转让、中介服务、产业发展、市场机制、人才保障、管理体制等方面的政策法规建设，促进政府部门共享、共建机制形成。建设完善的数字城市组织机构保障，从领导机构、建设运营单位、项目承建单位等多层面进行合理布局。同时，大力推动数字城市标准规范体系及评价考核体系的研究建立，注重联合高校和科研机构对数字城市人才队伍的培养。

5. 社会管理与公共便民服务创新

丰富数字城市的应用开发，切实推广实际应用运行，实现社会管理与公共便民服务创新。依托物联网、云计算、三网融合、移动互联网等新科技技术的发展推广，本着民生优先的原则，开发数字城市在社会管理和公众服务中的创新应用。本着以人为本、民生优先、为民服务的原则，建立和完善数字城市在劳动保障、科技、统计、财政、公安、城建、果业、环保、旅游、计生、文化、教育、质监等各个行业的业务信息系统及业务数据库，实现政府部门之间的业务协同，促进政府向服务型政府转变；搭建社区生活、交通出行、医疗卫生、教育培训、购物休闲等方面的数字城市共同便民应用系统，为城镇居民的居家、看病、上班、出差、教育、休闲提供更为便捷、贴心的服务。

第 15 章　数字城市"十二五"主要任务与发展重点

15.1　主要任务

数字城市包含了对城市规划、建设、管理、运营和服务等全面的信息技术支持，以及业务流程和服务模式的创新，以优化政府执政、管理和服务能力，提升企业管理水平，为公众提供更优质的公共服务和便民增值服务。数字城市是一个复杂而庞大的系统，需要建立一个符合城市现代化管理要求的分布式、开放式、模块化、可扩充的数字城市公共平台，能够安全、可靠地为数字城市各业务应用系统提供数据和应用服务，提供机房、通用信息基础设施等的托管及租用服务。以"资源共享、业务协同，服务共享、应用拓展"为目的，数字城市建设在"十二五"期间主要任务包括：

1. 建设数字城市公共信息平台

数字城市公共信息平台，能够安全、可靠地为数字城市各业务应用系统提供数据和应用服务，提供机房、通用信息基础设施等的托管及租用服务，支撑数字城市应用及协同。

2. 城市环境宜居数字化

通过数字城市建设，提升城市管理水平、建筑节能水平、文化品位和改善生态环境，为市民创造优质的工作、学习和生活环境，促进资源节约型社会和低碳生态城建设。

3. 城市安全防控数字化

通过数字城市建设，提高城市公共安全防控水平、应急管理能力和救援能力，促进形成政治安定、社会安稳、企业安心、百姓安居、生产安全的"五安"环境，为市民工作、学习和生活营造真正的安全环境。

4. 城市生活便捷数字化

通过数字城市建设，为社区生活、交通出行、医疗卫生、教育培训、购物休闲等提供更为便捷、更为贴心的服务，推动实现国家"十二五"规划中改善民生的建设目标。

5. 政府公共服务数字化

通过数字城市建设，以民为本，帮助政府提高宏观调控、市场监管、社会管理和公共服务职能的高效履行，优化并提高其行政能力，以民为本、为人民服务，将政府建设成为公共服务型政府。

6. 产业数字化转型升级

通过数字城市建设，促进由不可再生资源开发到资源综合利用开发，由粗放型经济到市场集约化经济的跨越发展，由依靠自然资源开发利用向信息资源开发利用转变发展，促进经济转型和结构调整，实现传统产业转型升级，增强城市综合竞争能力和辐射力。

15.2　发展重点

根据国家"十二五"规划和城市发展现实情况，按照以下遴选原则确定数字城市在未来五年的重点项目：

(1) 突出民生优先、社会管理、促进社会和谐发展；

(2) 深化"十一五"期间信息化成果；

(3) 有利于推进和协同各部门业务信息化建设与应用；

(4) 加强和完善公共安全和社会管理体系；

(5) 有利于"三网融合"市场化应用；

(6) 有利于政府主导、市场化运作；

(7) 创新数字城市建设投融资和市场化运作体系，实现传统产业转型升级、开拓现代信息服务业发展。

我国数字城市建设在未来五年主要发展重点包括：数字城市公共平台、市民"一卡通"应用系统、住房保障综合信息系统、城市数字社区系统、数字医疗公共卫生系统、低碳生态城规划建设决策系统、城市建筑节能与绿色建筑监管系统、城市地下管网综合管理系统、城市水环境监测预警系统、城市社会治安打防控系统、城市安全生产监管及救援系统、行政应急预警指挥系统、城市食品药品安全监管系统、城市公共卫生应急处理系统、数字城市信息服务科技园服务外包基地。

1. 数字城市公共平台

数字城市是一个复杂而庞大的系统，需要建立一个符合城市现代化管理要求的分布式、开放式、模块化、可扩充的数字城市公共平台，能够安全、可靠地为数字城市各业务应用系统提供数据和应用服务，提供机房、通用信息基础设施等的托管及租用服务。通过构建数字城市公共平台，采用类似信息总线（ESB）和平台即服务（PaaS）的模式架构，实现城镇统一规划、统一标准、统一技术、统一平台、统一运维，将极大提高数字城市建设的实际成效，降低成本、提高能力、规范建设、平滑扩展。数字城市公共平台应包括城市公共信息服务系统、城市公共资源数据中心和城市公共计算存储网络三大部分。

2. 市民"一卡通"应用系统

市民"一卡通"应用系统功能的广泛集成，是建立在数字城市公共平台基础上的"卡片集成，业务分工"的运作模式，市民"一卡通"承载各项功能所涉及的业务管理仍然由各自的单位承担，并不涉及各职能单位日常业务的改变。一卡通将传统的社会保障卡、公共卡、银行卡、商业卡集于一身，将政府服务、公共服务、金融支付、商业应用四大主体功能高度集成，真正实现"多卡合一、一卡多用"，市民可以更加方便、快捷地享受政府部门及行业单位和商业机构提供的各项服务。此外，利用多卡合一的优势，还能综合开展各项功能交叉结合而产生的创新型业务和服务功能，为政府提供更多社会管理手段，为百姓和商户提供诚信和便利的消费环境。主要建设内容包括：城市智能卡公共服务数据库、城市智能卡目录服务、城市智能卡卡务服务、城市智能卡应用服务、城市智能卡电子支付服务、城市智能卡结算清算服务、调用其他公共服务等。

3. 住房保障综合信息系统

整合城乡居民的住房信息、社保信息、城市居民公积金信息、个税信息等基础信息，建设覆盖城乡的住房保障综合信息系统，提供跨部门的信息查询接口，为制定城市住房保障规划、实施住房保障供给和加强房地产市场监管提供信息支持，也为农村危房改造、建筑节能改造提供信息支持。与国家个人住房信息系统、住房公积金监管信息系统、农村危房改造信息系统等实现数据互联。对接数字城市公共平台，住房保障综合信息系统主要建设内容应包括：保障性住房普查和配给管理信息系统、农村危房普查和农户改造档案管理信息系统、建立与国家级系统的数据交换接口。

4. 城市数字社区系统

建立城市数字社区系统，实现数字社区各种数据的整合，实现社区安全防范自动化、社区物业管理自动化、家居智能化，开展社区电子商务服务和一卡通应用，引入多元化的、市场化的商业服务模式，为社区居民营造安全、舒适、节能、环保、便捷的生活和学习环境。主要建设内容包括：数字社区综合管理系统、数字社区综合服务系统、数字社区智能家居等。

5. 数字医疗公共卫生系统

基于数字城市公共平台实现城镇医疗卫生信息共享与交换，整合所有医疗卫生信息系统，采集各医疗卫生业务部门的业务数据，建立卫生行业战略数据库，为宏观管理和决策支持提供数据资源，同时实现医疗卫生行业信息化建设"统一标准，统一平台，资源共享，互联互通"的目标。对接数字城市公共平台，数字医疗公共卫生系统主要建设内容应包括：数字化医院信息系统、城乡社区卫生服务信息系统、区域卫生数据中心建设和数据共享、区域医疗信息系统、公共卫生管理与健康服务系统、区域协同医疗平台、公众健康服务信息平台、新型农村合作医疗信息管理系统、个人电子健康档案系统工程、医疗卫生均等化公共服务信息管理工程、新医改行业监管信息系统工程、全镇三甲医院统一预约诊疗系统工程等。

6. 低碳生态城规划建设决策系统

低碳生态城规划建设决策系统包含规划建设动态仿真系统和城市环境质量信息基础数据库。其中，低碳生态城规划建设动态仿真系统包括碳排放、交通、空气质量、噪声、水和成本六大模块，城市环境质量基础数据库记录各类建筑能耗、工业能耗、建材生产及运输能耗、交通流量、车辆排放系数等信息。借助低碳生态城规划建设决策系统，城市决策者在建设前期就可以制定出碳排放和环境质量量化指标体系，以此限制约束一级、二级开发单位的开发建设行为。对于既有城区，可以利用该系统对城市碳排放和环境质量进行监测评价。建立城镇环境质量信息基础数据库和低碳生态城规划建设决策系统，可避免城市低碳生态规划建设的盲目性，科学实现低碳生态发展模式。对接数字城市公共平台，低碳生态城规划建设决策系统主要建设内容应包括：城市环境质量信息采集收集系统与传输网络建设、城市碳排放和环境质量信息基础数据库、城市碳排放监测模型、城市环境质量监测模型、城市低碳生态城规划建设动态仿真系统建设、城市低碳生态城规划建设管理政策研究等。

7. 城市建筑节能与绿色建筑监管系统

根据国家对节能减排的要求，应对城市建筑高能耗问题，针对建筑节能、绿色建筑数据分散，监测手段单一，无法有效评价的现状，针对建筑节能改造缺乏辅助决策数据等一系列问题，建立城市建筑节能与绿色建筑监管系统，利用高分辨率遥感数据（可见光和热红外融合）和建筑节能业务数据进行建筑节能现状评价和节能改造评估，利用电子标签技术动态记录建筑全生命周期准确数据，构建建筑能效评价、评估模型和数据库，为政府在城市建筑节能改造和绿色建筑推广提供辅助决策数据，为低碳生态城规划建设提供建筑能源和资源消耗碳排放数据，为国家建筑节能与绿色建筑模型和数据库系统建设提供样本数据。推进大型公共建筑节能、可再生能源利用工作，提高广大市民绿色生活方式意识，加强建筑节能服务资源的优化配置、建筑能耗数据监管，促进建筑节能工作，支持低碳生态城规划建设。对接数字城市公共平台，城市建筑节能与绿色建筑监管系统主要建设内容应包括：城市建筑能耗调查、城市建筑节能与绿色建筑监管系统标准规范、城市建筑能耗在线监测、城市建筑能耗数据共享、城市建筑全生命周期用能监管、城市建筑节能与绿色建筑数据库和模型系统、建筑节能与绿色建筑评价评估、城市绿色建材与整体建筑节能效果评价等。

8. 地下管网综合管理系统

针对城市地下管网资料不全，缺乏动态管理的问题，在地理空间信息平台和城市管网信息服务的基础之上，建立城市地下管网综合管理系统，对城市地下管网及其附属设施的空间和属性信息进行输入、编辑、存储、查询统计、分析、维护更新、输出、分发和共享应用，实现地下管网信息资源的集中管理、统一调配、资源共享。建立地下管网数据处理与维护的工作平台、建立为各专业管线单位信息共享的交换平台、建立辅助城市规划设计、管理和政府各部门决策的服务平台，为城市管网的规划设计、施工及运行管理，城市地上地下空间统一开发利用提供完整的综合管网基础数据，为城市建设、防灾、抢险提供管网信息服务。对接数字城市公共平台，地下管网综合管理系统主要建设内容应包括：城市地下管网基础建库、城市地下管网状态监测、城市地下管网规划设计、城市地下管网事故应急、城市地下管网建设审批流程、城市地下管网信息调阅等。

9. 城市水环境监测预警系统

城市水环境监测是水资源保护和管理的重要基础性工作，是城市建设和巩固"生态城市"工作的重要组成部分。建设城市水环境监测预警系统将全面改善城市水质监测网络、技术装备、人才队伍等方面的状况；掌握水质环境质量状况及变化趋势，对突发事件和潜在的风险进行有效预警与响应，提升城市水环境监测预警能力和评价；对城市各类污染源进行有效管理，提升水环境监管能力；形成监测网络天地一体化的现代化监测格局，建成满足水环境管理需求，具有全局性和基础性公共服务能力的监测预警体系。对接数字城市公共平台，城市水环境监测预警系统主要建设内容应包括：流域水质监测传感网络、流域水质监测视频网络、流域水质移动监测站、基于高分遥感数据的流域水环境定期监测、流域水质监测数据库、流域水质监测预警软件等。

10. 城市社会治安打防控系统

为应对公安警力增长与实际需求发展速度不匹配和新形势下治安防控需求，建立城市社会治安打防控系统，通过点线面结合、网上网下结合、人防物防技防结合、专群结合，形成打防控一体化运作的立体化社会治安防控体系，实现对社会治安的多层次、全方位、全时空的有效覆盖，为公众创造安全的生活环境，保障人民的人身安全、环境安全。对接数字城市公共平台，城市社会治安打防控系统主要建设内容应包括：基础设备支撑环境、城市社会治安打防控数据库、城市社会治安打防控综合应用等。

11. 城市安全生产监管及救援系统

以建设更加高效的安全生产应急救援体系为重点，建立城市安全生产监管及救援系统，对城市环境内重大危险源、化学品从业单位、各行业安全生产、企业安全预防措施、安全生产管理队伍等情况实施全面监控监管，加强安全生产；实现对重大危险源和事故隐患的监控，实现对事故的应急保障、应急预案、模拟推演、监测预警、辅助决策、指挥调度，提高应急救援安全保障能力和救援能力。对接数字城市公共平台，城市安全生产监管及救援系统主要建设内容应包括：安全生产基础业务管理系统、重大危险源监控系统、应急救援指挥调度系统等。

12. 城市行政应急预警指挥系统

针对突发公共事件需要各政府职能部门联动、快速响应、高效处理的情况，建立行政应急预警、行政应急预案、行政应急处理的数字化管理办法和流程，建立跨部门互联互通、综合协调、应急联动、快速反应的机制和统筹规划联动力量的行政应急预警指挥系统，形成城市全面应急管理的核心系统；以标准规范和信息安全作为保障，与省应急系统、部门应急系统、区县应急系统互联互通，为城市各应急管理相关部门提供信息枢纽、综合协调、统筹优化、应急联动指挥等服务，提高针对自然灾害、安全事故、经济危机、社会冲突等事件的应急处置能力，确保政治安定、社会稳定。对接数字城市公共平台，城市行政应急预警指挥系统主要建设内容应包括：行政应急基础设备支撑环境、行政应急专用业务数据库、行政应急预警指挥系统等。

13. 城市食品药品安全监管系统

依托数字城市公共平台，建设全市统一的"食品药品安全监管系统"，建设涵盖全市及所属县（市）区局的"涉药企业数据中心"，实现食品药品监管业务的全镇一体化。主要建设内容包括：食品安全监管系统、特殊食品数字化溯源系统、药品及医疗器械安全监管系统、食品药品安全诚信管理系统、食品药品安全稽查办案管理系统等。

14. 城市公共卫生应急处理系统

为城市指挥首长和参与指挥的业务人员和专家，及时提供各种通信和应急信息服务，提供决策依据和分析手段，以及指挥命令实施部署和监督方法；能及时、有效地调集各种资源，实施疫情控制和医疗救治工作，减轻突发公共卫生事件对居民健康和生命安全造成的威胁，用最有效的控制手段和小的资源投入，将损失控制在最小范围内。由于突发事件往往具有衍生、次生关系，公共卫生事件可能引发其他类型的灾害，而其他类型的突发事件也有可能包含公共卫生灾害，因此该系统需要与其他安全防控板块的系统有效协作、形成合力。对接数字城市公共平台，城市公共卫生应急处理系统主要建设内容包括：网络传输系统建设、公共卫生应急处理数据库、公共卫生事件决策支持系统、公共卫生智能预案管理系统、公共卫生事件应急指挥中心等。

15. 数字城市信息服务科技园服务外包基地

以数字城市建设为契机，依托技术产业优势的地区，实现数字城市公共平台载体运维服务外包、部门业务信息系统机房托管运维、承接物流城电子商务网络服务外包、电子票务小额支付互通互联服务、电子消费预付卡发行等现代信息服务产业服务外包基地。数字城市信息服务科技园服务外包基地的建立，一来促进当地成为现代服务外包的主要基地，实现城市现代信息服务产业的借势转型升级；再者，优化各地方的资金投资结构，保证城市经济竞争力的持续发展。数字城市信息服务科技园服务外包基地建设的主要内容包括：服务外包 IT 硬件平台系统、在信息服务科技园基地接入光纤到园区办公室（FTTO）、为城市信息服务科技园基地提供中低端人才等。

第五篇
数字城市保障措施

数字城市的规划设计以及实施建设，必须有科学合理的保障措施和体系。数字城市的建设需要国家地方各层面的政策法规保障，发挥政府对数字城市建设事业的引导和规范作用；需要完善强化组织机构的力量，落实协调推进数字城市的建设工作；需要政府及社会资金投入，优化投资环境，解决数字城市的资金投入问题；需要关注数字城市的信息安全问题，创建安全健康的信息网络环境；需要培养建设数字城市人才队伍，坚实数字城市建设基础；需要加大数字城市的推广应用，切实推动数字城市发展。

第 16 章　数字城市保障措施

16.1　国家地方政策法规出台

数字城市建设是一项政府主导型的伟大事业，在符合国家、地方已有政策法规前提下，进一步健全数字城市政策法规，形成系统性的数字城市政策法规体系，将推动数字城市在科技投入、创业风险投资、高新企业孵化、税收激励、投融资体系、政府采购、知识产权保护、技术转让、中介服务、产业发展、市场机制、人才保障、管理体制等方面的政策法规建设，促进政府部门共享、共建机制形成。积极协调国家、省级有关部门，确保落实各项有吸引力的优惠政策并稳定持续推进，营造数字城市发展的良好政策环境、投资环境与吸引人才的环境。

健全完善政策法规、标准体系和市场准入制度，加快完善有利于信息服务业发展的行业标准和重要产品、服务技术标准体系。加强行业自律、行业监督和行业管理，维护市场竞争秩序，促进有序竞争。规范数字城市信息服务业市场秩序，预防和严厉打击计算机违法和网络违法，鼓励相关企事业单位申请专利、注册商标和开展软件著作权登记，营造全社会尊重和保护知识产权的良好氛围。

同时培育市场需求，充分发挥市场的基础性作用，充分调动企业积极性，加强基础设施建设，积极培育数字城市中信息产品和服务的消费市场，引导企业、个人和社会的消费和投资，支持企业大力发展有利于扩大市场需求的专业服务、增值服务等新业态，拓展市场空间。通过政府采购国产软件产品和信息服务，对部分具有自主知识产权的创新产品和服务倡导政府首购。

16.2　组织机构建立完善

1. 政府信息化领导小组

政府信息化领导小组应吸收与信息化建设和应用密切相关的部门参加，由这些部门的主要领导共同构成信息化领导小组。为保证其权威性，应由各级政府一把手或其他主要领导任组长。小组的职责是从宏观或者战略层面负责数字城市总体建设的领导、协调、监督、项目审批等工作。

2. 专家委员会

为保证数字城市建设技术上的可行性，在信息化领导小组之下可以组建一个专家委员会或协调委员会，成员应由国内著名的规划专家、GIS专家、计算机专家、网络专家、数据库专家、通信专家等组成。专家委员会一方面承担数字城市建设、运营的技术顾问，另一方面在未来的项目评审、验收中发挥作用。

3. 战略合作伙伴

数字城市建设的规划、实施等可以有三种方式，一是组织政府内部力量自行运作（规划、实施）；二是委托其他单位（公司、研究机构）运作；三是部分工程自行运作，部分工程委托其他单位运作。要根据各个地方的具体情况选择合适的规划和实施方式，然后由政府引导，由战略合作伙伴参与数字城市的项目规划、工程实施等。

16.3　政府企业资金投入

数字城市建设需要集合各方力量，调动各方面的积极性。加大政府财政对数字城市建设的财政资金投入，是数字城市建设的基本保障，支持各部门数字城市建设所亟须的各类基础性、公益性工作，包括基础性标准制定、基础性信息资源开发、互联网公共服务场所建设、国民信息技能培训、跨部门业务系统协同和信息共享应用工程等，通过优惠鼓励政策和考核体系的制定以及试点项目的示范效应等手段，促进各部门按总体规划的要求主动推进数字城市工作。主要内容如下：

1. 成立数字城市政府引导基金和数字城市产业引导基金，是数字城市建设的加速器和引擎，引进域外资金和专业团队，引导和加快数字城市建设的社会资源进行合理配置，借助于资本市场实现资源的优化组合，筹集发展所需的资金。

2. 成立专业担保公司，实现银行资本与数字城市建设企业群的资本对接，为数字城市建设提供支持和保障。

3. 优先扶持一批数字城市建设和营运企业，制定政府优惠鼓励政策，配置优质资产，实现三年在国内上市，引导后备企业在合适的资本市场完成上市。

4. 积极利用外资、土地批租收益、创新金融衍生工具推动数字城市建设发展的路径与形式，规避市场风险，积极进行项目相关的资产管理，保障数字城市建设的资金需求。

5. 按照谁投资谁受益的原则，以政府优惠政策等手段协调各方利益，充分利用域外各类可以利用的资源，并进行必要的沟通和协调；充分利用国内外的金融环境和财政货币政策，通过股权、债券融资方式进行融资，健全和保障数字城市建设的顺利进行。

依据数字城市建设"十二五"规划总体目标和主要任务，配合数字城市建设的技术目标、产业和建设目标，从经济与市场的角度，结合最新的研究成果，在充分研究政策的市场背景、实施的市场预期和影响、政策制定中的制度安排（例如产权制度）和社会分配、政策绩效的评价（包括社会效益和经济效益）等各方面因素，积极制定相关各种法规和政策，是防范投资风险的保障。

从财经角度上，建立不同建设模式的工期与成本效益关系；从项目产权制度上，建立数字城市建设中各类项目的使用权、所有权的具体归属及其收益权利；从经营模式上，建立适合我国国情的不同类别项目的经营模式；从监管模式上，建立包括在融资、建设、经营模式和产权制度等各个环节的财经角度的监管手段和方法。

根据数字城市建设"十二五"规划的要求以及实施的难易程度、资金需求量的大小，对所有项目进行归类整理。这些项目包括需要由政府实施的项目、需要由政府引导民间实施的项目和完全由民间实施的项目；包括需要立即实施的项目、积极推动的项目和将来可能实施的项目。

在坚持数字城市建设"十二五"规划的前提下，对于不同类型的项目，建立完善政府投资的项目，重点在建立健全绩效评估和考核体系；政府和社会资源结合的项目，重点在分配制度和经营权设计；完全社会资源运作的项目，重点在盈利模式和产业政策的引导。根据数字城市建设总体规划、时间表和资金需求表，在项目分类整理和分析的基础上，统筹安排规划、时间表和资金需求。做到在数字城市建设的不同阶段，各类项目的投入和建设正当其时，互相配合，协调发展，有效控制投资风险。

结合我国产业发展的实际情况和资本市场的现状分析比较 BOT、BT、转包经营等融资建设模式在融资成本、融资难易程度、融资规模等方面的优劣，建立数字城市建设中各类项目的融资模式。

合理配置政府财政投入与银行资本、社会资本的结合模式，通过政府引导基金和产业基金的建立，依托引导基金，建立产业投资基金，放大引导基金的引导效力，确保引导数字城市建设的规划落实到位，协调银行资本和社会资本积极参与数字城市建设，提高风险防范能力，有效控制资金风险、利率风险和信贷风险。

16.4　安全保障关注

数字城市包括若干互联的子系统，建立数据安全、系统安全和网络安全等方面的保障体系是十分必要的。数字城市安全保障体系的核心是信息安全。信息安全关系到国家安全和社会稳定，关系到信息化的健康发展，关系到数字城市建设的成败。

数字城市的安全保障应按照中央提出的信息保障安全的要素，遵循相关方针政策，确定安全保障的总体思路。《国家信息化领导小组关于加强信息安全保障工作的意见》提到保障信息安全应"坚持积极防御、综合防范的方针，全面提高信息安全的防护能力；重点保障基础信息网络和重要信息系统安全；创建安全健康的网络环境，保障和促进信息化发展，保护公众利益，维护国家安全"。

树立正确的安全观念是建设数字城市安全保障体系的关键。严格来说，没有绝对的安全，只有可控的安全。信息安全的最佳保障并不是具有可靠的保护补救措施，而是在复杂系统设计之初和建设之中，就将信息安全始终纳入考虑范围。数字城市工程项目规划设计之初，就将各组件的安全参数、各子系统之间的平衡点进行仔细考量。这就要求做好数字城市的顶层设计，制定统一的数据传输、交换、操作标准，加强数字城市安全保障工作的总体协同；建立问题举报处理、信息反馈、人员管理等相关规范和制度，促进数字城市管理流程的规范化和标准化；建立并完善相关政策法规，整合信息资源，避免重复建设，保证数据的权威、准确、统一和充分利用，保障数据顺利、高效地共享、交换与整合，保证数据的更新维护和信息安全，保护和节省政府投资，实现数字城市的长期可持续性发展。

建立并完善数字城市信息安全保障体系。数字（智慧）城市信息安全保障体系的建立必须考虑到关键基础设施的网络安全，内容的信息安全和电子商务的信息安全等内容，做到保障的严密周全。同时，因为国内外环境、法律法规环境、体制机制环境及技术发展环境都在不断发展变化当中，因此数字城市信息安全保障体系的建立和管理应做到不断地发展、不断地修正、不断地完善，保持信息安全保障体系的实用性。

加快发展自主的信息安全产业。信息安全产业是保障国家信息安全的战略性核心产业，肩负着为国家信息化基础设施和信息系统安全保障提供信息安全产品及服务的战略任务。未来几年，数字城市建设将对信息安全产业提出更高的要求，同时也为信息安全产业的发展提供巨大市场。2011年底，工业和信息化部软件服务业司编制并颁布了《信息安全产业"十二五"发展规划》。立足我国国情，"十二五"时期，我国信息安全产业要努力完成促进信息安全产业做大做强、提升对国家信息安全保障的支撑能力这两大历史任务。《信息安全产业"十二五"发展规划》经过广泛调研、深入研究，准确把握了产业发展的规律，客观分析了信息安全产业的发展现状，深刻洞悉了产业未来发展的趋势，为"十二五"时期产业的发展提供了方向性指导。

16.5 人才队伍培养建设

数字城市覆盖面广、情况复杂，在数字城市建设和使用过程中，需要大量各类型的专业人才来建设数字城市、管理数字城市和使用数字城市。以各地相关信息部门作为技术支撑、技术培训与服务平台，建议各级政府相关部门统筹协调本部门数字城市中的业务信息系统建设、整合与改造，充分整合协同市、区各部门信息中心或信息科的有关信息化人才资源，联合高等院校、科研机构及有关承担开发实施的IT企业，充分发挥全国各个省份高校资源培养人才，联合举办继续教育班或在职远程教育培训班，形成复合有梯次的应用人才队伍培养机制。加强以下四个方面：

1. 充分利用本地人才资源

各级政府信息部门加快信息化人才培育工程建设，做好人才的教育、引进和储备工作。本地人才流动性小，工作具有稳定性与持续性，相比较外地人才有一定优势。

随着数字城市的大规模建设，城市空间和非空间信息将大量出现，将使信息部门的业务量也随之大大增加，这对信息部门业务人员的数量和技术水平要求也将提高。因此，各级政府的信息部门就有必要对自己部门加强建设，要根据需要引进本地高等院校或社会人才来扩大自己的队伍，同时也要对人才队伍进行良好的培训。利用本地人才资源的优势，使数字城市建设更具有稳定性与持续性，对将来数字城市的维护与推广都不无裨益。

2. 充分发挥高等院校作用

加强政府与院校、企业与院校、院校与院校的互动合作，优化改革人才培养模式，制定鼓励企业参与人才培养的政策，建立企校联合培养人才的新机制，促进创新型、应用型、复合型和技能型人才的培养。鼓励高等院校、职业学校、科研院所与有条件的软件和信息服务企业合作建立人才培养和实训基地。

3. 充分利用培训机构

有效利用大学生实训扶持资金，加大实训力度；支持高校毕业生自主创业；有效利用信息服务业培训扶持资金，加大高层次专业技术人才和复合性人才的培训力度。

4. 优化人才发展环境

完善人才激励机制，提高工作效率，吸引更多海内外高端人才创新创业，鼓励政府制定并落实优惠政策，在住房分配、子女就学、户籍迁入、社会保障等方面给予支持。

16.6　加大推广应用

数字城市建设应进行广泛深入的舆论宣传引导。数字城市建设不但是政府和企业关注的事情，还需要全社会的广泛参与。应注重舆论宣传和引导，提高政府、企业、市民对数字城市建设理念的认同度和参与数字城市建设的协同度，充分发挥集体智慧和力量。

1. 为民服务公益化，便民服务市场化

数字城市建设的核心内容是"服务"，该服务大体分为两类，一是"为民服务"，二是"便民服务"。"为民服务"是政府为保持社会有序健康发展、创新管理社会模式而提出的，这类服务具有天生的"公益性"，由政府财政投入，应按计划、按年度、分步逐渐实施部署。"便民服务"是为提高人民生活品质，方便百姓出行、购物、缴费和快速办理个人事务而提出的，这类服务具有天生的"市场性"，可整合资源市场化运作，以达到合作共赢的良性循环目标，为新兴高技术数字服务产业的发展奠定坚实基础。

2. 公共信息共享化，数据交换标准化

大量的市民信息和政府服务信息都保管在政府各职能部门，通过统一的数据交换中心，实现信息共享，能创造巨大的社会价值和市场价值。实现数据交换标准化，为政府不同部门之间的数据信息交换共享奠定基础，政府管理和科研部门就会大大提高效率，更加快捷地做到为民服务和便民服务。

3. 资金保障资本化，项目建设集约化

数字城市建设项目繁多，涉及政府服务、市民服务、商业服务等方方面面，单靠政府投入是不现实的，也是不科学的，需引入创业基金，扶持高技术数字服务企业上市，使社会各方资源进行再分配和再调整，众多企业参与，通过市场集约化方式，实现共赢。

4. 运行维护专业化，服务内容国际化

高技术背后隐藏着专业风险和维护难度风险，只有专业的系统维护才能保障各种高技术信息系统的健康运行。建设数字城市并不意味着所有的市场仅限于一个城市或者几个城市，而是要引入国际先进的技术，发挥自身人才优势、地理位置优势、产业服务优势，开拓全国乃至国际数字服务市场，以服务城市为"根"，以服务全社会为"基"，在项目策划、方案制定上要以"科技最前沿、容量可持续"为原则，不断扩充市场和用户，将优秀项目成果推广到全国乃至国际市场。

附　录

附录1 2011年数字城市评价指标体系建设

一、指标体系的编制背景

在信息化快速发展的现代社会，数字城市成为信息化应用的一个综合载体，不仅推动着城市的产业发展，而且还为城市里的公民提供着许多便捷的服务。除此之外，数字城市的发展还和城市可持续发展的实现息息相关。然而数字城市的建设涉及面广，联系到城市建设、生产与生活的方方面面，只要有信息获取、加工与服务的地方，就有数字化的应用，因此很难用一种有效的方式来对数字城市进行整体、全面的评价，加上从不同的角度看数字城市会有不同的理解，对数字城市发展的认识和对其进行总体的评价就遇到了困难。但总体而言，数字城市的发展以城市信息化为基础，面向解决城市发展中遇到的问题，提升城市竞争力，提升我国综合竞争力这一目标已经达成了共识。

除了对数字城市本身的认识之外，数字城市和智慧城市的区别也是数字城市和智慧城市建设者管理者关注的焦点问题之一。通常，人们认为数字城市是智慧城市的基础，只有当一个城市的网络建设得到充分发展后，才可能实现智慧化的应用和服务，进而建成智慧城市。数字城市重点解决的问题是网络建设量的不足、信息互联互通不畅即"信息孤岛"的问题，而智慧城市重点解决的问题是智慧化的应用和服务开发，居民平等自由的信息获取，城市治理方式的智慧化转型。从这个意义上讲，智慧城市比数字城市融入了更多的知识和创造力，是城市走向知识型社会的一种高级发展形态。

然而，尽管存在这种对数字城市和智慧城市认识上的区分，数字城市和智慧城市本身并不是分隔明显的两种城市形态。它们还具有两个相同之处。一是相同的技术体系。数字城市和智慧城市都是以现代信息基础作为发展的支撑的，互联网、云计算、地理信息技术、物联网的应用是数字城市和智慧城市共同的技术基础。二是相融合的发展理念和目标。数字城市的发展目标和智慧城市的发展理念和目标是相融合的。信息化的建设最终的目的是更加科学有效地满足城市内生产生活的需求，而智慧城市的建设目标也是如此。这些需求的满足不仅需要技术的创新，也需要城市管理和商业模式等方面的创新。后两者的创新水平会影响到技术创新的效果，进而影响到社会经济效益。从城市发展和创新的关系这一角度看，通过创新促进生产，实现人和社会、自然的健康和谐发展是数字城市和智慧城市共同的目标。因此，数字城市的发展理念和目标与智慧城市的发展理念和目标是一致的。

综上，尽管人们普遍认为，在城市的发展程度上，数字城市要低于智慧城市，但两者在发展理念和技术体系上存在的一致性使得我们认识到在对两者进行评价时，可以不作过多的概念区分，而应注重在评价过程中将两者共同的发展理念进行充分表达，对这种理念下的城市发展状况选择合适的指标进行合理评价，以衡量城市的发展程度。

二、指标体系的编制思路与方法

（一）指标体系编制思路

数字（智慧）城市指标体系的编制要满足一定的逻辑体系，以便形成一个能够在城市不断发展的情况下持续提供比较稳定的综合评价的框架，因此，指标体系的逻辑框架必然是理论和实际结合的产物。本研究借鉴价值理论、经济学理论、管理学理论，形成了一个比较稳定的评价框架，可以根据未来评价需求的变化进行扩充，以满足数字（智慧）城市发展水平不断提高情况下对城市的评价保持一定的延续性和可对比性的需求。

（二）指标体系编制方法

指标体系中指标的选取是在数字（智慧）城市发展逻辑体系下进行的。指标的选取既要具有代表性，又要尽可能相互独立，同时尽可能选取统计资料易于获取的指标。对于部分重要的没有统计资料的指标项可选用定性指标。

整个评价使用德尔菲专家问卷法和层次分析法确定指标和权重，并对评价指标数据进行无量纲化处理，综合计算得到综合评价指数。

三、指标体系建立的意义和目的

评价指标体系的建立是在国家发展战略的前提下，为实现城市可持续发展，明确数字（智慧）城市发展的核心理念和发展途径，衡量城市发展程度而设立的。其重要的国家战略背景和评价理念简要介绍如下：

（一）国家战略

1. 2006～2020 国家信息化战略

到 2020 年，我国信息化发展的战略目标是：综合信息基础设施基本普及，信息技术技术自主创新能力显著增强，信息产业结构全面优化，国家信息安全保障水平大幅提高，国民经济和社会信息化取得明显成效，新兴工业化发展模式初步确立，国家信息化发展的制度环境和政策体系基本完善，国民信息技术应用能力显著提高，为迈向信息社会奠定坚实基础。

2. 中共中央关于制定国民经济和社会发展第十二个五年规划的建议

指导思想：坚持把经济结构战略性调整作为加快转变经济发展方式的主攻方向；坚持把科技进步和创新作为加快转变经济发展方式的重要支撑；坚持把保障和改善民生作为加快转变经济发展方式的根本出发点和落脚点；坚持把建设资源节约型、环境友好型社会作为加快转变经济发展方式的重要着力点；坚持把改革开放作为加快转变经济发展方式的强大动力。

今后五年经济社会发展的主要目标是：经济平稳较快增长；经济结构战略性调整取得重大进展；城乡居民收入普遍较快增加；社会建设明显加强；改革开放不断深化。

（二）评价的核心理念

数字（智慧）城市的评价核心理念主要有：信息化带动技术创新与发展、信息化增强城市协同管理绩效、城市治理转型、低碳环保式发展、生态城市建设理念和实践、知识型社会转变等。

预设的智慧城市发展的总体目标是：经济发展有活力，环境可持续，社会管理有序，人口健康、文化素质高，家庭和睦，城市生活便利，城市建筑物自动化、智能化程度高，城市环境优美。

四、评价的原则

在上述基础上，我们确立了基本的评价原则，以规范整个评价活动。

（一）科学性与系统性

数字（智慧）城市评价指标设置应与应用评价相一致，数据的选取、测算的方法要以公认的科学理论为依据。具体而言，指标的选择与层次划分要符合基本的思维逻辑，应紧密结合社会信息化的现实状况，能反映社会信息化的核心运动；应从各个层次、各个角度反映被评价对象的特征和状况；应体现对象的变化趋势，反映对象的发展动态；应符合事物发展规律，突出信息化本质特征。

（二）典型性与可操作性

数字（智慧）城市指标反映的是城市数字化中的最为关键、最为典型的数据。只有那些能对社会信息活动的内在联系、内在规律有所解释和说明的统计数据，才能上升至指标的层次。在整体完备性基础上，指标体系应力求简洁，尽量选择那些有典型性的综合指标，适当增加辅助指标。

同时，充分考虑可操作性，具有可测性和可比较性，即指标覆盖性与概括性相结合。

（三）导向性与规范性

数字（智慧）城市评价指标体系，不但要评估、模拟城市数字化的现实水平，而且要揭示影响城市数字化进程的制约因素，探寻城市数字化、智慧化的发展规律，从而指导数字（智慧）城市的发展，以及根据数字（智慧）城市的发展，完善数字（智慧）城市的建设标准和规范。

（四）先进性与可行性

评价指标体系指标项的确定，既要从现实状况出发，考虑数据资料的可获得性，又要看到发展的趋势，考虑指标项的先进性、可行性。

（五）特征性与可比性

衡量一个城市数字化程度的指标要与衡量一个国家、区域数字化程度的指标区别开来，体现城市的特点，即突出城市层次的特征，提出能反映数字城市发展潜力、竞争实力、聚集与辐射能力以及体现城市品位和形象的相关指标。同时，要考虑指标的国际、国家通用性和城市间的可比性。

（六）总体性与阶段性

数字（智慧）城市的发展是一个持续的过程，不同的阶段有不同的目标，因此，指标体系要求不但能反映当前的发展情况，还要根据国内外的发展情况，反映总体情况。

（七）动态性和互补性

指标体系不仅要能反映数字（智慧）城市建设现状，而且能够根据新的经济特征变化作出相应调整，预测数字（智慧）城市的发展潜力。同时，各指标问应有较强的互补关系，使之能反映更多的数字城市。

（八）定量与定性相结合

目前，国家信息化指标体系几乎均以定量指标为主，基本都采用统计部门的数据推算。在发展的过程中，还要注重隐形指标的调查获取，以便能够更加准确地对城市发展状况进行综合评价。

五、评价范围说明

（一）城市分类

根据城市的规模将城市分类如下：

1. 特大城市：北京、上海。

2. 地市级以上城市：市区上年度国内生产总值 500 亿元以上（不含市辖县国内生产总值），或市区总人口 200 万以上（不含市辖县人口，县级市为城关镇人口，下同）的城市。

3. 地、市（不含县级市）、州、盟：市区上年度国内生产总值 250 亿元以上（不含市辖县国内生产总值），或市区总人口 50 万以上且市区上年度国内生产总值 170 亿元以上的城市。

4. 县级市：县上一年度国内生产总值 90 亿元以上，或市（城）区总人口 100 万以上但上年度国内生产总值不足 170 亿元的城市。

5. 其他城市。

（二）统计范围

1. 建成区：城市行政区内实际已成片开发建设、市政公用设施和公共设施基本具备的区域。对核心城市，它包括集中连片的部分以及分散的若干个已经成片建设起来，市政公用设施和公共设施基本具备的地区；对一城多镇来说，它由几个连片开发建设起来的，市政公用设施和公共设施基本具备的地区组成。因此，建成区范围，一般是指建成区外轮廓线所能包括的地区，也就是这个城市实际建设用地所达到的范围。

2. 市区：指城市行政区域内的全部土地面积（包括水域面积）。地级以上城市行政区不包括市辖县（市）。按国务院批准的行政区划面积为准。

3. 市区人口：指城市行政区域内有常住户口和未落常住户口的人，以及被注销户口的在押犯、劳改、劳教人员。未落常住户口人员是指持有出生、迁移、复员转业、劳改释放、解除劳教等证件未落常住户口的、无户口的人员以及户口情况不明且定居一年以上的流入人口。地级以上城市行政区不包括市辖县（市）。以公安部门的户籍统计为准。

六、综合评价指标体系

通过研究我们得出数字城市综合评价指标体系，并根据未来城市发展情况适当调整，展开评价。

一级指标	二级指标	三级指标
1. 经济发展	1.1　产业结构	1.1.1　战略新兴产业增加值占 GDP 比重
		1.1.2　高新技术产业产值占 GDP 比重
		1.1.3　生产性服务业产值占 GDP 比重
	1.2　创新动力	1.2.1　大专以上从业人员占从业人员的比重
		1.2.2　每万人人均申请专利数量
		1.2.3　城市科研中心数量
	1.3　人口就业	就业率
	1.4　消费能力	恩格尔系数
2. 资源环境	2.1　环境质量	2.1.1　公园绿地 500 米服务半径覆盖率
		2.1.2　空气优良天数
		2.1.3　环境噪声达标区覆盖率
		2.1.4　区内地表水环境质量
		2.1.5　工业固体废物综合利用率
		2.1.6　生物多样性指数
		2.1.7　城市环境满意度
	2.2　能源结构	2.2.1　可再生能源使用率
		2.2.2　单位 GDP 能耗（吨标准煤/万元）
	2.3　水资源利用	2.3.1　城市供水水质（集中式饮用水水源地水质达标率）
		2.3.2　城市再生水利用率
		2.3.3　工业用水重复利用率

续表

一级指标	二级指标	三级指标
3. 智慧建筑		3.1　满足绿色建筑标准的建筑比例
		3.2　满足智能建筑标准的建筑比例
4. 人口健康		4.1　社会保险覆盖率
		4.2　人均拥有公共体育设施用地面积（m²）
		4.3　万人拥有卫生服务站数量
		4.4　万人拥有医院床位数
		4.5　慢性病患病率
5. 文化素质		5.1　预期受教育年限
		5.2　外语普及率
		5.3　成人识字率
		5.4　居民上网率
		5.5　人均拥有公益性文化设施用地面积
6. 城市生活便利	6.1　交通	6.1.1　公共交通出行分担率
		6.1.2　城市公交线网密度
		6.1.3　公交站点覆盖率
		6.1.4　平均通勤时间
		6.1.5　到站时间误差率
		6.1.6　道路事故死亡率（人/万台车）
	6.2　特殊保障	无障碍设施率
	6.3　住房	6.3.1　中心城区人均居住面积
		6.3.2　居民住房价格收入比
		6.3.3　公共住宅占住房供应总量比例
	6.4　网络接入	6.4.1　宽带用户数量
		6.4.2　个人计算机普及率
		6.4.3　城市无线网络接入面积占比
		6.4.4　智能手机使用率
7. 城市管理	7.1　电子政务	7.1.1　城市全程在线办理事务的比例
		7.1.2　城市居民电子政务网站的点击率
		7.1.3　城市综合管理部门信息共享比率
		7.1.4　城市管理满意度
	7.2　市政设施	7.2.1　市政设施管理信息化程度
		7.2.2　城市基础地理信息采集覆盖率
		7.2.3　市政设施安全运营
	7.3　城市治安	7.3.1　城市犯罪率
		7.3.2　城市法制满意度
	7.4　防灾	城市防灾水平

附录 2　2011 年度数字城市和城市信息化相关政策法规、标准规范索引

《城市市政综合监管信息系统技术规范》　　　　　　　CJJ/T 106—2010

《城市三维建模技术规范》　　　　　　　　　　　　　CJJ/T 157—2010

《居住区数字系统评价标准》　　　　　　　　　　　　CJ/T 376—2011

《城市地理空间信息基础设施共享服务技术》　　　　　CJ/T 384—2011

《城市市政综合监管信息系统　单元网格划分与编码规则》　CJ/T 213—2005

附录3 2011年度中国数字城市大事记

2011年12月1日，2011智慧城市高层论坛在北京举行。

2011年11月10～12日，第六届中国（北京）数字城市建设技术研讨会暨设备博览会在北京召开，主题为：智慧城市和谐生活。

2011年10月11～12日，全国数字城市建设工作会议在江苏南京举行。

2011年10月21日，"国字号"网络地图"天地图"在原有正式版的基础上特别推出了2011版和手机版。

2011年9月28日，2011智能电网国际论坛在北京开幕，论坛的主题是"坚强智能电网——21世纪能源发展驱动力"。

2011年9月7～9日，中国（宁波）智慧城市技术与应用产品博览会开幕，会议主题：荟萃智慧应用，建设智慧城市。

2011年7月17日，在住房和城乡建设部、全国智能建筑及居住区数字化标准化技术委员会的支持下，由住房和城乡建设部IC卡应用服务中心牵头组织的"城市物联网技术研究院"在北京正式成立。

2011年6月27～28日，由住房和城乡建设部建筑节能与科技司组织的城市精细化管理高分专项应用示范系统项目工作会议暨城市数字化发展论坛在扬州召开。

2011年6月21日，我国在西昌卫星发射中心用"长征三号乙"运载火箭，成功将"中星10号"卫星送入太空。

2011年6月9～11日，2011中国（广州）国际智慧城市与物联网技术应用展览会暨论坛召开。

2011年4月21～22日，2011中国智能城市论坛在北京国家会议中心成功举办。

2010年4月12～13日，第三届中国RFID与物联网发展年会在南京召开。

附录4 数字城市专业委员会

中国城市科学研究会数字城市专业委员会自 2010 年 11 月 10 日成立以来，已吸纳个人会员 294 人、团体会员 57 个。在组织机构、人才队伍、制度规范建设，年度发展报告研究和编写，论坛和专题会议召开，科研项目申报和实施，国内外宣传交流等多方位开展了工作。下面从组织体系构筑、业务支撑主线探索、保障机制建立和专业学组活动四个方面介绍 2011 年度工作动态。

一、构筑组织体系

根据数字城市专委会事业发展的需要，构筑了以秘书处为常设机构，专家组为指导，专业学组为专业研究单元，工程研究中心为综合研究单元的组织体系。

（一）秘书处设立办公室、规划部、项目部和宣传外联部四个部门

秘书处办公室主要负责专委会外事、人事、档案、资产、后勤以及组织发展会员等工作；规划部主要开展中国数字城市年度发展报告的研究和发布，数字化城镇发展规划的研究和咨询等工作；项目部主要开展国家重大科技专项、国家科技支撑项目、行业科技支撑项目等各个阶段的组织管理及研究工作；宣传外联部主要开展数字城市专业委员会网站、内刊、专刊、论坛等宣传平台搭建，并建立专委会内部和外部通畅的信息联络渠道。

（二）专家组是数字城市专委会事业发展的总体设计师

专家组为数字城市专委会提供具体指导，指出问题，提供方法，参与重要事项决策等。目前已有专家近 20 名，主要由我部具有丰富经验的行业专家，科研院所相关领域学科带头人，相关国家机关经验丰富、在行业领域具有影响的人员等构成。

（三）专业学组是数字城市专委会开展专业领域研究和实践的重要力量

专业学组根据数字城市专业委员会专业学组管理规定成立，是数字城市专委会凝聚各专业领域政府部门、科研机构、高等院校、企事业单位等团体和个人会员，开展专业性学术、技术、工程等各类活动的基本组织。目前，已经成立了 9 个专业学组，包括：省级行业专业学组、数字规划专业学组、数字房产专业学组、数字城管专业学组、数字景区专业学组、数字市政专业学组、智能电网专业学组、智能卡专业学组和投资专业学组。

（四）数字城市工程研究中心建设取得阶段性成果

根据仇部长批示的以数字城市专委会为依托筹建"数字城市国家工程研究中心"的要求，数字城市专委会启动了数字城市工程中心的建设工作。按照以促进城市健康可持续发展为核心目标构建城市数字化系统的思想，开展数字（智慧）城市系统顶层设计，集成了国家重大科技专项、行业科技支撑项目等相关科研成果，以及专业学组在各地实施的成果，初步形成了我部在数字城市、智慧城市类解决方案方面进行全面综合集成研究的技术中心。

二、探索业务支撑主线

（一）发展评价报告

中国数字城市年度发展研究报告的目标是通过权威的统计数据、丰富的案例素材、科

学的评价体系，设计数字城市的顶层架构，分析和总结数字城市建设每年发展的历程及经验，同时引导数字城市下一步发展的趋势与方向。

2010年度发展报告即《中国数字城市发展研究报告》及其推进评价指标体系经四次大规模研讨和三轮专家征求意见，出版成书并于2011年6月在扬州会议上发布。

（二）项目组织实施

1. 国家重大科技专项方面

自2010年10月9日国防科工局批复"城市精细化管理高分专项应用示范系统先期攻关"项目立项以来，数字城市专委会完成了部科技司交办的各项项目组织协调和管理工作，完成了所承担课题的各项研究任务，并在2011年10月中旬通过了国防科工局组织的中期检查，目前项目正按照任务合同书稳步推进。

2. 国家科技支撑项目方面

2011年7月在部科技司的指导下，数字城市专委会组织开展了面向科技部社发司"社会发展科技领域'十二五'国家科技计划项目"和高新司"高新技术发展及产业化领域2012年度国家科技计划项目"的国家科技支撑项目申报工作。目前，通过立项的有"智慧城市管理公共信息平台关键技术研究与应用示范"，"绿色建筑评价体系与标准规范技术研发"，"基于云计算的政务信息系统关键技术与应用示范"3个项目，并已完成了项目可行性研究报告的论证工作。

3. 行业科技支撑项目方面

经中国城市科学研究会安排，数字城市专委会承接了行业科技支撑项目中"建筑节能与绿色建筑数据库和模型系统"、"民用建筑太阳能光伏系统远程监测体系"和"太阳能光电建筑应用系统认证体系研究"3个课题的研究。"建筑节能与绿色建筑数据库和模型系统"课题方面，已研发完成建筑节能与绿色建筑国家级管理信息原型系统，出版了《建筑节能与绿色建筑模型系统导论》，完成了建筑节能与绿色建筑的指标体系和接口标准，着重实现与我部相关系统的数据共享和业务协同。"民用建筑太阳能光伏系统远程监测体系"和"太阳能光电建筑应用系统认证体系研究"两课题方面，组织相关参与单位，完成了民用建筑太阳能光伏系统远程监测试点项目的接入、太阳能光电建筑应用系统的试点认证等课题任务，通过了项目中期检查和成果评定。目前，课题各项研究工作和考核指标已基本完成，准备课题验收。

4. 地方城市数字化工程方面

在数字城市规划研究方面，开展了以铁岭为代表的地级市和以张浦为代表的小城镇研究工作。完成了《铁岭市"数字城市"建设"十二五"规划纲要》和《铁岭市"数字城市"建设总体方案》编制，开展了昆山市张浦镇数字城市建设的前期调研，为数字城市专委会深入开展各项研究工作积累了经验和素材。

（三）宣传工作

1. 内部刊物

为及时传递数字城市专委会各项工作进展情况，促进各学组间的交流互动，秘书处开展了《中国城市科学研究会数字城市专业委员会工作简报》编制和发行工作，内容包含专委会工作动态、学组工作动态、委员风采、行业动态等栏目，目前工作简报已经编制发行八期，向住房和城乡建设部及常委以上领导和专家采用印刷品方式投递，向各学组及会员以电子版方式发送邮件。

2. 官方网站

数字城市专委会官方网站域名为 www. dcitycn. org，设有专会会介绍、最新要闻、通知公告、工作动态、标准体系等主要栏目，目前网站运行正常。数字城市专委会发布的通知公告均在网站同步发布，逐步发挥宣传功能。

3. 重要论坛

为推进国家高分辨率对地观测重大专项"城市精细化管理高分专项应用示范系统"项目各项工作，创新城市发展模式，提高城市规划、建设、管理、运营和服务的数字化水平，2011 年 6 月 27 日至 28 日在扬州市举办了"城市精细化管理高分专项应用示范系统项目工作会议暨城市数字化发展论坛"。在论坛上，仇保兴副部长做了《中国城镇化发展与数字城市建设》的讲话，数字城市专委会主任委员吴一戎院士做了《中国数字城市的发展》的报告，部科技司陈新处长对"十二五"期间住房城乡建设行业数字城市建设重点项目进行了介绍，专业学组做了相应的专题报告。在项目工作会议上，向与会单位和人员介绍了项目总体情况，各课题单位做了阶段研究情况和成果报告，项目办公室部署了下一步工作任务和要求。

（四）外联工作

1. 地方城市交流

数字城市专委会成立以来和辽宁铁岭、江苏张浦、江苏扬州、海南三亚、四川都江堰、陕西杨凌、广东佛山、广东顺德、安徽省江北工业集中区等十多个城市和地区就数字城市、智慧城市建设等展开了工作交流。

2. 国内机构交流

目前专委会与中科院电子所、中科院遥感所、建设勘察设计研究院、中国建筑科学研究院、上海建筑科学研究院、深圳建筑科学研究院、北京建筑工程研究院等科研机构，与北京大学、清华大学、浙江大学、中国地质大学等高等院校，与浙大中控、东方道迩、ESRI、中地数码、北京三正、浙江中易和、杭州方欣、上海数慧、上海九运、济南泰华等众多专业技术公司，开展了相关交流与合作。

3. 国外机构交流

在国际交流方面，加拿大 Telvent 公司、日本 OKI 工业株式会社、法国施耐德公司、日本 NEC 等企业到数字城市专委会参观访问，并开展了相关交流。

三、建立保障机制

（一）人才保障

数字城市专委会开展的各项工作涉及面广，既有宏观又有微观层面，既有学术研究又有科研项目任务，既有组织管理又有工程实施工作。因此，数字城市专委会的建设和发展需要不同专业、不同领域、不同知识结构的人才，如：相关领域专业人才，跨专业领域的综合型人才，组织管理人才，科学研究人才，系统架构人才，工程实施人才等。数字城市专委会结合国家重大专项、国家科技支撑项目、行业科技支撑项目以及工程研究中心建设等工作任务，不断磨炼秘书处工作人员能力，发现和凝聚相关专家、科研机构、高等院校、企事业单位等优秀人员，初步形成稳定的人才网络，为数字城市专委会各项工作的开展和今后长期发展奠定人才基础。

（二）团队保障

数字城市业务的认知、城市数字化系统顶层设计到城市数字化工程的实施和运营都需要一个高水平核心团队支撑。因此，数字城市专委会在开展数字（智慧）城市的规划、建设和运营各阶段研究和实践过程中，以发现人才为点，以其所在单位或资源为面，进一步凝聚研究和实践团队。同时，加强秘书处核心工作团队建设，按照秘书处工作职责和能力要求，历练人员，加强培训，不断提高业务能力和服务水平。

（三）合作机制

数字城市专委会是政府、科研机构、高等院校、企事业等单位机构在数字城市领域的一个交流合作平台，需要建立符合实际情况的合作机制来保障各项任务的完成。

在科研项目方面，以课题为单位进行合作研究；在数字（智慧）城市技术架构方面，以方案设计和技术集成为重点，联合优势技术企业进行研究；在数字（智慧）城市应用方面，与地方城市共同研究数字（智慧）城市规划，并与一线用户部门深入应用和技术集成的研究。

（四）制度规范

为保障数字城市专委会各项工作有序开展，需要建立健全各项规章制度和作业流程。依据《中国城市科学研究会章程》及其相关规章制度，数字城市专委会编制并试行了《中国城市科学研究会数字城市专业委员会工作简则（试行）》、《中国城市科学研究会数字城市专业委员会秘书处工作规则（试行）》、《中国城市科学研究会数字城市专业委员会专业学组管理办法（试行）》、《中国城市科学研究会数字城市专业委员会秘书处岗位职责（草案）》、《中国城市科学研究会数字城市专业委员会秘书处日常工作要求（试行）》、《中国城市科学研究会数字城市专业委员会公文制度（试行）》等规章制度，为秘书处的日常运行奠定了制度基础。